VESPA MOTORROLLER

Alle PK-, PX- und Cosa-Modelle seit 1970

TECHNIK, WARTUNG, REPARATUR

Kölsch
la Strada
A
JX 798

STX WARTUNGSPRAXIS

VESPA MOTORROLLER

Alle PK-, PX- und Cosa-Modelle seit 1970

TECHNIK, WARTUNG, REPARATUR

HANS J. SCHNEIDER
SCHNEIDER TEXT EDITIONS LTD.

IMPRESSUM

VESPA MOTORROLLER beschreibt die wichtigsten Montage-, Reparatur- und Pflegearbeiten an Rollern der Vespa-Baureihen PK, PX und Cosa seit 1970.

Wichtiger Hinweis
Unzureichende Sachkenntnis verpflichtet den Leser, die gezeigten Arbeiten in einer Fachwerkstatt ausführen zu lassen. Alle Informationen, technischen Angaben und Anleitungen in diesem Buch wurden vom Autor mit der größten Sorgfalt zusammengetragen. ***Das Nachvollziehen der beschriebenen Arbeiten am Fahrzeug erfolgt jedoch in jedem Fall auf eigene Gefahr.*** *Der Verlag kann weder Garantie, noch juristische Verantwortung oder irgendeine Haftung für Folgen, die auf fehlerhafte oder unvollständige Angaben oder falsche Interpretation der Hinweise oder fehlerhaftes Arbeiten zurückgehen, übernehmen.* ***Haftungsansprüche gegen Autor oder Verlag sind damit ausgeschlossen.***

Bildnachweis: Alfred Teves GmbH (4) , Piaggio + Vespa GmbH (24), Hans J. Schneider (392, auch Titel), STX-Graphik (28); herzlicher Dank für besondere Unterstützung an Lothar Behr sowie Günther und Rainer Schulz / Zweirad Schulz Kommern

9. (erweiterte) Auflage August 2001

Herstellung
Layout, Produktion: Iris Wendel, Hans J. Schneider (Erweiterung ab 1997)
Mitarbeit: Willi Rodenwald (Technik),
Valentin Schneider (elektronische Verarbeitung)
Schlußredaktion: Gabriele Schneider
Lithographie: Findl & Partners, STX LTD. (Erweit. 2001)
Druck und Verarbeitung:
Westermann Druck Zwickau GmbH

Vertrieb
Delius Klasing Verlag GmbH
Siekerwall 21, D-33602 Bielefeld;
Tel. 0521/5590, Fax: 0521/559113
e-mail: info@delius-klasing.de

ISBN 0-9540437-4-X

INHALT

VORWORT

Millionenfach gebaut, hunderttausendfach in Ländern wie Deutschland, Frankreich, Österreich, Holland oder der Schweiz verkauft: die Vespa. Auch noch über 55 Jahre nach der Premiere 1946 in Pontedera erfreut sich der einzig klassische Motorroller aus Italien größter Beliebtheit. Das nostalgisch-schwungvolle Design, die bullige Motorcharakteristik, beste Alltagstauglichkeit und hohe Wartungsfreundlichkeit haben dazu beigetragen, daß aus einem Gebrauchsgegenstand eine Legende und sogar ein "Kultobjekt" geworden ist. Vor allem in der City und auf kurvenreichen Landstraßen macht Vespa-Fahren nach wie vor großen Spaß.
Freude bereitet den Lesern und dem Verlag seit 1985 auch dieses Buch. In kurzen Abständen mußten immer neue Auflagen gedruckt werden; dies ist bereits die neunte Ausgabe. Der Inhalt wurde abermals erweitert: Jetzt werden auch alle Arbeiten an den aktuellen Modellen mit Scheibenbremsanlage beschrieben: Bremse belegen, prüfen, entlüften, Hauptelemente kontrollieren, aus- und einbauen, instandsetzen.

Das handliche A5-Format, erstmals eingeführt mit der siebten Auflage 1997, wurde beibehalten. Papier- und Abbildungsqualität, Druck und Verarbeitung sind besser als bei anderen Wartungsbüchern. Und nirgends sonst gibt es so anschauliche und detailgetreue Farbbilder. Die Anfettungen im Text erleichtern das Auffinden der gesuchten Informationen. Daß es auch für Hobbymechaniker kein unüberwindliches Problem ist, selbst Motor und Getriebe bis zur letzten Schraube zu zerlegen, zeigt dieses Buch. Für Besitzer von Vespa-Oldies führen wir unter anderem vor, wie Zündung und Unterbrecher optimal eingestellt werden.
Der größte Vorzug, den dieses Buch gegenüber herkömmlichen Wartungsanleitungen hat, ist die Tatsache, daß alle Arbeiten von der Redaktion wirklich ausgeführt und praxisgerecht dokumentiert wurden - sogar das vertrackte Auswechseln der Vespa-Bowdenzüge.

Viel Erfolg und Spaß beim Schrauben wünscht allen Vespa-Fans
Hans-Jürgen Schneider
August 2001

Abb. 1 Wer die Inspektion in Eigenregie durchführen kann, spart viel Geld. Eine gut ausgerüstete Werkstatt erleichtert die Arbeit. Die PX 200 E Lusso auf der Bühne ist ein moderner Klassiker Baujahr 1996. Rechts im Bild ein Oldtimer von 1959.

1

VESPA-MODELLGESCHICHTE: VOM NUTZFAHRZEUG ZUM KULTOBJEKT

April 1996 - Anlaß zum Feiern: Die klassische Vespa, kurz nach dem Krieg eigentlich „als technischer Notbehelf“ (DER SPIEGEL 39/96) geboren, feiert ihren 50sten Geburtstag. Niemand konnte diesen Wahnsinnserfolg voraussehen, zumal für die meisten Rollermodelle und -hersteller das Aus schon in den 50er und 60er Jahren kam. Nur der Scooter mit der berühmten Wespentaille überlebte die große Zweiradkrise, profitierte seit den 70er Jahren vom neuen Boom und wird heute als Kultobjekt gehegt und gepflegt. Erst im Herbst 1996 präsentierte Vespa-Produzent Piaggio ein modernes, gleichwohl stilistisch stark vom Oldie inspiriertes Nachfolgemodell. ET 4 heißt ganz nüchtern die Vespa für die Zeit nach der Jahrtausendwende, und sie wird angetrieben vom leisen, sparsamen und umweltverträglichen Viertaktmotor, der bereits 1995 in der Sfera 125 seine Premiere hatte. Mit über 15 Millionen seit 1946 verkauften Rollern und einem Marktanteil von gut 30 Prozent ist Piaggio nach wie vor der größte Motorzweiradhersteller Europas. Das inzwischen zum Fiat-Konzern gehörende Unternehmen wird geführt von Giovanni Alberto Agnelli, dem Neffen und designierten Nachfolger des Fiat-Patriarchen Giovanni Agnelli. Wen wundert's, daß Albertos Mutter eine geborene Piaggio ist?
Angefangen hat die abenteuerliche Piaggio-Story 1884 in der Nähe Genuas mit dem Bau von kompletten Innenausstattungen für Passagierschiffe. 1901 wurde im neuen Werk Finale Ligure zusätzlich die Produktion von Eisenbahnwaggons aufgenommen. Entscheidend für die weitere Entwicklung war der Einstieg in den Flugzeugbau 1915. Bald baute Piaggio komplette Flugzeuge und sogar Flugboote. 1924 erwarben die Italiener das Werk Pontedera, in dem später die Vespa vom Band laufen sollte. Im Zweiten Weltkrieg war Piaggio ein bedeutendes Rüstungsunternehmen, fertigte Bomber und Flugmotoren - bis zum Tag, als Bomber der Amerikaner Pontedera in Schutt und Asche legten. Wie sollte es weitergehen? Zunächst blieb den Italienern (wie BMW in München) nichts weiter übrig, als ganz und gar zivile Produkte wie Pfannen und Kochtöpfe herzustellen. Für Firmenchef Dottore

Abb. 2, 3
So sah die erste Vespa aus, die 1946 als Prototyp "V 98" mit Dreigang-Getriebe vorgestellt wurde.

Unten: Viele Filmstars stiegen in den 50er Jahren bereitwillig in den Vespa-Sattel; hier Danny Kaye mit Classic-Vespa.

2

3

Enrico Piaggio und kreative Köpfe wie den Hubschrauber-Ingenieur Corradino d'Ascanio war das natürlich frustrierend. Ein rassiges Produkt mußte her, mit dem sich ordentlich Geld verdienen ließ. Und weil es intelligenter gemacht sein sollte als ein Motorrad mit schmieriger Kette und kompliziertem Radausbau bei Pannen entwarf d'Ascanio einfach die Vespa. 1946 stand der erste Prototyp „V.98" auf dem Werkshof und erregte mit seinem dem Flugzeugbau entlehnten Konstruktionsdetails sofort gewaltiges Aufsehen.

4

In der Tat war das Prinzip für mindestens 50 Jahre gut genug: selbsttragende Stahlblechkarosserie, perfekter Wetter- und Spritzwasserschutz, bequeme Trittbretter, Direktantrieb zum Hinterrad, einfache Wartung, nach Flugzeugart einseitig aufgehängte, untereinander austauschbare und wie beim Auto leicht abnehmbare Räder. Das war ein Segen damals, als man die kriegszerstörten Straßen kaum befahren konnte, ohne mit einer Reifenpanne liegenzubleiben.

Grundidee war gewesen, ein Fahrzeug zu entwickeln, das ein Maximum an Komfort und Straßenlage

Abb. 4, 5 Auch Filmheld Gary Cooper hatte in den 50ern Spaß am Vespafahren. Eine geschickte PR-Strategie machte aus einem simplen Scooter schon damals ein Kultobjekt. Rechts: Audrey Hepburn, Gregory Peck und Eddie Albert (1953).

5

mit einem Höchstmaß an Stabilität, Langlebigkeit und Zuverlässigkeit zu vereinen in der Lage war. Das universelle Nachkriegsfahrzeug verkaufte sich vom Start weg wie verrückt in ganz Europa.
Die Vespa von 1946 besaß bereits den berühmten, gebläsegekühlten und liegend angeordneten Zweitakt-Einzylindermotor. Der Hubraum betrug anfangs 98 cm^3, die Höchstgeschwindigkeit lag bei 60 km/h, das Getriebe begnügte sich mit drei Gängen und wurde bis 1951 über ein Gestänge vom linken Handgriff aus geschaltet. Auch ansonsten war die zunächst olivgrün lackierte Ur-Vespa in vielen Details ein Kind ihrer Zeit: spiralgefederter Solositz, klappbarer Kickstarter, verchromter und unverkleideter Motorradlenker, torpedoförmiger Scheinwerfer auf dem vorderen Kotflügel. Die kleinen Acht-Zoll-Räder fanden ähnlich auch bei Schub- und Transportkarren Verwendung.
Die Vorderradaufhängung lag bei den 1946 und 1947 gebauten 13.000 Prototypen und Erstserienfahrzeugen noch in Fahrtrichtung links. Doch schon beim 1948 vorgestellten 125er Modell waren die Kurzschwinge, die langhubige und unverkleidete Schraubenfeder sowie der separate Stoßdämpfer auf die rechte Vorderradseite gewandert. Es gab einen stabilen Gepäckträger aus Stahlblech, das Reserverad wurde nach Automanier hinten senkrecht stehend mitgeführt.
Schon früh verschafften prominente Vespa-Fahrer dem Roller die verdiente Popularität. Radrenn-Ass Fausto Coppi ließ sich 1949 bereitwillig im Vespa-Sattel ablichten. Unzählige Filmstars fanden es in den 50ern absolut schick, mit der Vespa über die Boulevards zu knattern: Charly Chaplin, Kim Novak, Audrey Hepburn, Gregory Peck, Gary Cooper, Ugo Tognazzi zum Beispiel.
Das hatte Folgen - unter anderem die, daß weltweit Vespa-Clubs wie Pilze aus dem Boden schossen. Blitzendes Chromzubehör und Fuchsschwanz am Lenker waren die Zugehörigkeitsmerkmale.
In die Geschichte eingegangen ist

6

Abb. 6
Stil der frühen Jahre: Vespa 125 von 1950 mit charakteristischem Kotflügel-Scheinwerfer. Der gebläsegekühlte Zweitaktmotor leistete 4,5 PS bei 4500 Umdrehungen, die Höchstgeschwindigkeit lag bei 70 km/h. Typisch auch die Einzelsitze und die kleinen 8-Zoll-Räder.

Abb. 7, 8
Schon recht modern wirkte die Vespa 125 von 1959, hier ins Licht gerückt vor dem Werk Pontedera. Feder und Stoßdämpfer an der Vorderradaufhängung arbeiteten noch getrennt. Unten: Vespa Grand Sport 160 von 1957 mit hübschen, aber arg bruchgefährdeten Blinkern an den Hauben. Damals wurde dieses Modell von Liebhabern gefahren, heute wird es von Liebhabern als Sammelobjekt gesucht...

die Vespa auch als französisches (A.C.M.A. 1950 bis 1962) und englisches (Douglas 1951 bis 1957) Lizenzprodukt. In Spanien, Belgien und Brasilien lief ebenfalls die Vespa-Fertigung an. Die deutschen Hoffmann-Werke in Lintorf bei Düsseldorf bauten von 1950 bis 1955 über 40.000 Fahrzeuge (Modelle 125 und 125 „Königin"). Messerschmitt in Augsburg, ehemaliger Flugzeughersteller wie Piaggio, produzierte - anfangs parallel zu Hoffmann - von 1955 bis 1958 (Modelle 150 T/1, T/2 und T/3 sowie GS/1 und GS/2). Danach montierte die neu gegründete Vespa GmbH verschiedene Baureihen aus importierten Komponenten, darunter die 150 GS/3 und die 160 GS/4 sowie diverse 125er Typen. 1963 wurde im Zeichen eines sich abkühlenden

7

8

Marktes die letzte Vespa aus deutscher Produktion ausgeliefert.
In Pontedera lief schon 1956 die einmillionste Vespa vom Band. Im Hinblick auf die Technik wurde behutsam Modellpflege betrieben: 1951 gab es Bowdenzüge für die Schaltung, 1954 hatte die erste 150er Premiere, 1955 startete die sportliche GS, die als erstes Modell auf 10-Zoll-Rädern rollte und außerdem ein Viergang-Getriebe hatte, 1957 kam die 150 GL hinzu.
Das erste gründliche Facelifting erlebte die Vespa 1958: Der Scheinwerfer wanderte wie vorher bei der 150er jetzt auch bei der 125er vom Kotflügel an den Lenker, das Design von Karosserie und hinteren Ab-

deckungen wurde rundlicher und gefälliger. Während das Gewicht um einige Kilo abnahm, wuchsen Tankinhalt, Reichweite und Höchstgeschwindigkeit.
Die Vespa Grand Sport 160 von 1957 - seinerzeit wohl das beliebteste Modell - sah umwerfend elegant aus: geglättete Linienführung mit harmonisch geschwungenen Hauben, Federbeine mit integrierten Stoßdämpfern, verkleideter Lenker, bequeme Doppelsitzbank, Blinkanlage mit kühn an den Hauben angebrachten, stromlininienförmigen Blinkergläsern. Das Reserverad hatte man unter der linken Haube plaziert. Bei einem Hubraum von 158,5 cm^3 und einem Verdichtungsverhältnis von 1 : 7,3 entwickelte der immerhin 6500 Touren drehende GS-Motor eine Leistung von beachtlichen 8,5 PS - genug, um das nur 110 kg schwere Fahrzeug auf eine Spitze von knapp 100 km/h zu beschleunigen. Serienmäßig bot die GS Vierganggetriebe, Reifen der Größe 3,50-10, Innenbacken-Trommelbremsen und Schwungradmagnetzünder.
Die Unterhaltskosten waren mit 25,20 DM Steuern und 72.- DM Versicherung im Jahr sehr niedrig. Ein großer Schritt war die Umstellung des Mischungs-Verhältnisses von 1 : 20 auf 1 : 50 Mitte 1959: weniger Qualm, weniger Gestank, niedrigere Kosten.
Parallel zur Vespa war bei Piaggio der Dreirad-Lastwagen „Ape“ entwickelt worden. Die fleißige „Biene“ wurde vom Zweitakt-Einzylindermotor der Vespa angetrieben und fand innerhalb kürzester Zeit größte Verbreitung in ganz Italien. 1963 schuf sich Piaggio mit der Kompakt-Vespa (zunächst 50er und 90er) ein zweites Standbein im Rollergeschäft. 1967 kam die Fertigung von Mofas und Mopeds hinzu. Die neue kleine Rollerklasse hatte einen um

Abb. 9, 10
Ein problemloses Nutzfahrzeug war die Vespa 50 N Special mit E-Starter von 1976. Darunter: Vespa 50 SR mit 80 km/h.

9

10

Abb. 11, 12 Die Vespa 200 Rally Electronic von 1975/76 war das erste Modell mit wartungsfreier, elektronischer Zündung. Der Motor leistete bereits 12 PS bei 5700 Touren, was für gut 100 km/h Spitze reichte. Das Leergewicht betrugt 101 kg.

45 Grad geneigten Motor und Drei- oder Viergang-Schaltung.
Exotisch nahmen sich die ab 1965 gebauten, „superschnellen" SS-Modelle mit senkrecht im Durchstieg stehenden Reserverädern und darüber angeordneten, tankähnlichen Transportbehältern aus. Die Vorderradaufhängung der kleinen Modelle war mit einem verkleideten Federbein ausgerüstet, die großen Vespa-Modelle zeigten wieder separat angeschlagene Federn und Dämpfer. Neu waren hier ab 1965 bzw. 1967 die Typen 125 Primavera und 150 Sprint. Die GS wurde 1964 abgelöst

11

12

von der 180 Super Sport, 1968 folgte die 180 Rally.
Typisch für die Zeit des wiedererwachenden Rollerbooms war die in zwei Klassen unterteilte Vespa-Palette, wie sie von der Vespa GmbH Augsburg im August 1970 angeboten wurde. Da gab es zunächst die Kompaktmodelle mit kurzem Radstand 1160 mm: Vespa 50 N mit Dreigangschaltung und 6-Volt-Rundscheinwerfer sowie Vespa 50 S mit Viergangschaltung und 6-Volt-Rundscheinwerfer jeweils für 1210.- DM, Vespa 50 S mit Viergangschaltung und ungedrosseltem Motor (Spitze 65 km/h, Führerschein 4) für 1355.- DM, Vespa 50 Super Sprint mit Blinkanlage und Stoplicht sowie leistungsgesteigertem Motor (Spitze 75 km/h) für 1445.- DM, Vespa 90 Super Sprint mit 88,5 cm^3 Hubraum, Vierganggetriebe und einer Spitze von 93 km/h für 1475.- DM.
In der großen Vespa-Klasse mit 1200 mm Radstand wurden drei Modelle angeboten: 125 Primavera mit Reifen 3.00-10, 122 cm^3 Hubraum, Vierganggetriebe und Blinkanlage für 1565.- DM, Vespa 150 Sprint mit 94 km/h Spitze und Reifen 3.50-10 für 1710.- DM, schließlich Vespa 180 Rally mit 180 cm^3 und 105 km/h Spitze für 1940.- DM. Die beiden Baureihen liefen bis Herbst 1978 technisch unverändert vom Band, wurden jedoch von Zeit zu Zeit leicht modifiziert.
Das erste Modell mit elektrischem Anlasser war die 50 N Elestart von 1969. Die 180 Rally wurde 1972/73 abgelöst durch das hubraumstärkere Modell 200 Rally electronic, das als erste Vespa über eine elektronische, wartungsfreie Zündanlage verfügte. In Deutschland wurde 1974 aus der 50 Super Sprint die giftige 50 SR, ab 1975 trug die 125er das Zusatzkürzel TS.
1977 kam dann die kleine Revolution: Piaggio stellte unter dem

Schlagwort „Vespa nuova linea" eine rundum modernisierte Vespa-Generation vor, deren Deutschland-Import allerdings erst im Oktober 1978 begann. Ins Auge fielen sofort die stilistisch überarbeitete und geglättete Karosserie, die neue Vorderradführung mit vollverkleidetem Federbein, die für Wartungsarbeiten abnehmbare Steuerrohrabdeckung, der horizontal geteilte und verkleidete Lenker, der größere Scheinwerfer sowie der abschließbare Gepäckraum hinter dem Beinschild bei allen großen Modellen. Geändert worden waren auch die Typenbezeichnungen: P 125 X, P 150 X, P 200 E. Zahlreiche Detailverbesserungen erfreuten den Käufer. Neu waren unter anderem die Kontrolleuchten für Licht, Blinker und Zündung. Durch eine Vergrößerung des Federweges am Vorderrad von 70 auf 90 mm war die Bodenfreiheit merklich gewachsen. Eine optimierte Startvorrichtung und neue Schaltzüge erleichterten die Bedienung. Endlich hatte das Bordnetz 12 Volt Spannung, zumindest bei den großen Modellen. Die Motorisierungen: P 125 X mit 8,2 PS, P 150 X mit 9,1 PS, P 200 E mit 10 PS. Die in Italien angebotene 12-PS-Version kam später auch nach Deutschland.
1980 erweiterte Piaggio die Vespa-Palette um das Modell P 80 X, einen Roller mit 6 PS und 80 km/h Spitze, der abgesehen vom Hubraum in fast allen Details den Fahrzeugen der großen Klasse entsprach. In Deutschland durfte die P 80 X gefahren werden von 16jährigen mit dem seinerzeit neu eingeführten Führerschein 1b und von Autofahrern, die vor dem 1. April 1980 den Führerschein Klasse 2, 3 oder 4 erworben hatten.
1982 wurde auch in der kleinen Vespa-Klasse ein 80-Kubik-Modell präsentiert - die PK 80 S. Das Spit-

13

Abb. 13
Ohne Helm, aber glücklich: In den 70er Jahren war es keineswegs selbstverständlich, einen Kopfschutz und Handschuhe anzulegen. Im Bild eine muntere Truppe von 1976 unterwegs auf Vespa 150 Sprint Veloce und 200 Rally electronic.

Abb. 14
Renner ab Sommer 1980 war die Vespa P 80 X, die in Deutschland von 16jährigen mit dem damals neu eingeführten Führerschein 1b gefahren werden durfte

14

zenmodell der neu konzipierten kleinen, als „PK-Reihe" vertriebenen Klasse war die PK 125 S, die im März 1983 auf den deutschen Markt kam. Im gleichen Jahr führte Piaggio die stufenlose, hydraulisch betätigte Getriebeautomatik für die Modelle PK 50 S, PK 80 S und PK 125 S ein. Parallel dazu gab es in Deutschland folgende PK-Modelle mit Schaltgetriebe: PK 50, PK 50 S, PK 80 S, PK 125 S.
1985 überarbeiteten die Italiener die leichte Klasse nochmals im Design und bauten sie dann bis 1989 im gleichen Stil weiter; sie umfaßte zuletzt die Versionen PK 50 XL (2 kW, 50 km/h), PK 50 XL Automatik (3 kW), PK 125 XL (6 kW), PK 125 XL Automatik (5 kW). 1990 kamen die PK-Modelle mit neuem Design und vielen Detail-Verbesserungen heraus. Die Palette umfaßte jetzt die PK 50 XL 2 in vier Versionen und die PK 125 XL 2 mit Schalt oder Automatikgetriebe.
Das 125er Modell wurde mit Erscheinen des modernen Automatik-

15

Abb.15, 16: Vespa 50 Special mit Blinkanlage, 1982. Rechts: Die bis 1989 produzierte Vespa PK 50 S, wahlweise auch mit stufenloser Getriebeautomatik lieferbar.

16

rollers SKR 125 im Jahre 1993 überflüssig. 1996 bot der Handel nur noch drei 50er PK-Versionen an, die neben den erfolgreichen Neuheiten Sfera, Zip, NRG und TPH allerdings einen schweren Stand hatten.
Überarbeitet und verbessert zeigten sich ab 1983 die großen PX-Modelle. Sie waren jetzt in allen Versionen mit elektrischem Anlasser lieferbar, besaßen ein kombiniertes Lenk-/Zündschloß, eine von Hand nachstellbare Vorderradbremse und eine neue Lenkerverkleidung mit großem Kombiinstrument. Schlager des Jahres 1985 war die Vespa PX 200 E Grand Sport mit 12 PS. Alle PX-Versionen besaßen inzwischen die praktische Getrenntschmierung.
Die 1987 in Italien vorgestellte und bis Anfang 1996 in Deutschland verkaufte Cosa war eine im Windkanal optimierte Super-Vespa mit 125, 150 oder 200 Kubik und war unter anderem mit hydraulischer Kombi-Bremsanlage, Helmfach und Doppelinstrument ausgerüstet. Die bewährten und weiterhin beliebten Modelle der PX-Lusso-Reihe verließen zunächst unverändert die Produktionsstätten: PX 80 E, PX 125 E, PX 150 E, PX 200 E und als Topversion die 12 PS starke PX 200 E Lusso GS "Grand Sport".
Angesichts der enorm zugespitzten Konkurrenzsituation seit Beginn der 90er Jahre und vor dem Hintergrund der verschärften Abgas- und Lärmvorschriften zeigte sich indes, daß die klassische Zweitakt-Vespa nur noch als Nischen- und Liebhabermodell Zukunft haben würde. Bereits 1995 wurden auf dem deutschen Markt nur noch zwei Versionen angeboten: die PX 80 E Lusso mit und ohne E-Starter sowie die PX 200 GS. 1996 ersetzte man das PX 80 durch ein leicht modifiziertes 125er Modell in gedrosselter und offener Version (gedrosselt erlaubt für Leute mit Autoführerscheindatum vor dem 1. April 1980). 1998 erhielten alle PX-Modelle die moderne Vorderrad-Scheibenbremsanlage der Automatik-Roller.

Abb. 17
PX 125 E von 1996, damals mit Trommelbremse, heute nur noch mit Scheibenbremse am Vorderrad lieferbar. 2001 waren weiter im Programm die Vespa PX 125 FL DT mit 6,3 kW und 89 km/h Spitze sowie die PX 200 FL DT mit 8,9 kw und 100 km/h Vmax.
Zur Serienausstattung gehören seit langem E- und Kickstarter, Benzinuhr, Sozius-Haltegriff und Blinkanlage.
In der Flut der modernen Automatikroller ist die klassische Vespa so etwas wie ein Fossil aus der Anfangszeit des Rollerbaus. Aber gerade das macht sie ja so sympathisch.

17

VESPA-TECHNIK PK, PX: PFIFFIGE IDEEN AUS DEM FLUGZEUG- UND AUTOMOBILBAU

Abb. 18, 19 Kennzeichnend für die klassische Vespa ist die selbsttragende Karosserie aus Stahlblech; die Bilder zeigen eine P 80 X von 1981.

Die Vespa unterscheidet sich in drei wesentlichen Punkten vom Motorrad: selbsttragende Stahlblechkarosserie statt Rohrrahmen, einseitig aufgehängtes Vorderrad statt Radführung durch Teleskopgabel und Achse, direkt über die Getriebezahnräder angetriebenes Hinterrad statt Kette oder Kardanwelle. Wie im Piaggio-Flugzeugbau galt auch bei der Konstruktion der Vespa-Karosserie die Devise: maximale Stabilität bei minimalem Gewicht. Selbst die große PX 200 E ist bei einem Leergewicht von 109 kg nicht schwerer als ein Leichtkraftrad. Das vom Automobilbau übernommene Konstruktionsprinzip der selbsttragenden, aus Blechprofilen zusammengepunkteten Karosserie macht Gewichtseinsparungen bis zu 30 Prozent gegenüber konventionellen Stahlrohrkonstruktionen möglich. Bei der **Vespa-Karosserie** handelt es sich um eine Schalenkonstruktion mit vorn angesetztem Kastenprofil. Der Kasten nimmt das Steuerrohr auf und dient als Träger für das Schutzschild. Durch die Verbindung Kastenprofil-Schutzschild ergibt sich eine Struktur, die eine höhere Festigkeit aufweist als jedes Rohr. **Beinschild und Trittbretter** halten zudem einen Großteil des Straßenschmutzes vom Fahrer fern. Auch Zugluft und Nässe werden teilweise abgeschirmt.

18

19

Die schalenförmige Heckpartie ist steif genug, um Doppelsitzbank, Motortraverse und Federbein abstützen zu können. Bei den kleinen Modellen geben die fest mit der Karosserieschale verschweißten Seitenhauben zusätzliche Festigkeit. Alle Modelle können eine **Nutzlast von rund 180 kg** verkraften - auch dies ist ein Beweis für die Stabilität der Karosserie.

Das **Vorderrad** ist wie das Bugrad eines Sportflugzeugs einseitig am gekröpften Steuerrohr aufgehängt. Vom unteren Ende des Steuerrohrs führt eine gezogene Kurzschwinge zur Ankerplatte. Die Platte ist gleichzeitig Träger für die Radachse, für den Bremsmechanismus, für den Tachowellenantrieb und die untere Federbeinbefestigung. Oben ist das **Federbein** am Steuerrohr angeschlagen. Es besteht aus einer verkleideten Schraubenfeder und einem integrierten, doppelt wirkenden, hydraulischen Stoßdämpfer (bei den vor 1978 gebauten Modellen waren Feder und Dämpfer separat angebacht). Mit fünf Muttern ist das Vorderrad an der **Bremstrommel** befestigt. Die Trommel läuft über ein Rollen- und ein Kugellager auf der Radachse - auch hier also Parallelen zum Automobilbau. Das **Steuerrohr** dreht sich in zwei Kugellagern, die oben und unten in das innere Kastenprofil der Karosse eingesetzt sind. Der **Lenker** ist bei den neueren Modellen geteilt, Lenkerverkleidung und Lenkkörper können nach Lösen weniger Schrauben abgenommen werden.

Auch das **Hinterrad** ist einseitig aufgehängt und mit fünf Muttern an der Bremstrommel befestigt. Die Bremstrommeln bestehen aus Leichtmetall und weisen Kühlrippen auf. Die **Vorderradbremse** wird vom rechten Lenkerende aus über Handhebel und Seilzug betätigt. Die innenliegenden Bremsbacken werden über einen Nocken gespreizt und über eine Rückholfeder wieder in Ausgangsposition gebracht. Nach dem gleichen Prinzip arbeitet die **Hinterradbremse**. Sie wird durch ein Pedal an der rechten Trittbretthälfte und einen Seilzug betätigt. Details über die Hydraulikbremse der Cosa finden sich weiter hinten.

20

Abb. 20
Wie bei einem Sportflugzeug ist das Vorderrad einseitig aufgehängt; rechts das führende Steuerrohr mit verdeckter Kurzschwinge, links das Federbein mit integriertem Dämpfer.

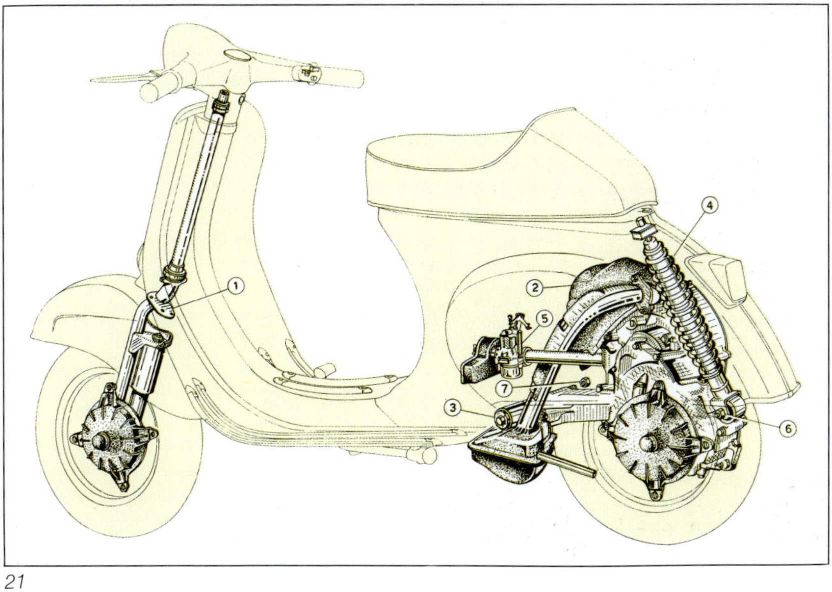

21

Abb. 21
Das Schnittbild der Vespa 50 Special von 1970 verdeutlicht das Konstruktionsprinzip. 1 = Steuerrohr, 2 = Motor, 3 = beweglich an der Karosserie angelenkte Traverse, 4 = hinteres Federbein, 5 = Vergaser, 6 = Verbindung Federbein/Antriebsblock, 7 = Mutter der Traversenachse. (Zeichnung Piaggio)

Gegen die Karosserie wird das Hinterrad durch ein Federbein mit freiliegender **Schraubenfede**r und integriertem, doppelt wirkendem, hydraulischem **Stoßdämpfer** abgestützt. Über ein Scharnier mit der Karosserie verbunden ist die kräftig gepolsterte **Doppelsitzbank.** Nach Betätigen eines Druckverschlusses an der Rückseite kann sie nach vorn geklappt werden. Unter der Sitzbank befinden sich die Einfüllöffnungen für den **Benzintank** und - bei Fahrzeugen mit Getrenntschmierung - für den **Öltank**. Bei den kleinen Modellen faßt der Benzintank 6,2 Liter, bei den großen 8,0 Liter.

Die Aufbauten der kleinen und großen Modelle unterscheiden sich nicht nach dem Bauprinzip, sondern nur nach den **Abmessungen** voneinander. Die Fahrzeuge der **PK-Reihe** haben einen Radstand von 1175, eine Gesamtlänge von 1675 und eine Höhe von 1070 mm (ohne Rückspiegel). Bei den Modellen der **PX-Reihe** lauten die entsprechenden Maße: 1235, 1760 und 1110 mm. Die Lenkerbreite ist mit rund 700 mm überall gleich. Die schmale Bauweise ist vor allem im dichten Stadtverkehr von großem Vorteil.

Allen Vespa-Modellen gemein ist das **Antriebssystem**. Motor, Getriebe und Hinterachse sind in einem äußerst kompakten Block vereint. Im Detail ergeben sich allerdings bestimmte Unterschiede zwischen den Motoren der PK- und der PX Reihe. Die **PK-Motoren** stehen um 45 Grad nach oben geneigt im Motorraum. Gewisse Ele-

22

Abb. 22 Die beiden klassischen Baureihen im direkten Größenvergleich: links die PK 80 S von 1982, rechts die P 80 X aus dem gleichen Jahr. Bei den Fans beliebt sind vor allem die PX-Modelle.

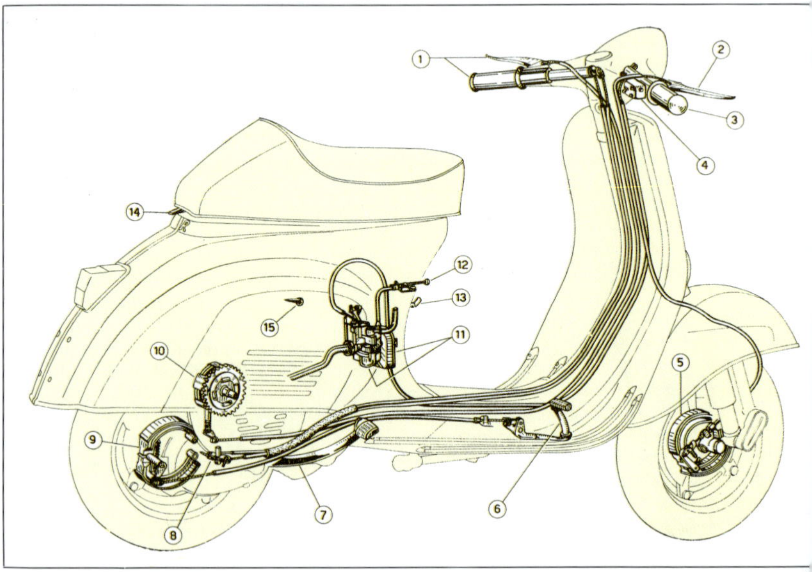

Abb. 23 Hauptorgane am Beispiel Vespa 50 von 1970: 1 = Kupplungshebel und Schaltdrehgriff mit Doppelseilzug, 2 = Vorderradbremshebel, 3 = Gasdrehgriff, 4 = Lichtschalter, 5 = Vorderradbremse, 6 = Fußbremshebel mit Seilzug, 7 = Kickstarter, 8 = Schaltsegment, 9 = Hinterradbremse, 10 = Kupplung, 11 = Vergaser + Luftfilter, 12 = Starterzug, 13 = Benzinhahn, 14 = Sitzbank-Verriegelung, 15 = Haubenverriegelung. (Zeichn. Piaggio)

mente wie Zündkerze und Lüfterhaube sind relativ schlecht zugänglich. Graugub-Zylinder und Aluminium-Zylinderkopf sind bei den PK-Motoren separat verschraubt. Der **Vergaser** befindet sich samt Luftfilter im Karosserie-Hohlraum unter der Sitzbank und ist über ein langes Saugrohr mit dem Zylinder verbunden. Der **Auspuff** ist an der Zylinderrückseite angeflanscht und kann erst nach Entfernen des Hinterrades abgebaut werden.
Die großen **PX-Motoren** liegen flach im Motorraum. Die Dell'Orto-**Vergaser** sind als Fallstromvergaser ausgelegt und sitzen direkt über dem Einlaßkanal. Die Zugänglichkeit ist wesentlich besser als bei den kleinen Motoren. Gemeinsam ist beiden Motor-Grundvarianten das **Kühlsystem per Gebläse:** Der unmittelbar auf der Kurbelwelle sitzende Lichtmaschinen-Rotor verfügt über Luftschaufeln, die Frischluft in Richtung Zylinder befördern. Gebläseabdeckung und Lüfterhaube sind

24

25

Abb. 24, 25
Motoranordnung bei der Vespa: flach liegend bei den großen PX-Modellen (oben), relativ steil stehender und weniger gut zugänglicher Zylinder bei den kleineren PK-Modellen.

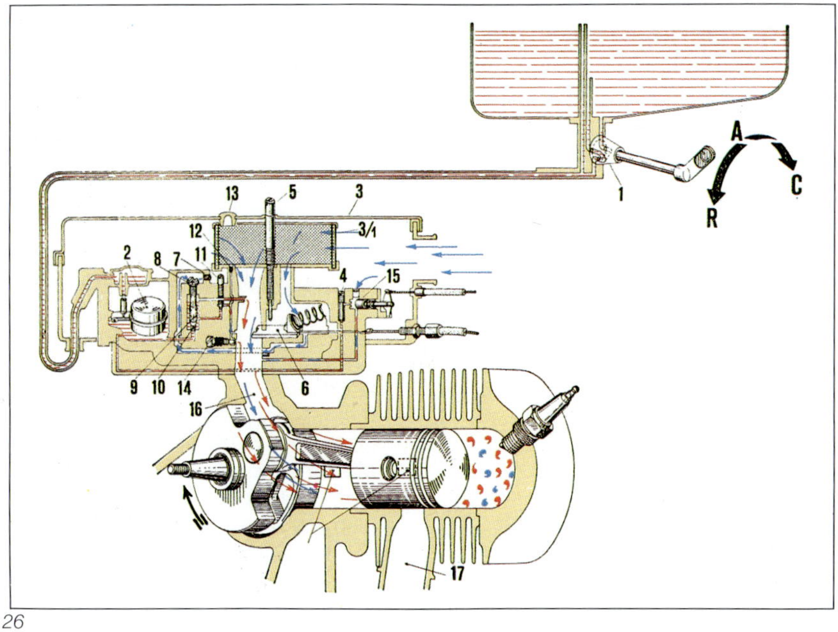

26

Abb. 26
Treibstoffzufuhr und -aufbereitung bei den Typen ohne Getrenntschmierung am Beispiel der P 125 X:
1 = Benzinhahn mit Filter, 2 = Schwimmer im Vergaser, 3 = Luftfilterdeckel, 3/1 = Luftfilter, 4 = Starterdüse, 5 = Gasschieber-Anschlagschraube, 6 = Gasschieber, 7 = Luftregulierschraube für Hauptdüse, 8 = Gemisch-Regulierschraube, 9 = Mischdüse, 10 = Hauptdüse, 11 = Leerlaufdüse, 12 = Luftregler der Leerlaufdüse, 13 = Blindstopfen, 14 = Leerlaufgemisch-Einstellschraube, 15 = Ventil der Kaltstarteinrichtung, 16 = Einlaßschlitz, 17 = Auspuffkanal (Zeichnung Piaggio)

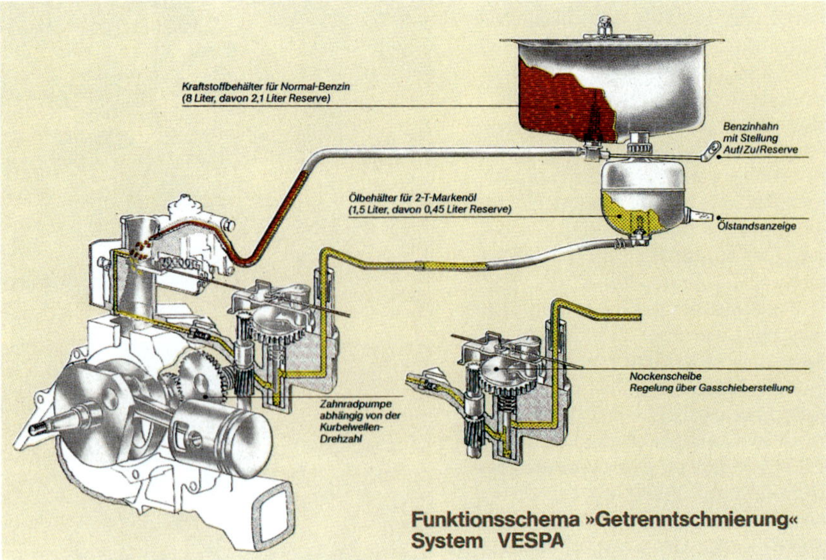

27

Abb. 27 Schema der Getrenntschmierung bei den neueren PX- und Cosa-Modellen; die Öldosierung läuft drehzahlabhängig über eine Zahnradpumpe, die direkt von der Kurbelwelle angetrieben wird. Kern des Systems ist die Nockenscheibe der Pumpe. Oben rechts im Bild Benzintank und separater Öltank in Blechbauweise, wie sie früher üblich war. (Zeichn. Piaggio

für die Verteilung der Kühlluft über die Rippen des Zylinders und des Zylinderkopfs verantwortlich. Je höher die Drehzahl, desto größer die Luftmenge, die über die Metallrippen streicht. Im Gegensatz zu Motorrädern mit fahrtwindgekühlten Motoren ist auch im Stand für eine ausreichende Kühlung gesorgt.

Das Kraftstoff-/Luftgemisch wird dem Zylinder nach dem **Drehschieber-Prinzip** zugeführt. Hierbei ist eine der beiden Kurbelwangen für die Steuerung der Zufuhr zuständig. Eine speziell geformte Aussparung sorgt dafür, daß die Einlaßöffnung bei jeder Kurbelwellenumdrehung rhythmisch freigegeben und wieder geschlossen wird. Die Einzylinder-Zweitaktmotoren arbeiten seit 1959 mit einem **Benzin-Öl-gemisch** im Verhältnis von 50 : 1. Das heißt, einem Liter Benzin müssen 20 cm^3 Zweitaktöl zugesetzt werden (= 2 %). Bei den Fahrzeugen mit **Mischungsschmierung** wird das Öl dem Treibstoff beim Tanken unmittelbar beigegeben.

Bei den Fahrzeugen mit **Getrenntschmierung** werden Benzin und Öl separat getankt und beim Fahren automatisch im richtigen Verhältnis gemischt. Dafür zuständig ist eine **Ölpumpe**, die über eine verzahnte Welle drehzahlabhängig von der Kurbelwelle angetrieben wird und gut zugänglich im Luftfiltergehäuse neben dem Vergaser sitzt. Über den Gasschieber wird eine Nockenscheibe betätigt, die sicherstellt, daß in Abhängigkeit vom jeweiligen Benzinzufluß die richtige Menge Öl zugeführt wird.

Den Betriebsstrom erzeugt der Vespa-Motor durch einen **Schwungradmagnetzünder** auf der rechten Kurbelgehäuse-Seite. Er besteht aus dem am Block befestigten, mit Spulen versehenen Stator und dem auf der Welle befestigten Rotor. Ältere Modelle weisen eine mechanisch angetriebene, **kontaktgesteuerte Zündanlage** auf, alle neueren Vespa-Varianten sind mit wartungsfreien, **elektronischen Zündanlagen** ausgerüstet. Blinklichtanlage, Hupe, Bremsleuchte und Blinkerkontrolle werden - bei

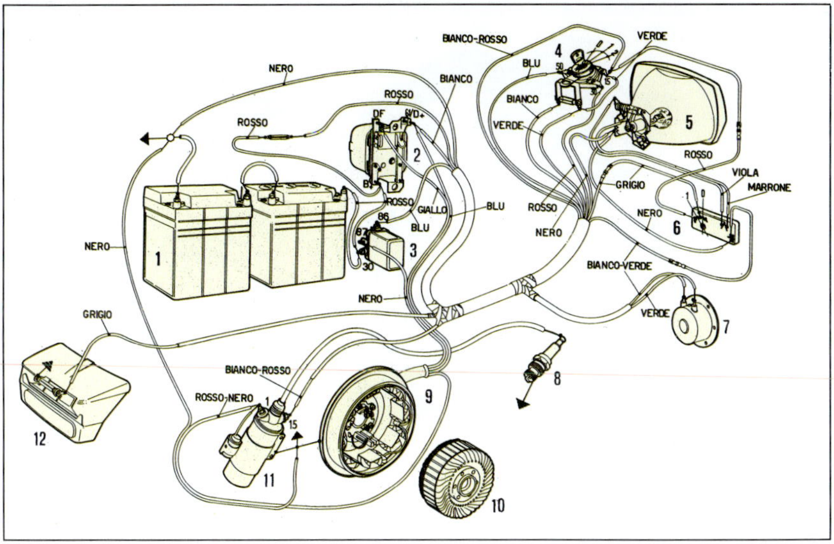

28

Abb. 28
Elektrik ohne E-Starter Vespa 50 Special `70: 1 = Batterie (2 x 6 Volt), 2 = Regler, 3 = Relais, 4 = Zündschloß, 5 = Scheinwerfer, 6 = Klemmbrett, 7 = Hupe, 8 = Zündkerze, 9 = Lichtmaschinen-Stator, 10 = Lichtmaschinen -Rotor, 11= Zündspule 12 = Heckl. (Zeichnung Piaggio)

entsprechender Ausrüstung - über die **Batterie** mit Gleichstrom versorgt (12 Volt, 7Ah).
Mit Wechselstrom 12 Volt werden Scheinwerfer, Tachobeleuchtung und Schlußleuchte gespeist. Bei laufendem Motor wird der Ladestrom der Batterie über einen elektronischen **Regler** gesteuert, der in allen Drehzahlbereichen eine konstante Stromversorgung der Wechselstromverbraucher garantiert.
Bei den handgeschalteten Versionen wird über einen Hebel am linken Lenkerende und einen Bowdenzug eine **Zweischeibenkupplung** betätigt; sie läuft permanent im **Getriebeölbad** und ist mit dem linken Ende der Kurbelwelle verbunden.
Über schräg verzahnte Zahnräder wird die Kraft dann auf die Vorgelegewelle und von da aus weiter auf die Zahnräder der **Getriebe**-Gangstufen übertragen. Die Getriebehauptwelle ist gleichzeitig Antriebswelle und Hinterachse. Geschaltet wird von Hand über einen Drehgriff am linken Lenkerende. Von da führen zwei Seilzüge zum Schaltsegment am Dreigang- bzw. Vierganggetriebe.
Die Grundmodelle werden über einen **Kickstarter** in Gang gebracht.

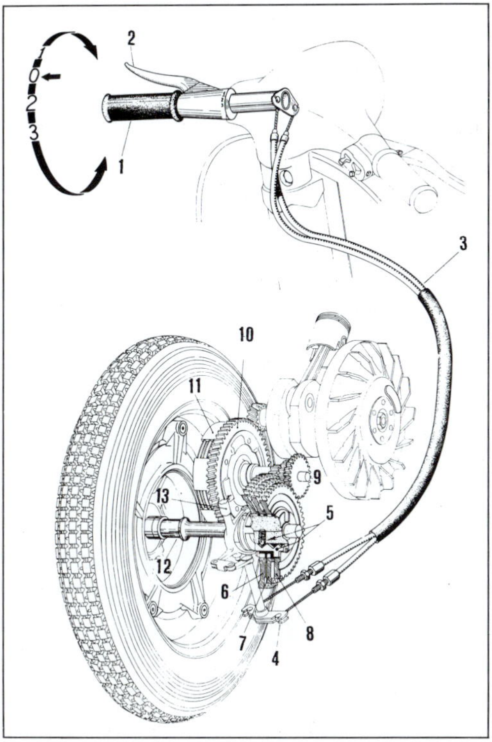

Abb. 29
Schaltung und Getriebe Vespa 50 von 1970: 1 = Schaltdrehgriff, 2 = Kupplungshebel, 3 = Schaltungs-Bowdenzüge, 4 = Schalthebel, 5 = Schaltmechanismus, 6,7,8 = Zahnräder 1., 2., 3. Gang, 9 = Vorgelegewelle, 10 = Primärantrieb, 11 = Kupplung, 12 = Antriebswelle, 13 = Schaltgabel (Zeichnung Piaggio).

Abb. 30
Motor, Antrieb der Vespa PK 80 S: 1 = Vergaser und Luftfilter, 2 = Kolben, 3 = Kurbelwelle, 4 = Kupplung, 5 = Antriebs- und Getriebehauptwelle, 6 = Schaltmechanismus, 7 = Schwungrad-Magnetzünder, 8 = Kickstarter, 9 = Anlenkung des Antriebsblocks an der Karosserie

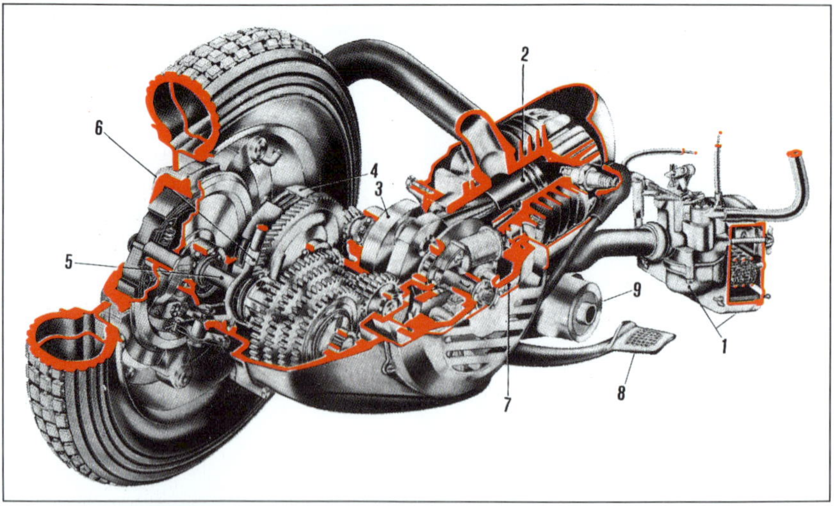

30

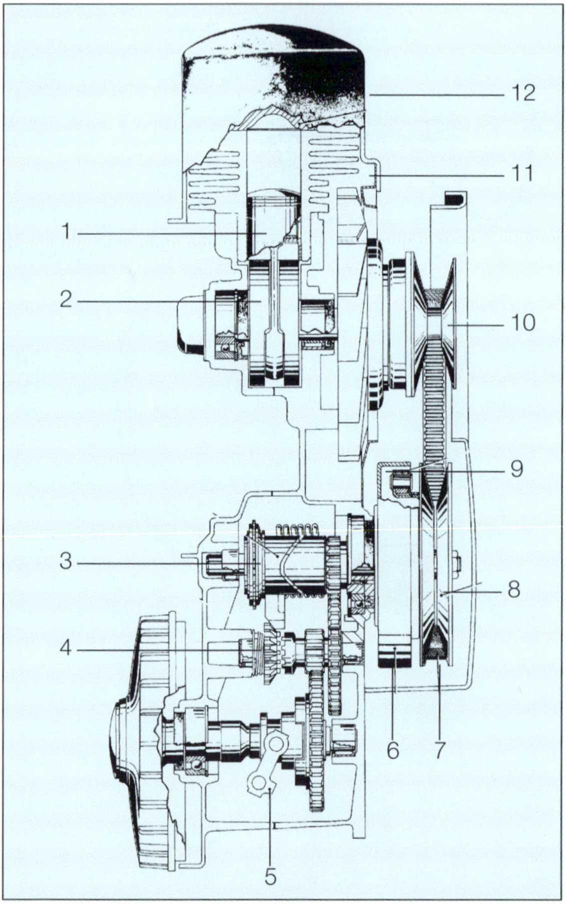

31

Abb. 31
Bauprinzip PK 50 plurimatic mit Keilriemen-Automatik: 1 = Kolben, 2 = Kurbelwelle, 3 = Hohlwelle des Primärantriebs, 4 = Starterverzahnung, 5 = Hebel zum Einkuppeln des Antriebs, 6 = Kupplungsgehäuse, 7 = Antriebskeilriemen, 8 = getriebene Riemenscheibe, 9 = Kupplung, 10 = treibende Riemenscheibe mit Reglergruppe, 11 = Schwungrad mit Gebläse, 12 = Zylinderkopf (Zeichnung Piaggio)

Gegen Aufpreis waren zuletzt alle Modelle auch mit **elektrischem Anlasser** lieferbar. Der Anlasser wird über einen separat unter der linken Haube befindlichen Magnetschalter aktiviert und greift in ein Ritzel am Lichtmaschinenmotor ein. Die PK-Modelle haben **Reifen** der Größe 3.00-10, die PX-Modelle 3.50-10.

Seit 1983 bot Piaggio auch Vespa-Modelle mit **stufenloser Getriebeautomatik** und Getrenntschmierung an: PK 50 S, PK 80 S und PK 125 S. Über ein hydraulisches Regelsystem wählt die komplizierte Automatik stufenlos das günstigste Übersetzungsverhältnis. Die Hydraulikpumpe arbeitet geschwindigkeitsabhängig und wird über einen Fliehkraftregler gesteuert. Bei jeder Geschwindigkeitserhöhung löst die Hydraulikpumpe über den Hydraulikkolben eine längere Übersetzung

aus. Dieses Verfahren wird auch im Automobilbau angewandt. Speziell angeordnet bei der „Vespa automatica“ sind die Bedienungshebel: rechts Gasgriff und Vorderradbremse wie gewohnt, links Drehgriff für Leerlauf- und Fahrtstellung des Getriebes sowie Handhebel für die Hinterradbremse. Das Bremspedal fällt weg.
1987 wurde die wesentlich einfacher gebaute und wartungsfreundlichere **Keilriemenautomatik** mit Fliekraftsteuerung eingeführt und mit dem PK-Motor kombiniert (Modellbezeichnung PK 50 XL plurimatic). Typisch ist auch die **Membran-Einlaßsteuerung für alle Automatik-Modelle.** Der Zylinder trägt in seinem unteren Teil eine angegossene Kammer mit einem Einsatz, dessen Öffnungen durch federnde, einseitig befestigte Plättchen (Membranen) verschlossen werden. Während des Ansaugvorgangs geben die Membranen dem Frischgas freien Eintritt in den Vorverdichtungsraum. Ist der Raum mit Gas gefüllt, schließen die Membranen die Öffnung wieder ab. Das Frischgas im Kurbelgehäuse kann dann durch den nach unten laufenden Kolben verlustlos verdichtet werden.

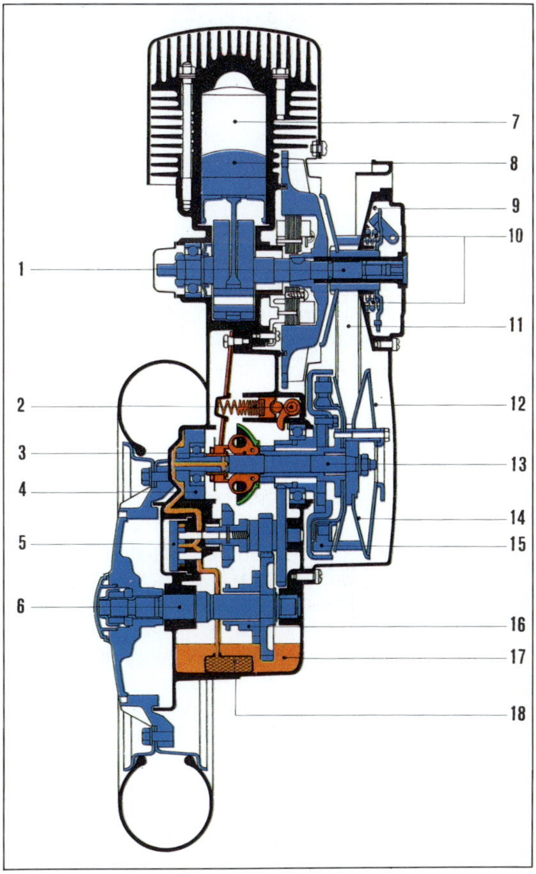

32

Abb. 32
Schema des hydraulischen Automatik-Antriebs für die PK-Reihe: 1 = Kurbelwelle, 2 = Steuernocken, Gegenfeder, 3 = Fliehkraftregler, 4 = Hydraulik-Kolben, 5 = Hydraulikpumpe, 6 = Hinterachswelle, 7 = Zylinder, 8 = Kolben, 9 = verstellbare Kegelscheibenhälfte, 10 = Scheibenfeder, 11 = Primärantrieb, 12 = Tellerfeder, 13 = Steuerwelle, 14 = verstellbare Kegelscheibenhälfte, 15 = Kupplung, 16 = Schiebemuffe für Leerlauf- und Fahrstellung, 17 = Hydraulik-Öl, 18 Ölfilter (Zeichnung Piaggio)

Abb. 33
Unten: Spezialschlüssel A zum Lösen der Benzinhahnverschraubung B. gezeigt am Beispiel einer älteren Vespa mit Blechtank.

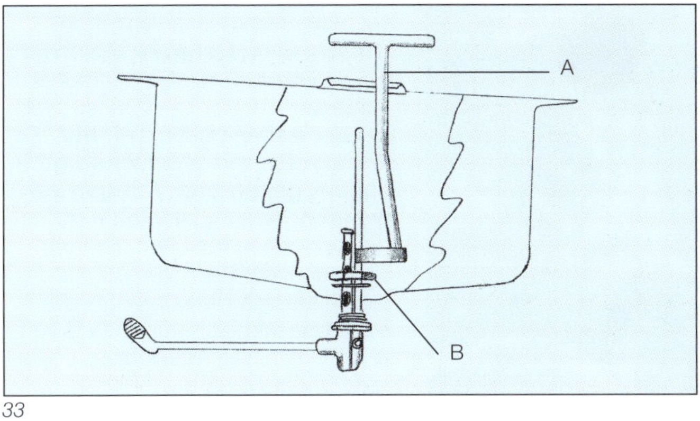

33

WERKZEUG FÜR DIE VESPA: AUSRÜSTUNG, ANWENDUNG, SICHERHEITSTIPS

Das serienmäßige Bordwerkzeug der Vespa ist - wie bei den meisten Rollern - nur ein Notbehelf. Es taugt kaum zum Zündkerzenwechsel, versagt meist, wenn beispielsweise die Räder abgenommen werden müssen. Wer öfter intensiv schraubt und die Artbeiten nachvollziehen möchte, die in diesem Buch gezeigt werden, sollte in eine gehobenere Werkstatt-Ausrüstung investieren.
Wir empfehlen folgende **Grundausstattung:** Werkbank mit Schraubstock, Stecknuß-Satz SW 6 bis 24 mit kleiner und großer Umschaltknarre sowie Adaptern 1/4- und 1/2-Zoll und verschiedenen Verlängerungen, Ring- und Gabelschlüssel-Satz SW 6 bis 24 (optimal als Kombischlüssel Ring/Gabel), Innensechskantschlüssel SW 3 - 10, Zündkerzenschlüssel, vier Schlitz-Schraubendreher mit Schneidenbreiten 2, 3/4, 5/7, 9/0, drei Kreuzschlitz-Schraubendreher klein, mittel und groß, Kombizange, Wasserpumpenzange, Spitzzange, mindestens zwei hochwertige Seegeringzangen zum Spreizen und Zusammendrücken, Dorn 8 mm, Schlosserhammer klein und mittel, Kunststoff- und/oder Gummihammer, Draht- und Messingbürste, Hand-Fettpresse, Bowdenzugöler, Batteriesäure-Prüfer, Batterie-Ladegerät, Fühlerlehre, Hakenschlüssel für Lenkkopfmutter, Fußluftpumpe mit Manometer.
Unentbehrlich für Arbeiten an Motor, Antrieb und Fahrwerk sind außerdem zwei automatisch das Limit anzeigende **Drehmomentschlüssel** (ca. 10 bis 60 und 30 bis 140 Nm). Zum Aus- und Einbau von Lagern im Motor-/Getriebegehäusebereich sind Spezialabzieher erforderlich; man kann sich auch mit passenden Schlagdornen aus Messing oder Leichtmetall sowie zurechtgeschnittenen Hartholzkeilen helfen. Außerdem braucht man eine Heißluftpistole zur Erhitzung der Gehäusehälften beim Lagereinbau. Auf weitere Spezialwerkzeuge und Hilfsgeräte wird im Text an entsprechender Stelle hingewiesen. Gute Dienste bei Reparaturarbeiten an der Elektrik leistet ein Quetschverbinderset mit Kabelschuh- und Abisolierzange. In einer Top-Werkstatt dürfen darüber hinaus Stroboskop-Prüfgerät und elektronisch geregelte Bohrmaschine nicht fehlen.
Natürlich will auch der **Umgang mit dem Werkzeug** gelernt sein. Unerfahrene Hobbyschrauber greifen gern zum falschen Schlüssel: Ein Gabelschlüssel eignet sich nur zum Beidrehen von Muttern oder Schrauben, keinesfalls zum endgültigen Festziehen; dazu sollten ausschließlich Ring- oder Steckschlüssel bzw. Stecknüsse verwendet werden. Sie rutschen nicht so leicht ab, verletzten nicht die Schraubenkanten.
Bei Schraubendrehern gilt: **nur Werkzeuge mit unbeschädigten, sauber gekanteten Klingen verwenden.** Abgenutzte und rund gedrehte Klingen rutschen aus den Schraubenschlitzen heraus, zerstören letztlich die Führung - die Schraube läßt sich nur noch durch zeitaufwendiges **Ausbohren** entfernen. Das geht dann im Prinzip so:

Abb. 34 Nur Qualitätswerkzeug sollte zur Hand genommen werden, wenn am Motor gearbeitet wird. Drehmomentschlüssel und paßgenauer Zündkerzenschlüssel sind unentbehrlich.

34

Zuerst Schaftende glatt feilen, in der Mitte körnen und mit einem kleinen Bohrer vorbohren. Dann mit exakt passendem Bohrer nacharbeiten. Anschließend muß ein neues Gewinde geschnitten werden, in der Regel in drei Stufen.
Immer auch einen Schraubendreher verwenden, der möglichst bündig paßt. Ist die Klinge zu klein, besteht Abrutsch- und Verletzungsgefahr! Wer den Schraubendreher als Meißel benutzt, beschädigt Werkzeug und Werkstück. Bei Arbeiten am Fahrwerk oder beim Montieren von Motorteilen wie Zylinder, Zylinderkopf oder Lichtmaschine möglichst einen Drehmomentschlüssel verwenden. Generell sollten alle Schrauben, die in Leichtmetallteile gedreht werden (Motorgehäuse z.B.) drehmomentkontrolliert festgedreht werden; beachten Sie dazu die Tabellen im Anhang.
Niemals versuchen, festsitzende Muttern mit Gewalt zu lösen: Die Schraube reißt ab, die Ecken von Muttern werden rund gedreht. Korrodierte Schraubverbindungen lösen sich meist, wenn ein guter Rostlöser einige Zeit eingewirkt hat; billiges Nähmaschinen- oder Fahrradöl tut Wunder. Es hilft oft auch, einen Schraubendreher anzusetzen und dem Griffende einen kräftigen Hammerschlag zu verpassen - oft löst sich die Schraube dann.
Wichtig: **verschmutzte Fahrwerks- und Motorteile reinigen,** bevor die Schraubarbeit beginnt. Gut sind Spezialreiniger, die keine Giftstoffe oder gefährlichen Lösemittel enthalten (erhältlich in Läden für Industriebedarf). Keinesfalls Benzin verwenden - es enthält krebserregendes Benzol und giftiges Toluol! Während der Arbeit unbedingt **auf Sicherheit achten:** Armbanduhren, Armbänder, Ringe und Halsketten sollten stets abgelegt werden. Auch flatternde Kleidungsstücke wie weite Jacken oder Schals können beim Schrauben gefährlich werden. Vor allem dann, wenn der Motor läuft, ist äußerste Vorsicht geboten.
Die Vespa bietet so viel Stauraum, daß die Mitnahme eines selbst zusammengestellten Werkzeugsets keine Probleme bereitet. **Wir empfehlen für unterwegs:** je zwei verschieden starke Schraubendreher Schlitz und Kreuzschlitz, Kombischlüssel Ring/Gabel SW 8 bis SW 19, Steckschlüssel SW 13 für Radausbau und Reifenwechsel, Zündkerzenschlüssel, Hakenschlüssel, Mehrzweckzange, multifunkionales (Taschen-)Messer. Nützlich sind auch ein Stück Draht, Elektrokabel, einige Kabelklemmen, ein kleines Sortiment Maschinenschrauben M 6 und Blechschrauben 4,0 x 20 bis 25.

35

Abb. 35
Bei manchen Arbeitsschritten genügen einfache Hilfsmittel wie ein Gummihammer: Er wird gebraucht, um nach dem Lösen der Verbindungsbolzen die rechte Gehäusehälfte von Kurbel- und Antriebswelle zu schlagen.

36

Abb. 36
Ohne Ohmmeter und elektronische Prüfgeräte kommt keine Werkstatt aus. Im Bild wird die kontaktgesteuerte Zündanlage einer Vespa 50 von 1970 durchgemessen.

INSPEKTIONEN: WIE DIE VESPA RICHTIG GEWARTET WIRD

Damit die Vespa stets störungsfrei und zuverlässig läuft, müssen in bestimmten Abständen verschiedene Wartungsarbeiten ausgeführt werden. Unsere Aufstellung gibt einen genauen Überblick. Fahrzeuge, die überwiegend in Meeresnähe bewegt werden, sollten häufiger als in der Übersicht angegeben inspiziert und geschmiert werden, damit sich an blanken Teilen keine Korrosion bilden kann. Dies ist natürlich auch sinnvoll bei Rollern, die häufig im Winter auf salzgestreuten Straßen fahren. Bei allen Arbeiten die vorgeschriebenen Anzugs-Drehmomente beachten - siehe Anhang. Handgriffe und Details siehe Wartungs- oder Instandsetzungs-Kapitel.

Achtung: Motor niemals in geschlossenen Räumen oder Garagen laufen lassen - Vergiftungsgefahr!

Das STX-Wartungssystem für Vespa PK, PX, Cosa mit Schaltgetriebe

1000 = Grundinspektion nach 500 - 1000 km oder 2 Monaten
4000 = Inspektion alle 4000 km oder 12 Monate
8000 = Inspektion alle 8000 km oder 24 Monate
Überholung = Arbeiten bei Überholung

Motor 1000: Befestigung Vergaser prüfen; Leerlaufkontrolle, evtl. Vergaser einstellen; Gaszug einstellen, falls nötig; wird volle Leistung nicht erreicht: Zylinderkopf, Zylinder, Kolben, Kolbenringe prüfen. **4000:** Brennraum/Zylinderkopf, Kanäle/Zylinder, Kolben, Auspuff von Verbrennungsrückständen befreien; nur bei Leistungsabfall: Zylinder, Kolben, Kolbenringe auf Verschleiß prüfen; Gaszug einstellen. **8000:** bei Leistungsabfall Zylinder, Zylinderkopf, Kolben, Kolbenringe und Auspuff auf Verschleiß und Beschädigungen prüfen. **Überholung:** Reinigen und Entkrusten aller noch verwendbaren Teile

Vergaser 1000: auf festen Sitz prüfen. **8000:** Leerlauf und Gaszug prüfen, evtl. einstellen.

Luftfilter 4000, Überholung: ausbauen, mit Kaltreiniger auswaschen, mit Preßluft trocknen und leicht einölen **8000:** (nur Cosa) Schaumstoff-Element ausblasen, bei starker Verschmutzung ersetzen

Ölpumpe 1000, 4000: Ölzufuhrleitungen auf Luftblasen prüfen, Pumpenfunktion prüfen, evtl. entlüften.

Getriebe 1000, 8000, Überholung: Öl wechseln; Öl-Spezifikation: SAE 30 (Winter), SAE 40 (Sommer) z.B. Esso 2T, Shell Super 2TX, Total 2T, Aral 2T. **4000:** Kontrolle und Auffüllen des Ölstands, Fetten des Schaltsegments. **Überholung:** Schaltkreuz erneuern, Flankenspiel Zahnräder prüfen

Zündkerze 1000, 4000: Verkrustungen entfernen, Elektrodenabstand kontrollieren (korrekt: 0,6 mm) **8000, Überholung:** ersetzen (Einzelheiten siehe Anhang und Text), **Unterbrecher (ältere Modelle) 1000, 4000, Überholung:** Kontakte und Zündung prüfen, einstellen, Schmierfilz am Unterbrechernocken fetten

Elektronische Zündanlage 8000: mit Stroboskop Einstellung prüfen

Batterie 1000, 4000: Säurestand prüfen, evtl. destilliertes Wasser auffüllen, an Polen Korrosion beseitigen, Polfett auftragen

Lenkung 4000, Überholung: Freigängigkeit und Spiel prüfen, evtl. einstellen; bei hartem Dauereinsatz alle 30.000 km Lenkkopflager neu fetten

Bremsanlage vorn/hinten 1000, 4000: Funktion prüfen, Seilzüge einstellen (PK, PX); Bremshebelgelenke fetten **8000:** Bremsbelagstärke vorn und hinten kontrollieren, u.U. Backen wechseln; Bremstrommeln auf Rundlauf und Riefen prüfen

Hydraulikbremse Cosa 4000: Bremsflüssigkeitsstand prüfen, ergänzen; Zustand und Dichtigkeit aller Leitungen, Schläuche und Anschlüsse prüfen. **8000:** Bremsflüssigkeit erneuern (DOT 3), Bremse entlüften; alle vier Jahre Bremsschläuche erneuern

Bowdenzüge Kupplung, Schaltung, Bremsen 1000, 4000: prüfen, einstellen, fetten, Hebelgelenke schmieren

Kupplung 8000: Spiel prüfen, einstellen

Muttern und Schrauben Fahrgestell, Motorbefestigung, Radbefestigung, Radaufhängung 1000, 8000, Überholung: auf festen Sitz prüfen, Anzugsdrehmoment kontrollieren

Vorderradaufhängung 4000: Tachowellengehäuse fetten (ESSO BEACON 3, SHELL RETINAX A). **8000:** Kugellager, Tachowellenantrieb, Tachowellengehäuse fetten, Bremse einstellen; unter extremen Bedingungen Radlager alle 30.000 km neu fetten

Beleuchtung, Blinker, Hupe 1000, 4000: Funktion prüfen

Reifenluftdruck 1000, 4000: prüfen; vorn 1,2 bar, hinten solo 1,7 bar, mit Sozius 2,5 bar

Probefahrt 1000, 4000: alle Funktionen, Fahrstabilität, Bremsen, Motorlauf prüfen

Stillegung des Fahrzeugs über mehrere Monate
Fahrzeug reinigen, anschließend Motor warm fahren, damit sich keine Säurerückstände im Auspuff bilden. Lackierte und verchromte Teile polieren, nicht lackierte Metallteile dünn mit Korrosionsschutzfett bestreichen. Benzin aus dem Tank ablassen; dazu Benzinschlauch abziehen und Kraftstoff über einen Trichter in einen Kanister füllen; Vorsicht: bleifreies Benzin enthält giftiges Benzol, Hautkontakt und Einatmen vermeiden! Zündkerze ausbauen, in die Öffnung 10 bis 15 cm^3 Castrol TTS-Synthetik-Öl spritzen, Kickstarter zwei- bis dreimal durchtreten, Kerze wieder einbauen. Batterie ausbauen und trocken sowie kühl lagern, alle vier Wochen nachladen. Reifenluftdruck um 0,3 bar erhöhen und Fahrzeug so aufbocken, daß beide Räder entlastet sind. Ein altes Laken tut gute Dienste als Staubschutz.

NUR SELTEN RISKANT: VESPA AUS ZWEITER HAND; AUF WAS GEBRAUCHTKÄUFER ACHTEN SOLLTEN

Als Gebrauchtfahrzeug zeichnet sich die Vespa generell durch geringen Wertverlust und hohe Zuverlässigkeit auch noch im fortgeschrittenen Alter aus. Selbst für vier Jahre alte Fahrzeuge werden noch 40 bis 50 Prozent des ehemaligen Neupreises bezahlt. Daß vor allem Vespa PX und Cosa extreme **Laufleistung**en schaffen, ist bekannt. So legte ein Kölner Student in fünf Jahren zwischen seiner Heimatstadt und der Technischen Hochschule Aachen sage und schreibe 112.000 Kilometer zurück. Als die Maschine dann zur Grundüberholung in die Werkstatt rollte, war außer einem verschlissenen Schaltkreuz kein gröberer Mangel feststellbar.

Der **Verbrauch** bewegt sich - je nach Fahrweise und Modell - zwischen 3,5 und 5,5 l/100 km, Schmieröl im Verhältnis 1 : 50 inklusive. Als problematisch erweisen sich gelegentlich Fertigmischungen von der Tankstelle. Oft ist der Treibstoff zu knapp gemischt. Folge: Der Motor stottert im Leerlauf und wird beim Fahren zu heiß. Abzuraten ist strikt von Billigölen. Nur hochwertige Markenöle (s. entsprechende Kapitel in Buch und jeweiliger Betriebsanleitung) garantieren eine zuverlässige Schmierung.

Motoren, die im Kurz- und Mittelstreckenbetrieb laufen, benötigen erst nach 60- bis 80.000 km eine Generalüberholung. Ersetzt werden müssen dann Kolben und Zylinder (Neupreis rund 220.- DM; Alternative: Zylinder ausschleifen), Kurbelwellenlager, Kupplung, Schaltkreuz, Dichtungen. Der Zylinderkopf wird nur gereinigt. Was bei den Montagearbeiten zu beachten ist, steht in diesem Buch.

Eine Probefahrt deckt zuverlässig gravierende Mängel im Bereich Motor und Antrieb auf. **Startschwierigkeiten** deuten auf mangelhafte Wartung, Defekte im Zünd- und Vergaserbereich sowie auf schlechte Kompression hin. Eine rupfende oder durchrutschende **Kupplung** ist reif für den Austausch. **Schaltprobleme** können mit fehlerhaften und schlecht eingestellten Seilzügen und einem verschlissenen Schaltkreuz zusammenhängen. Im zweiten Fall muß der Motor komplett zerlegt werden.

Fällt die Leistung am Berg stark ab, sind wahrscheinlich **Kolben und Zylinder** stark abgenutzt. Lauf- und Tickgeräusche haben ihre Ursachen in verschlissenen Kolben, Kolbenbolzen, Pleuel- und Kurbelwellenlagern. Aufwendige Reparaturen sind dann unvermeidlich.

Ins Geld gehen kann auch die Überholung von Fahrwerk und Radaufhängung. Beim Gebrauchtkauf sol-

Abb. 37
Herz der Vespa ist der drehschiebergesteuerte Einzylinder-Motor. Vorsicht bei harten mechanischen Geräuschen - meist sind Lager- oder Kolbendefekte der Grund dafür. Was der Zweitakter gar nicht mag: billiges Öl und minderwertiges Benzin.

37

38

39

Abb. 38, 39 Derzeit preiswert als Gebrauchtfahrzeug zu haben ist die ab 1980 angebotete 80er PX. Sie läßt sich nicht ohne weiteres auf 125 Kubik umrüsten, weil sie eine andere Kurbelwelle mit weniger Hub als die normale Werks-125er hat. Beim Kauf vor allem auf gut ansprechende Bremsen und funktionierende Elektrik achten.

ten daher alle Komponenten genau geprüft werden. Die Lenkkopflager dürfen kein Spiel und beim Drehen des Lenkers keinen Widerstand zeigen. Sind die Gummilager der mit dem Triebwerk verblockten Hinterradschwinge ausgeschlagen, ist es mit der Fahrstabilität vorbei. Auch die Radlager müssen einwandfrei sein. Wie dies alles geprüft wird, steht genau in den entsprechenden Kapiteln.

Beim Kurvenfahren oder beim Anschneiden von Längsrillen zeigen sich am schnellsten Mängel an Radaufhängung und Rädern. Pendelerscheinungen sind ein klarer Hinweis auf defekte Schwingenlager oder ein - durch einen Unfall - verzogenens Chassis. Fingerspitzengefühl erfordert das Auswechseln der vorderen **Radlager**. Das (1984 verstärkte) Nadellager dreht direkt auf dem Achsstummel und kann sich dort übel einlaufen; eine einfach auszuwechselnde Innenlagerschale gibt es leider nicht. Wenn der Achsstummel zu sehr angegriffen ist, muß das komplette **Steuerrohr** inklusive Radnabe ausgetauscht werden; Materialkosten: 300 Mark.

Die **Bremsen** müssen leicht ansprechen und gleichmäßig verzögern. Starkes Rubbeln - vor allem vorn - weist auf unrunde Bremstrommeln oder nicht sauber anliegende Bremsbeläge hin. Oft schafft einfaches Ausdrehen Abhilfe. Ein neuer Satz Bremsbacken ist nicht teuer und schnell montiert.

Die **Reifen** sollten eine Profiltiefe von mindestens zwei Millimetern haben (vorgeschrieben: 1,6 mm). Ein Vespa-Reifen hält vorn gut und gerne 10.000, hinten 5.000 bis 8.000 Kilometer. Empfehlenswert sind wegen der besseren Nässeeigenschaften eigentlich nur Markenfabrikate; der Wechsel ist dank der geteilten Felgen ein Kinderspiel.

Ein Kapitel für sich sind die **Seilzüge:** Sie erfodern viel Pflege. Natürlich zeigen wir detailliert, wie's gemacht wird. Schwergängige Züge und gerissene Drähte bedeuten Gefahr: Da Vespa PX und PK mechanisch verzögert werden, haben die Bremszüge lebenswichtige Funktion. Seit 1985 sind die Seilzüge teflonbeschichtet und daher nicht mehr ganz so empfindlich. Bei der **Cosa** auf Alter und Pegel der **Bremsflüssigkeit** achten! Undichte Manschetten und Anschlüsse können ebenso wie schadhafte Leitungen zu plötzlichem Druckverlust führen.

Die Vespa-**Elektrik** ist inzwischen kaum noch störanfällig, Schwierigkeiten mit der Zündbox traten nur

Abb. 40
Die Probefahrt krönt jede Verkaufsverhandlung - im Bild die P 80 X von 1980, die zehn Jahre den Titel dieses Buches schmückte, das für 1997 überarbeitet und erweitert wurde. Zu den typischen Fahrwerksmängeln gehören defekte Lenkkopflager, verschlissene Federbeine und Radlager, Schwingenlagerung mit zu viel Spiel.

bis Mitte der 80er Jahre auf. Am schwachen Fahrlicht läßt sich nicht viel ändern; eine leichte Verbesserung bringt allenfalls der Austausch der 25/25-Watt-Glühlampe im Scheinwerfer gegen die 35/35-Watt-Lampe, die auch die Lusso- und Cosa-Modelle haben.
Richtigen Ärger können die aus Kunststoff bestehenden **Öltanks** der PX- und Cosa-Modelle machen: Das Material härtet aus, wird spröde und bekommt mitunter Risse - vor allem im Bereich der Nähte.
Mit der geringen Reichweite fast aller Vespa-Typen (maximal 150 bis 200 km) muß man wohl oder übel leben, auch mit dem lästigen Nachfüllen von Schmieröl. Wissen sollte der Gebrauchtkäufer auch, daß Zylinderkopf, Zylinder und Auspuff wie in der Motorrad-Steinzeit noch alle 4000 km demontiert und von Verbrennungsrückständen gereinigt werden müssen. Das ist quasi der Preis der Nostalgie.

VESPA WARTEN UND REPARIEREN: ALLE TECHNISCHEN TRICKS UND KNIFFE

Von einigen Details abgesehen werden alle Vespa-Modelle zwischen 50 und 200 cm^3 Hubraum seit 1978 unverändert gebaut. Im allgemeinen können die Hinweise in diesem Buch aber auch problemlos auf ältere Modelle angewandt werden. Im wesentlichen unterscheiden sich die seit 1978 gebauten Versionen in folgenden Punkten von den Vorläufermodellen: neue Vorderradaufhängung mit Federbein, abnehmbare Lenkerverkleidung, Steuerrohrabdeckung vorn durch „Kaskade", geänderte Blinker, neue Bedienungselemente, Schalter und Bowdenzugbefestigungen, neue Sitzbank, abschließbarer Gepäckraum und stilistisch überarbeitete Karosseriedetails. Die elektronische Zündung ist längst serienmäßig.

Abb. 41, 42 Zur Haubenentriegelung bei den PX-Lusso-Modellen zunächst die Sitzbank hochklappen. Dann den Sperrhaken der Motorhaube nach außen drehen; Haube erst vorn, dann hinten abziehen.

41

42

Um Übersichtlichkeit zu gewährleisten, unterscheiden wir im Buch nur zwischen den beiden Basis-Modellreihen **PK** (Versionen 50, 50 S, 80 S, 125 S) und **PX** (Versionen 80 E, 125 E, 150 E, 200 E). Zur Vereinfachung sprechen wir auch von der „kleinen" und „großen" Vespa. Die gezeigten Wartungs- und Zerlegungsarbeiten wurden exemplarisch an einer PK 80 S mit elektrischem Anlasser und einer PX 200 E Lusso durchgeführt. Die seit 1987 gebaute **Cosa** entspricht technisch weitgehend der Vespa PX. Wo Übereinstimmungen bestehen, werden die Arbeiten für beide Baureihen gemeinsam beschrieben. Den Besonderheiten der Cosa (Hydraulikbremse, Karosserie, Elektrik) sind eigene Kapitel gewidmet. Zusätzlich wurden in die Cosa-Kapitel weiterführende Hinweise aufgenommen, die auch auf die PX-Modelle anwendbar sind, im vorderen Teil aber bislang fehlten (Reparatur Fahrwerk, Lenkung etc.).

Zur Systematik dieses Buches: Zunächst werden alle Arbeiten beschrieben, die bei den PK- und PX-Modellen anläßlich der 4000-km-Inspektion durchgeführt werden müssen. Danach wird die 8000-km-Inspektion, die teilweise auf der 4000er aufbaut, in allen Schritten beschrieben. Es schließt sich das große **Reparatur-Kapitel** an, das für die siebte Auflage **deutlich erweitert** wurde und jetzt auch die **Totalzerlegung von PX-Motor und Getriebe** zeigt. Immer, wenn es möglich ist, werden die jeweiligen Handgriffe für die kleinen und großen Modelle zusammengefaßt. Die Zwischenüberschriften der einzelnen Abschnitte zeigen deutlich an, ob die Informationen für die PK- oder die PX- und/oder Cosa-Modelle gelten - auch das ist neu bei der überarbeiteten Auflage.

DIE 4000-KM-INSPEKTION: BORDELEKTRIK, VERGASER, ZYLINDER, AUSPUFF, RÄDER, BEDIENUNGSELEMENTE

Alle 4000 Kilometer oder mindestens einmal im Jahr muß die Vespa sich einer Grundinspektion unterziehen. Recht aufwendig gestaltet sich dabei vor allem ein Wartungsschritt, der mit dem Zweitaktprinzip des Motors zusammenhängt: die Demontage und Reinigung von Zylinderkopf und Zylinder. Vor allem bei den PK-Modellen sind dazu umfangreiche Vorarbeiten nötig.

Um trotzdem den Überblick zu bewahren, gehen wir systematisch von außen nach innen vor, beginnen mit Zündkerze, Luftfilter und Vergaser, nehmen dann Zylinderkopf, Zylinder und Auspuff für die Grundreinigung ab, sehen nach dem Getriebeöl, pflegen Schaltsegment und Bedienungselemente, prüfen zuletzt Räder und Reifen, Batterie, Unterbrecherabstand und Zündzeitpunkt.

Motorhaube abnehmen PK, PX: Alle Vespa-Roller sind mit einem Einzylindermotor ausgerüstet und weisen daher auch nur eine einzige Zündkerze auf. Der Motor befindet sich auf der rechten Fahrzeugseite und wird durch eine Blechhaube abgedeckt. Bei den **PK-Modellen** kann die Haube nicht abgenommen werden. Das erhöht die Chassis-Stabilität, erschwert aber die Zugänglichkeit. Es gibt lediglich eine Klappe, die unten angeschlagen ist. Je nach Modell wird sie oben durch einen einfachen Knebel oder ein Schloß mit Drucktaste gehalten. Knebel bzw. Schloß betätigen und Klappe öffnen.

43

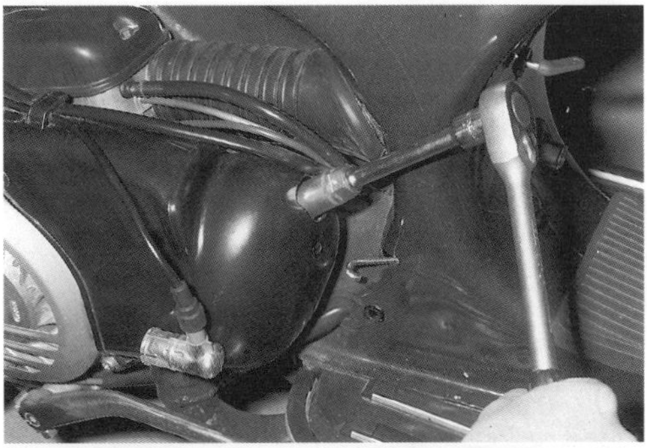

44

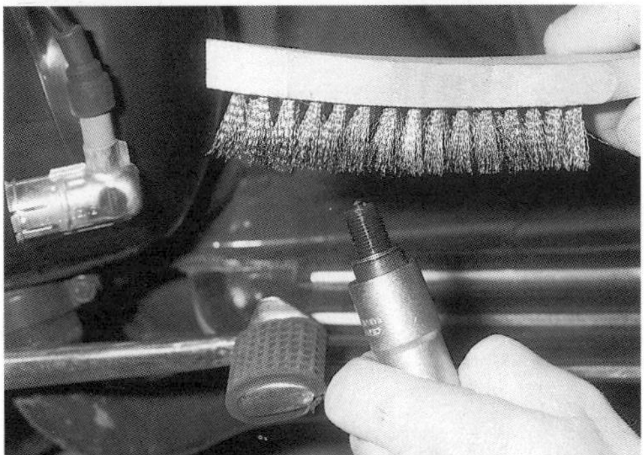

45

Bei den großen **PX-Modellen** kann die Motorhaube vollständig abgenommen werden. Es ist allerdings zu unterscheiden zwischen den alten bzw. Grundmodellen und den Lusso-Varianten. Bei den **Basismodellen** wird die Haube durch

Abb. 43 - 45 Kerzenstecker abziehen. Dann Zündkerze mit Steckschlüssel ausdrehen. Losen Schmutz und Ruß entfernen.

einen vorn am Durchstieg befestigten Sperrhaken arretiert. Den Haken ein wenig nach außen ziehen, um 90 Grad drehen und Haube vorn vom Chassis wegziehen. Nun die in der Mitte angebrachte Sperrfeder aushängen und den hinteren Haubenbolzen aus der Öse ziehen.

Abb. 46 Der Elektrodenabstand wird mit einer Fühlerlehre gemessen; er soll 0,6 mm betragen. Ansonsten Abstand korrigieren.

Bei den **Lusso-Modellen** befinden sich die Haubenverriegelungen unter der abschließbaren Sitzbank und sind so vor unbefugtem Zugriff geschützt. Sitzbank hochklappen (Abb. 41) und den vorn rechts hinter dem Sitzbankscharnier sitzenden

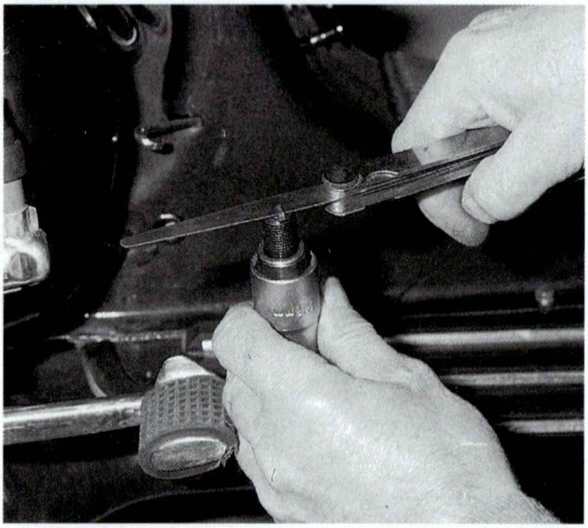

46

Abb. 47 Luftfilterausbau bei den PK-Modellen: Sitzbank hochklappen, Werkzeugmulde entfernen, Filtergehäuseverschraubung lösen.

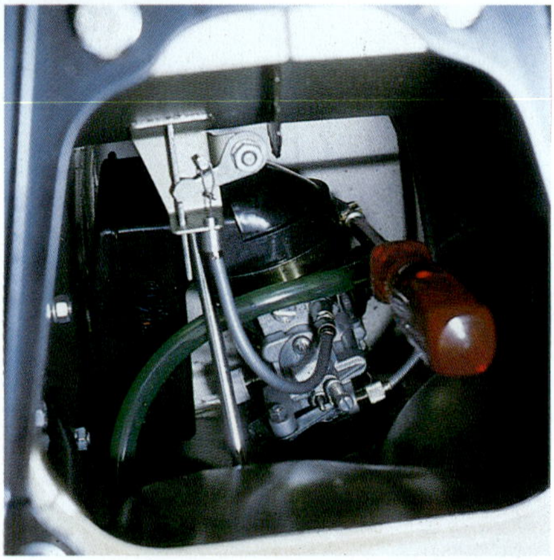

47

Hebel bis zum Anschlag nach außen drehen - der von innen eingreifende Sperrhaken gibt die Haube frei (Abb. 42). Haube nach oben schwenken und dabei den Federhaken ausklinken. Zuletzt den hinteren Haltezapfen vom Chassis abziehen.

Zündkerzenstecker abziehen, Zündkerze ausbauen und prüfen - alle Typen: Bei allen Modellen zunächst den Kerzenstecker abziehen. **Vorsicht:** Nicht am Zündkabel reißen, sondern den Stecker anfassen und unter ständigem Hin- und Herdrehen abziehen (Abb. 43). Kerzenschlüssel SW 20,5 oder passenden Steckschlüssel (Bordwerkzeug) ansetzen und Zündkerze aus dem Zylinderkopf ausdrehen (Abb. 44). Dabei Schlüssel nicht verkanten. Der Kerzen-Isolator ist aus Porzellan und entsprechend zerbrechlich. Nun zuerst den Zustand der Zündkerze überprüfen. Das „Kerzengesicht" gibt Auskunft darüber, ob der Motor einwandfrei arbeitet:

Isolierkörper hellbraun: Motor in Ordnung und richtig eingestellt.

Isolierkörper glänzend schwarzbraun, feuchter Ölkohle- und Rußbelag: Gemisch zu fett, bei Fahrzeugen mit Getrenntschmierung Ölpumpe nicht in Ordnung. Motor über längere Zeit mit niedrigen Drehzahlen gefahren.

Isolierkörper verrußt: Zu geringer Luftanteil im Gemisch. Kerze hat zu hohen Wärmewert und bleibt im Betrieb zu kalt; unter Umständen Leerlaufdüse mit kleinerem Querschnitt in den Vergaser einsetzen, Kerze mit niedrigerem Wärmewert verwenden.

Isolierkörper extrem hell, weiß oder mit Schmelzperlen behaftet, Elektroden teilweise abgebrannt: Motor wird zu heiß. Ursachen: Oktanzahl des Benzins zu niedrig, Vorzündung zu groß,

Vergasereinstellung zu mager, Kerze hat zu niedrigen Wärmewert und wird deshalb zu heiß. Abhilfe: höheroktanigen Kraftstoff tanken, Zündzeitpunkt zurücknehmen, Vergaser richtig einstellen, Zündkerze mit höherem Wärmewert verwenden.

Zündkerze reinigen, Elektrodenabstand korrigieren - alle Typen: Nach der optischen Prüfung der Kerze Ölkohleablagerungen an Elektroden und Isolierkörper mit einer Draht- oder Messingbürste **entfernen** (Abb. 45). Kerze möglichst mit Druckluft sauberblasen. Anschließend **Elektrodenabstand** mit einer handelsüblichen Fühlerlehre messen und gegebenenfalls **neu einstellen**. Vorgeschrieben ist generell ein Abstand von 0,6 mm. Zum Korrigieren des Abstands Meßblatt zwischen die Elektroden schieben und mit einem geeigneten Gegenstand leicht auf die obere Elektrode klopfen, bis sich das Meßblatt nur noch schwer hin- und herschieben läßt (Abb. 46).

Zündkerze ersetzen - alle Typen: Sind die Elektroden zu stark abgebrannt, lohnt ein Beiklopfen nicht mehr, die Kerze muß ersetzt werden. Zu stark abgebrannte Elektroden können abbrechen, in den Brennraum fallen und an Kolben und Zylinder schwere Schäden verursachen. **Achtung:** Nur funkentstörte Kerzen mit dem vorgeschriebenen Wärmewert und der richtigen Einschraublänge verwenden.
Piaggio schreibt für die einzelnen Vespa-Modelle folgende **Kerzentypen** vor:
Vespa PK 50/S: Bosch W 225 T1; Marelli CW 7N; Champion L 86; Lodge HN; NGK B6HS
Vespa PK 80/S: Bosch W 250 T1; Marelli CW 7N; Champion L 82; Lodge 3 HN; NGK B7HS
Vespa PK 125/S: Bosch W4A; Marelli CW 7N; Champion L 82; Lodge 3 HN; NGK B7HS
Vespa PX 80 E, PX: Bosch W5C; Marelli CW 6L-AT; Champion N4; Lodge 2 HLN; NGK B6ES
Vespa PX 125 E, PX 150 E: Bosch W5A; Marelli CW6N-AT; Champion L 86; Lodge 2 HN; NGK B6HS
Vespa Cosa 125, 150: Bosch W4CC, Champion N2C
Vespa Cosa 200: Bosch W4CC, Champion N3C

Vor dem Einschrauben der gereinigten Zündkerze Dichtungsfläche am Zylinderkopf und Dichtung an der Kerze säubern. Darauf achten, daß kein Schmutz in die Bohrung fällt.

Abb. 48 Filtereinsatz PK aus dem Gehäuse nehmen und in Kaltreiniger auswaschen; kein Benzin verwenden!

Abb. 49 Luftfilterausbau bei den PX-Modellen: Motorhaube abnehmen und Gehäusedeckel abschrauben.

48

49

50

Abb. 50
Bei abgenommenem Gehäusedeckel ist der PX-Luftfilter bestens zugänglich. Das System ist bei allen Typen der PX-Baureihe gleich.

Kerze zunächst mit der bloßen Hand in das Gewinde eindrehen, sonst besteht die Gefahr, daß die Kerze verkanntet und dadurch das Gewinde im Alu-Zylinderkopf beschädigt wird. Erst zum Schluß Schlüssel ansetzen und Kerze mit Gefühl festziehen. Zu starkes Anziehen kann zu Beschädigungen des Zylinderkopfes führen. Am besten Drehmomentschlüssel verwenden. Vorgeschriebenes Anzugsmoment maximal 24 Nm.

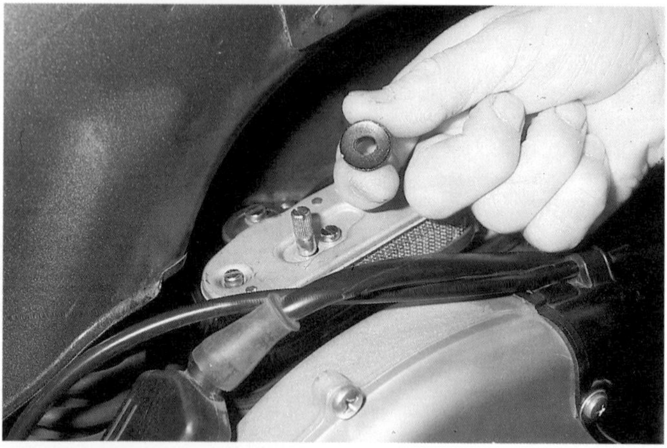

51

Abb. 51
Den Gummiring unter dem Deckel nicht übersehen; er dichtet die Leerlauf-Einstellschraube ab.

52

Abb. 52: Der Luftfilter ist mit zwei leicht zugänglichen Schlitzschrauben am Vergaser befestigt.

Schwergängige Kerzengewinde mit etwas Graphit bestreichen. Unter keinen Umständen Fett verwenden - die Kerze würde sich festbrennen. Niemals den Dichtring der Kerze entfernen! Die Kerze ragt dann zu weit in den Brennraum hinein, es kommt zu Glühzündungen, der Motor wird zu heiß, die Elektroden schmelzen ab und fallen in den Brennraum. **Zündkerzenstecker vor dem Aufsetzen kontrollieren.** Das Zündkabel muß feste Verbindung mit dem Stecker haben, der Stecker muß innen blank, trocken und korrosionsfrei sein. Verölte Stecker auswechseln. Dabei nur funkentstörte Stecker verwenden - andere Stecker sind unzulässig. Bei

Korrosion sorgt ein Kontaktspray vorübergehend wieder für gute Leitfähigkeit.

Luftfilter ausbauen und reinigen - allgemein: Der Luftfilter verhindert, daß Staub- und Schmutzteilchen vom Vergaser angesaugt werden und über das Saugrohr in den Zylinder gelangen. Dort würde der Dreck für erhöhten Verschleiß an Kolben und Zylinderwand führen. Außerdem hat der Luftfilter die Aufgabe, die Ansauggeräusche zu dämpfen. Ein verschmutzter Luftfilter setzt auf jeden Fall die Motorleistung herunter.
Alle Vespa-Roller sind mit **auswaschbaren, stahlwollegefüllten Dauerluftfiltereinsätzen** ausgerüstet. Bei den PK-Modellen sitzen Vergaser und Luftfilter schlecht zugänglich im Chassis-Hohlraum unter der Sitzbank. PX-Fahrer haben es leichter: sie müssen nur die Motorhaube abnehmen, wenn sie den Luftfiltereinsatz ausbauen wollen (siehe Kapitelanfang).

Luftfilter PK: Sitzbank hochklappen und Werkzeugschale aus dem Schacht vor dem Tankeinfüllstutzen herausnehmen. Bei älteren 50 Kubik-Modellen ist das Luftfiltergehäuse mit zwei Flügelmuttern befestigt. Muttern lösen und Gehäuse vom Vergaser abziehen. Bei neueren PK-Modellen die Schraube der Schelle lösen, die das Gehäuse am Vergaser festhält (Abb. 47); Gehäuse abziehen. Generell nun den Bowdenzug von der Kaltstartvorrichtung aushängen und den Dauersplint abziehen, mit dem die Betätigungsstange des Bezinhahns am Hahn selbst befestigt ist. Jetzt kann das Luftfiltergehäuse komplett mit dem Filtereinsatz aus dem Schacht gehoben werden (Abb. 48). Das Filterelement aus dem Gehäuse nehmen und auswaschen.

53

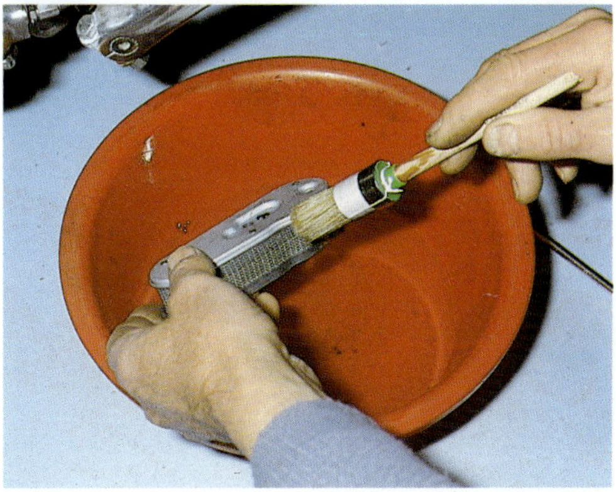

54

Achtung: Dazu keinesfalls Benzin verwenden, es enthält krebserregende Substanzen; nur ungiftigen Kaltreiniger nehmen. Element trocknen bzw. mit Druckluft ausblasen. Es hat sich bewährt, die Stahlwolle vor dem Wiedereinbau mit einigen Tropfen Motoröl zu benetzen. Das Öl bindet den Staub zusätzlich. Einbau in umgekehrter Reihenfolge.

Luftfilter PX, Cosa: Einfacher ist die Filterreinigung bei den großen Vespa-Modellen: Motorhaube wie beschrieben abnehmen. Das Filterelement befindet sich unter einer schwarzen Blechkappe zwischen Kühlgebläse und Aufbau. Die Kappe wird von zwei Schlitzschrauben gehalten (Abb. 49, 50). Nach dem Entfernen des Deckels den Gummi-

Abb. 53
Zur Reinigung wird der Luftfilter vom Vergaser abgenommen. Er ist mit Stahlwolle gefüllt und hält bei guter Pflege viele Jahre.

Abb. 54
Es ist unerläßlich, den Dauerfilter alle 4000 km in Kaltreiniger auszuwaschen. Beim Fahren auf staubigen Pisten kann eine tägliche Reinigung nötig sein. Kein benzolhaltiges Benzin verwenden.

Abb. 55
Dell'Orto-Schiebervergaser der PK-Modelle in ausgebautem Zustand. Gut zu erkennen: Schieberanschlagschraube mit Feder, Einsteller für den Starterzug (daneben) und Leerlaufgemisch-Regulierschraube (rechts mit weißer Kappe).

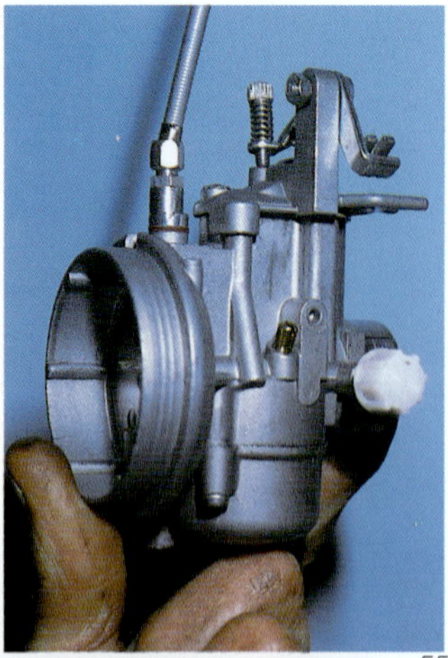

55

56

Abb. 56
Bei den PX-Modellen sitzt die Leerlaufgemisch-Regulierschraube links unten am Flansch; man erkennt ein Stück der Feder. Zur Bedienung den Gummistopfen im Luftfiltergehäuse entfernen.

pfropfen abnehmen, der den Spalt zwischen Leerlaufregulierschraube und Filterdeckel abdichtet (Abb. 51). Der Dauerfilter ist links und in der Mitte mit zwei Schlitzschrauben befestigt (Abb. 52); Schrauben lösen, Filter herausnehmen und mit benzol- und toluolfreiem Kaltreiniger auswaschen (Abb. 53, 54). Anschließend mit Druckluft ausblasen. Ein Benetzen der Filterwolle mit Öl ist hier aufgrund der seitlich offenen Filterkonstruktion weniger empfehlenswert, das Öl würde rasch herauslaufen. Zusammenbau des Filters in umgekehrter Reihenfolge. Beim Befahren staubiger Pisten ist es ratsam, den Filter täglich auszubauen und zu reinigen.

Vergaser einstellen - allgemeine Bemerkungen: Wenn der Motor nicht richtig rund läuft, Aussetzer hat oder nicht anspringt, ist oft der Vergaser schuld. Gehen wir einmal davon aus, daß der Schmierölanteil im Kraftstoff korrekt ist bzw. bei Fahrzeugen mit Getrenntschmierung die Öldosierung exakt funktioniert - trotzdem bleibt ein chronischer Schwachpunkt übrig: das Benzin-Luft-Gemisch. Der Benzinanteil kann zu hoch, aber auch zu niedrig sein. Reguliert wird das **Leerlaufgemisch** mit einer eigens dafür vorgesehenen Regulierschraube unten am Vergasersaugrohr. Zwar ist es für einen versierten Hobbyschrauber kein Problem, eine **Vergaser-Grundeinstellung** vorzunehmen, doch ist es aus Umweltgründen besser, den Vergaser in einer mit modernsten Meßgeräten ausgerüsteten Fachwerkstatt einstellen zu lassen. Wird unsachgemäß an den Stellschrauben gedreht, steigt die Emission giftiger Schadstoffe (Kohlenmonoxid, Stickoxide, Kohlenwasserstoffe) unter Umständen drastisch an. Umwelt- und energiebewußte Vespa-Fahrer lassen mindestens einmal im Jahr einen **Abgastest** machen, zumal der Zweitaktmotor konstruktionsbedingt bereits sehr schlechte Emissionswerte hat. Zwischendurch dürfen einfache Einstellarbeiten aber auch einmal in Eigenregie durchgeführt werden. Die Dell'Orto-Vergaser der verschiedenen Vespa-Modelle sind einfach aufgebaut und nicht - wie im Automobilbau inzwischen vielfach üblich - verplombt.

Leerlauf einstellen - allgemein: Die richtige Leerlaufeinstellung ist nicht nur für den Spritverbrauch

entscheidend, sondern auch für die Emissionswerte. Bei allen Modellen Motor starten und einige Minuten warmlaufen lassen. Während der Einstellarbeiten muß der Motor im Leerlauf weiterarbeiten. Überhitzungsgefahr besteht wegen der Gebläsekühlung nicht. **Vorsicht:** Nicht mit drehenden oder spannungsführenden Motorteilen in Berührung kommen!
Zunächst Seilzugspiel einstellen (Starterzug, Gaszug). Dabei muß der Gasdrehgriff vollkommen geschlossen, der Choke ganz hineingeschoben sein. Durch die Herstellung eines Spiels an den Seilzugenden wird garantiert, daß Gasschieber und Starterklappe stets ganz in die Nullstellung zurückgehen können. Es genügt ein Spiel von 0,5 bis 1,0 mm an den Gaszugenden.

Gaszugspiel einstellen
PK-Modelle: Zum Einstellen des Spiels Sitzbank hochklappen und Werkzeugschale herausnehmen. Mit einem Gabelschlüssel SW 8 die Kontermuttern am Einsteller lösen, der am Vergaser sitzt. (Bei neueren Modellen wird der Gaszug über eine Rändelschraube eingestellt.) Dann Einsteller von Hand so lange drehen, bis ein Spiel von 0,5 bis 1,0 mm erreicht ist. Durch Drehen im Uhrzeigersinn wird größeres Spiel erzielt, Drehen gegen den Uhrzeigersinn bewirkt eine Verringerung des Spiels. Abschließend durch Festziehen der Kontermutter Einsteller wieder sichern (Abb. 55).

Gaszugspiel einstellen PX-, Cosa-Modelle: Motorhaube abnehmen und Luftfiltereinsatz ausbauen wie beschrieben. Dann mit einem Gabelschlüssel SW 8 die Kontermutter des Seilzugeinstellers für den Gaszug lösen, der an der vorderen Querwand des Luftfiltergehäuses sitzt. Anschließend genauso verfahren wie bei den PK-Modellen. Der Chokezug ist nicht einstellbar. Vor dem Einregulieren der Leerlaufdrehzahl unbedingt Luftfilter nebst Gehäusedeckel wieder aufsetzen und befestigen.

Leerlaufdrehzahl und Leerlaufgemisch einstellen - alle Typen: Sind Gas- und Chokezug richtig eingestellt, müssen die Leerlaufgemisch-Regulierschrauben unten am Saugrohr und die Gasschieber-Anschlagschrauben in Grundstellung gebracht werden.
Zunächst **Leerlaufgemisch-Regulierschraube** so weit in den Vergaser hineindrehen, bis sie leicht aufsitzt - der Motor droht nun abzusterben. Bei den **PK-Modellen** ist

Abb. 57, 58
Die Gasschieber-Anschlagschrauben können von Hand oder mit einem Schraubendreher verdreht werden; oben der PK-Vergaser, darunter Blick auf den PX-Luftfilter, durch den die Einstellschraube ragt.

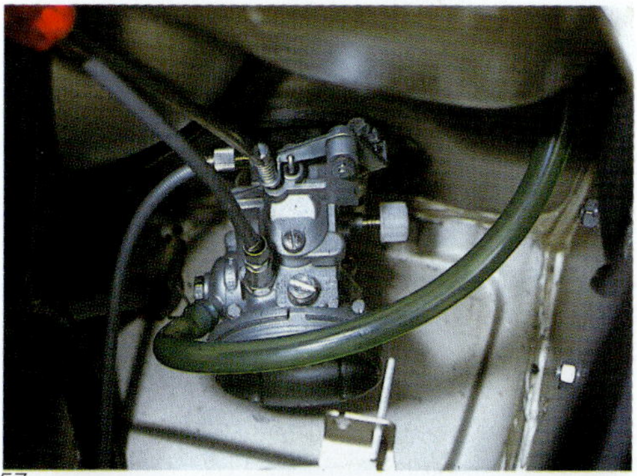

57

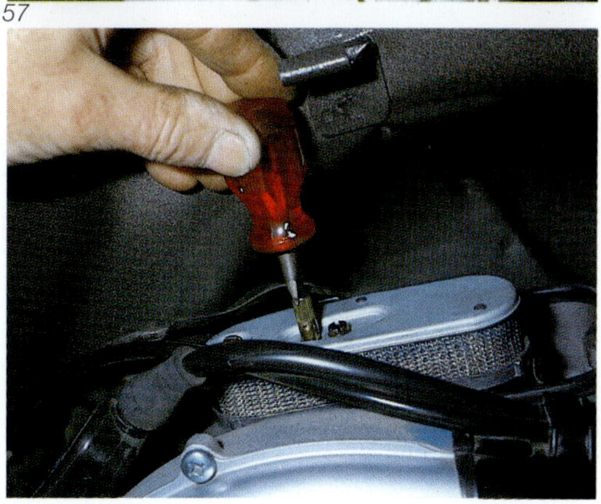

58

59

60

61

Abb. 59
Vergaserausbau PK-Modelle: Die Schraube am Klemmring läßt sich am besten mit Umschaltknarre und kurzer Verlängerung erreichen.

Abb. 60
Erster Schritt Batterieausbau PK-Modelle: linke Haube abnehmen und Batterieabdeckung abschrauben.

Abb. 61
Achtung beim Batterieausbau: Immer zuerst das schwarze Minuskabel abschrauben.

die Schraube von oben durch den Werkzeugschacht erreichbar, sie kann auch von Hand gedreht werden (s.a. Abb. 55). Bei den **PX-und Cosa-Modellen** muß zunächst ein Gummistopfen an der rückwärtigen Querwand des Luftfiltergehäuses entfernt werden; durch die Öffnung wird ein Schraubendreher gesteckt (Abb. 56). Bevor der Motor ganz abstirbt, Schraube rasch wieder herausdrehen, und zwar um eine halbe (PX 200 E z.B.) bzw. um eine ganze Umdrehung (PK 80 S z.B.). Nun wird die **Leerlaufdrehzahl** mittels der Gasschieber-Anschlagschrauben eingestellt. Bei den **PK-Modellen** handelt es sich um die durch eine Feder belastete Schlitzschraube oben auf dem Vergaserdeckel (Abb. 57). Bei den **PX- und Cosa-Modellen** ragt die Schraube oben aus dem Luftfiltergehäusedeckel (Abb. 58). Durch Drehen im Uhrzeigersinn wird die Drehzahl erhöht, durch Drehen gegen den Uhrzeigersinn reduziert . Ideal ist eine Leerlaufdrehzahl von 800 bis 1000/min.

Arbeiten an der Motorperipherie, Vorbereitungen zur Reinigung von Zylinderkopf, Zylinder, Auspuff - allgemeine Bemerkungen: Da es sich beim Vespa-Motor um ein Zweitakt-Triebwerk handelt, müssen in regelmäßigen Abständen die vom Verbrennungsvorgang berührten Teile des Zylinders demontiert und gereinigt werden. Denn bei der Verbrennung des dem Treibstoff zugesetzten Schmieröls entstehen nicht nur gasförmige, sondern auch **feste Rückstände**. Die Schlacke setzt sich am Kolbenboden, an der Innenseite des Zylinderkopfs und im Auspuffkanal fest. Im Laufe der Zeit können sich millimeterdicke Schichten bilden. Werden die Rückstände nicht entfernt, nehmen Startfreudigkeit, Durchzugsvermögen

und Leistungsfähigkeit des Motors immer stärker ab.
Bei einem normalen Zweitaktmotorrad mit freiliegenden Zylindern nehmen die Demontage- und Reinigungsarbeiten nicht viel Zeit in Anspruch. Bei der klassischen Vespa jedoch sind aufgrund der spezifischen Bauweise **umfangreiche Vorarbeiten** notwendig. Lüfterhaube und Zylinderkopf lassen sich nämlich nur abnehmen, wenn der Motor-/Getriebeblock im hinteren Bereich abgeschraubt und nach unten geklappt wird. Im Zusammenhang damit müssen zahlreiche Arbeiten durchgeführt werden, deren Beschreibung eigentlich in den Reparaturabschnitt gehören würde - Vergaser- und Hinterradausbau zum Beispiel.
Doch wir wollen dem Inspektionsschema folgen und die nötigen **Schritte in der technisch gebotenen Reihenfolge** vornehmen: Zunächst Ausbau von Vergaser, Hinterrad und Auspuff, dann Trennen von Kabelverbindungen und Absenken des Motors, schließlich Demontage von Zylinderdeckel und Zylinder für die Reinigung. Bei den PK-Modellen kommen noch Ausbau von Batterie und Lichtmaschinenrotor dazu.

Vergaser-Ausbau PK-Modelle:
Der Motor läßt sich nur abklappen, wenn der Vergaser ausgebaut ist. Zuerst das Luftfiltergehäuse abnehmen, wie weiter vorn beschrieben. Dann den **Benzinhahn** schließen und den **Benzinschlauch** vom Vergaser abziehen; er ist meist durch eine Federklemme gesichert.
Chokezug und Benzinhahngestänge abklemmen, wenn nicht bereits im Zusammenhang mit dem Luftfilter-Ausbau geschehen. Nun die Schelle lockern, die den Vergaser am Ansaugkrümmer festhält. Mit einem Schraubendreher ist die

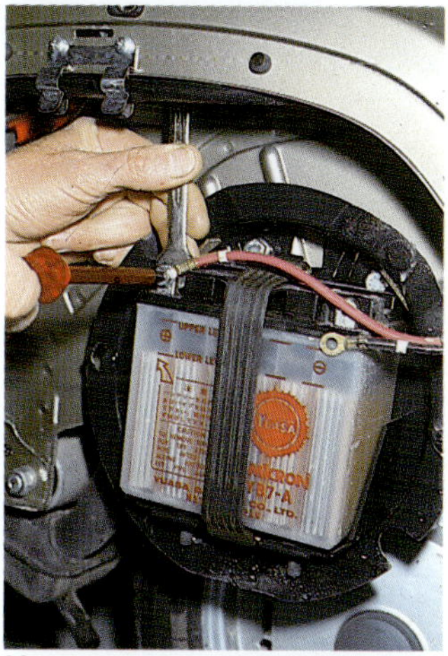

62

Abb. 62
Das rote Pluskabel zuletzt abschrauben, sonst besteht Kurzschlußgefahr; Mutter gegenhalten. Sofort kontrollieren, ob Kabelanschlüsse und Pole einwandfrei sind. Korrosionsspuren entfernen, dabei den Schleifstaub nicht einatmen. Nach dem Zusammenbau Pole mit Spezialfett bestreichen.

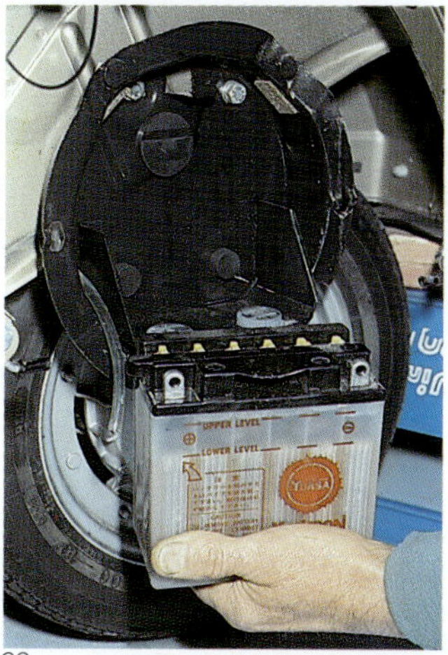

63

Abb. 63
Nach Aushängen der Gummihalterung kann die Batterie aus dem Batteriekasten genommen werden. Beim Austausch nur Batterien mit gleicher Kapazität verwenden. Der Säurepegel muß sich in allen Zellen zwischen Minimal- und Maximal-Markierung bewegen.

64

Abb. 64
Zum Hinterradausbau ist es bei der PK nötig, den Batteriekasten abzunehmen; er ist mit drei Schrauben SW 13 befestigt.

65

66

Abb. 65, 66 Auspuffausbau PK-Modelle: Zuerst die beiden Muttern SW 10 lösen, mit denen der Auspufflansch am Zylinder befestigt ist (Bild oben); dann die Schraube SW 13 lösen, die den Auspuff mit der Traverse verbindet.

Schraube nur schwer zu erreichen; daher - wenn möglich - besser einen Steckschlüssel SW 8 oder eine Umschaltknarre mit Nuß SW 8 ansetzen (Abb. 59).
Das **Saugrohr des Vergasers** sitzt meist sehr fest im Ansaugkrümmer. Es kommt nur frei, wenn der Vergaser geduldig eine Weile um die Saugrohrachse hin- und hergedreht wird. Es empfiehlt sich, einen sauberen Lappen über den Vergaser zu legen oder Arbeitshandschuhe anzuziehen - Verletzungsgefahr an den scharfkantigen Blechstreben im Schacht und an den vorspringenden Vergaserbauteilen. Hat sich der Vergaser endlich gelöst, muß er soweit angehoben werden, daß sich der Gaszug aushängen läßt. Erst dann kann der Vergaser ganz aus dem Schacht genommen werden.

Batterie-Ausbau PK-Modelle: Bei Fahrzeugen mit Batterie kommt das Hinterrad nur frei, wenn zuvor Batterie und Batteriehalterung entfernt worden sind. Zunächst die Klappe an der linken Haube öffnen, die Halteleine aushängen, die Klappe von den unten angeschlagenen Zapfen nehmen und ablegen. Mit einem Schraubendreher die beiden Knebel um 90 Grad drehen, mit denen die **Batterieabdeckung** an der Batteriehalterung befestigt ist; Abdeckung abnehmen (Abb. 60). Jetzt die **Batterie** ausbauen. Zuerst das schwarze Massekabel vom Minuspol (Abb. 61), dann das rote Kabel vom Pluspol abklemmen (Abb. 62). Beide Kabel sind mit Kreuzschlitzschrauben und Muttern SW 10 befestigt. Entlüftungsschlauch von der Batterie abziehen, bei Defekt erneuern. Batteriehalteband aus Gummi oben aushängen und Batterie abnehmen (Abb. 63). Der **Batteriehalter** besteht aus Stahlblech und ist mit drei Schrauben SW 13 am Fahrzeugheck befestigt (Abb. 64).

Hinterrad-Ausbau PK-Modelle: Nach Entfernen des Batteriehalters kann das Hinterrad demontiert werden. Zuerst mit einem kurzen Steckschlüssel SW 13 oder einer Umschaltknarre samt passender Nuß die fünf Radmuttern lockern. Dabei kreuzweise vorgehen. Das Rad kann allerdings erst von der Bremstrommel abgenommen werden, wenn das **Fahrzeugheck abgesichert** wurde.
Denn weil die Vespa extrem hecklastig ist, kippt sie schnell nach hinten, wenn der Bodenkontakt aufgehoben wird. Sicherste Abstützmethode: unter das rückwärtige Ende des Heckkotflügels eine umgedreh-

te Getränkekiste stellen. Roller dabei über den Mittelständer soweit nach vorn kippen, bis das Vorderrad fest aufsteht und das Hinterrad frei in der Luft hängt. Raum zwischen Getränkekiste und Kotflügelkannte mit passenden Holzbrettchen ausgleichen. Nützlich ist es, wenn ein zweiter Mann beim Aufbocken hilft. Erst wenn sich das Hinterrad frei drehen kann, die fünf Radmuttern ganz abschrauben und Hinterrad abnehmen (Fotos siehe Reparatur-Kapitel).

Auspuff-Ausbau und -Reinigung PK-Modelle: Der Auspuff muß unter anderem abgenommen werden, wenn der Motor zwecks Zylinderkopfmontage abgeklappt werden soll. Zuerst mit Umschaltknarre oder Steckschlüssel SW 10 die beiden Muttern oben am Flansch abschrauben; sie sind vom Radhaus her zugänglich (Abb. 65). Anschließend die Schraube SW 13 lösen, die den Schalldämpfer an der Schwinge festhält (Abb. 66). Auspuff abnehmen. Die Asbestdichtung oben am Flansch möglichst erneuern. Bevor weitere Arbeiten am Motor durchgeführt werden, den **Auspuff** so weit wie möglich **von Verbrennungsrückständen** befreien. Ruß und Schlacke setzen sich vor allem im Rohrbereich hinter dem Flansch fest. Mit einem schmalen Schaber, einem Messer und einem Stück Schweißdraht lassen sich die gröbsten Schmutzpartikel entfernen (s.a. Abb. zur Zylinderreinigung). Der Draht sollte am Ende umgebogen und plattgeklopft sein.
Der Schalldämpfer läßt sich nur schwer säubern. Hier setzen sich gern unverbrannte Ölrückstände ab, die sich mit Ruß und Schlacke zu einer teerartigen Substanz verbinden. Traditionelle Reinigungsmethode auch in Werkstätten: Erhitzen des Auspuffs mit einem

67

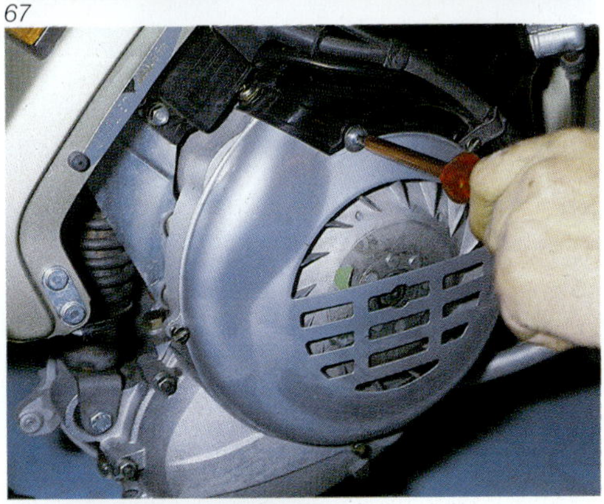

68

69

Abb. 67 - 69 Vorbereitung zum Motorabklappen PK-Modelle: zunächst die Elektronikbox durch Lösen von zwei Muttern SW 10 abschrauben. Dann die Kreuzschlitzschrauben lösen, mit denen Lüfterhaube und Gebläseabdeckung befestigt sind. Bei Modellen mit elektrischem Anlasser (unten) das Stromkabel vom Anlasser abnehmen.

Abb. 70
Motorabklappen PK-Modelle: Die Gummitülle zwischen Ansaugrohr und Karosserie nach hinten schieben.

Schweißbrenner, gleichzeitig vom Stutzen her Druckluft einblasen. Doch weil dabei giftige und umweltschädliche Gase entstehen, ist es besser, einen zu **stark verteerten Schalldämpfer durch einen neuen** zu **ersetzen**. Das wirkt sich nebenbei auch positiv auf die Leistungsfähigkeit des Motors aus. Ein verstopfter Auspuff mindert den Wirkungsgrad, reduziert die Leistungsausbeute und führt zu einer stark erhöhten Schadstoffemission.

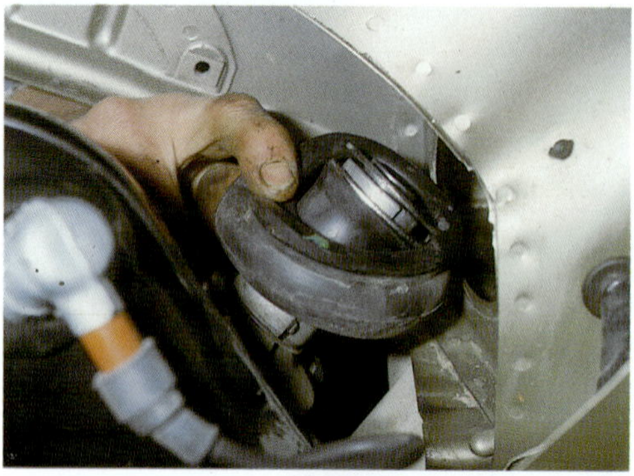
70

Motor absenken, Kabel abklemmen PK-Modelle: Damit der Motor beim Abklappen nicht hängenbleibt, müssen einige Kabelverbindungen gelöst werden. Zweckmäßigerweise werden zunächst **Elektronikzentrale bzw. Zündspule** abgenommen. Diese Elemente sitzen hinten rechts an einem Blechhalter und sind mit zwei Muttern SW 10 befestigt (Abb. 67). Dann die beiden oberen Kreuzschlitzschrauben lösen, mit denen die **Gebläseabdeckung** am Motorgehäuse festgehalten wird (Abb. 68). (Sie fixieren

Abb. 71
Zuletzt die Verbindung Federbein/Antriebsblock lösen: Bolzen SW 14 festhalten und Mutter SW 13 abschrauben.

Abb. 72
Heck der PK mit einer Getränkekiste z.B. unterstützen und Antriebsblock ganz bis zum Boden absenken. Im Bild: PK 80 S von 1984.

Abb. 73
Vorbereitung Zylinderdemontage PK-Modelle: zunächst rückwärtige Schraube zusammen mit dem Massekabelanschluß der Zündbox entfernen.

Abb. 74
Eine zweite Schraube fixiert die PK-Lüfterhaube auf der Motorinnenseite; sie ist nur nach Ausbau des Hinterrades erreichbar.

71

72

73

74

gleichzeitig die Unterkante der schwarzen Lüfterhaube, ein Massekabel und eine Kabelklammer). Gebläseabdeckung komplett ausbauen; dazu zusätzlich die beiden unten liegenden Schlitzschrauben und die oben links sitzende Kreuzschlitzschraube lösen. Kerzenstecker abziehen und Zündkabel aus der Klammer ziehen. Bei Fahrzeugen mit elektrischem **Anlasser** muß zusätzlich die Kabelverbindung zum Anlasser gelöst werden. Die Kabelklemme kommt nach Lösen einer Mutter SW 8 frei (Abb. 69). Die Bowdenzüge für Kupplung, Bremse und Schaltung müssen zum Abklappen des Motors nicht abgenommen werden. Stattdessen ist es ratsam, die **Gummitülle**, die das Ansaugrohr des Vergasers zur Karosserie hin abdichtet, von der Karosse abzuziehen (Abb. 70). Zuletzt muß nur noch die untere **Befestigung des hinteren Federbeins** gelöst werden: Mit einem Ringschlüssel SW 13 die Mutter abschrauben, mit einem Schlüssel SW 14 den Befestigungsbolzen gegenhalten (Abb. 71). Antriebsblock mit der rechten Hand abfangen, Federbeinbolzen ganz aus der Lagerung ziehen und Antriebsblock bis zum Boden ablassen (Abb. 72).

Zylinderkopf-Ausbau und -Reinigung PK-Modelle: Erst jetzt ist Platz vorhanden für die Demontage von Lüfterhaube und Zylinderkopf. Zunächst die schwarze **Lüfterhaube** abnehmen. Die Schlitzschrauben, die gleichzeitig die Gebläseabdeckung fixieren, sind bereits entfernt. Hinten rechts wird die Lüfterhaube von einer Blechschraube gehalten. Schraube lösen (Abb. 73) und mit dem Massekabel der Elektronikzentrale abnehmen. Auf der Rückseite ist die Haube mit einer Schlitzschraube befestigt (Abb. 74). Kurios: An dieses Schräubchen

Abb. 75
Lüfterhaube vorsichtig lockern und dann vom Zylinder des PK-Motors abheben.

75

76

Abb. 76
Der PK-Zylinderkopf, der eigentlich nur ein verrippter Deckel ist, ist mit vier Muttern SW 11 befestigt. Beim Lösen der Muttern die Kühlrippen nicht beschädigen.

Abb. 77
Nach dem Abnehmen des Zylinderdeckels kann mit der Reinigung begonnen werden; eine Dichtung ist nicht vorhanden, die ringförmigen Metallauflagen dichten hundertprozentig ab (solange sie nicht beschädigt sind und keine Riefen aufweisen).

77

78

79

Abb. 78
Die Zylinderfußmuttern sind bei den PK-Modellen sehr schlecht zugänglich; man braucht verschiedene Ring- und Gabelschlüssel. Zwei Muttern lassen sich vom Radkasten aus erreichen - bei ausgebautem Hinterrad.

Abb. 79
Zum Lösen der vorderen Zylinderfußmuttern muß der Lichtmaschinenrotor abgezogen werden. Dazu wird der Rotor mit einem geeigneten Werkzeug blockiert. Dann schrauben wir die Haltemutter SW 17 von der Kurbelwelle und setzen einen passenden Abzieher an.

kommt man nur heran, wenn vorher Batterie, Hinterrad und Auspuff ausgebaut wurden! Schraube lösen und Lüfterhaube abheben (Abb. 75).
Der **Zylinderkopf** aus Leichtmetall ist mit vier Muttern SW 11 am Zylinder befestigt. Muttern mit einem Steckschlüssel lösen und Zylinderkopf abheben (Abb. 76, 77). Sollte er festgebrannt sein, mit leichten Gummihammerschlägen nachhelfen. Keine Gewalt anwenden - die Kühlrippen brechen schnell ab. Eine Zylinderkopfdichtung ist nicht vorhanden. Nun die Brennraummulde des Zylinderkopfs **von Verbrennungsrückständen säubern** (s.a. Abb. weiter hinten). Achtung: Dazu auf keinen Fall scharfkantige Gegenstände aus Metall verwenden. Schraubendreher, Messer und Eisen-Spachtel sind ebenso tabu wie Schmirgelpapier. Der Zylinderkopf würde beschädigt, in den Riefen würde sich der Schmutz noch schneller festsetzen als vorher. Schonend und doch gründlich läßt sich die Reinigung mit einem zurechtgeschnittenen Holz- oder Kunststoffspan durchführen. Zum Abschluß den Zylinderkopf in Kaltreiniger auswaschen; kein Benzin verwenden (enthält krebserregende Substanzen). Dabei nicht vergessen, die Kühlrippen gründlich zu reinigen. Losen Schmutz mit einem Holzspan abkratzen, ôlspuren mit einem Pinsel abwaschen. **Achtung:** Stark verschmutzte Kühlrippen beeinträchtigen die Motorkühlung.

Zylinder-Ausbau und -Reinigung PK-Modelle: Anschließend reinigen wir den Kolbenboden und den Zylinder. **Achtung:** Zur Reinigung des Kolbenbodens bei eingebautem Zylinder zunächst den Kolben durch Drehen des Rotors zum oberen Totpunkt bringen. Nach der Reinigung - nur Spachtel aus Holz oder Kunststoff verwenden! - gelösten Schmutz mit dem Staubsauger entfernen; feine Partikel setzen sich sonst oberhalb der Kolbenringe zwischen Kolben und Zylinderwand. Wird der Kolbenboden bei ausgebautem Zylinder gereinigt, muß die offen liegende Kurbelwanne mit einem sauberen und flusenfreien Tuch sorgfältig abgedeckt werden; es darf kein Schmutz ins Kurbelgehäuse gelangen (s.a. Abb. weiter hinten).
Zur **Demontage des Zylinders** die vier Muttern SW 11 lösen, mit denen der Zylinderfuß am Motorblock befestigt ist. Die beiden innen zum Radlauf hin sitzenden Muttern lassen sich leidlich gut erreichen (Abb. 78). Die außen liegenden Mut-

tern dagegen sind nur gut zugänglich, wenn das Gebläserad bzw. der **Rotor abgezogen** wird. Der Rotor sitzt konisch auf dem Kurbelwellenstumpf und ist durch eine Mutter SW 17 gesichert. Gebläserad oben am Zylinder mit einem starken Schraubendreher blockieren und mit einer Nuß SW 17 die Verschraubung lösen (Abb. 79). Rotor mit einem passenden Abzieher von der Kurbelwelle ziehen. Nun können die vorderen Zylinderfußschrauben bequem gelöst werden.

Beim Abziehen des Zylinders darauf achten, daß die **Kolbenringe nicht beschädigt** werden und der Kolben nicht gegen den Rand des Kurbelgehäuses schlägt. Es entstehen schnell Riefen, die später die Kompression negativ beeinflussen können. Auslaßkanal des Zylinders so weit wie möglich mit einem Holzspan reinigen. Zylinderverrippung mit Kaltreiniger von Staub- und Ölspuren befreien (s.a. Abb. zur Zylinder-Reinigung PX-Modelle).

Wiedereinbau Zylinder, Zylinderkopf und Anbauteile PK-Modelle: Vor dem Wiedereinbau des Zylinders **neue Fußdichtung** einsetzen. Die Dichtflächen müssen peinlich sauber sein. Beim Einführen des Kolbens in den Zylinder äußerst sorgfältig vorgehen. Der Kolben darf nicht durch die Kanten des Zylinders oder des Kurbelgehäuses verkratzt werden.

Kolben zunächst bis zum oberen Kolbenring in den Zylinder schieben. Dann den **Kolbenring** mit den Fingern ringsum so weit zusammendrücken, daß sich der Zylinder über den Ring schieben läßt.

Anschließend zweiten Kolbenring spannen und in den Zylinder schieben. Die Verwendung einer speziellen Kolbenspann-Vorrichtung ist aufgrund unserer Erfahrungen nicht notwendig. **Zylinder** ganz über den Kolben schieben und Fuß auf die Stehbolzen aufsetzen. Die vier Muttern SW 11 zunächst mit der Hand, dann mit dem Drehmomentschlüssel festziehen, und zwar über

80

81

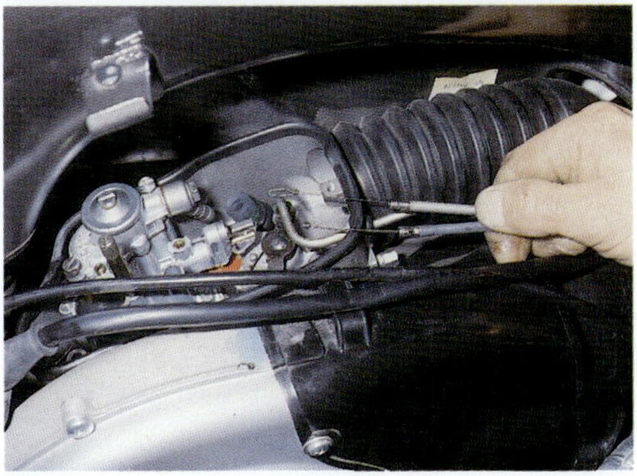

82

Abb. 80 - 82: Vergaserausbau PX: Benzinschlauch vom Stutzen schieben (oben); Ölschlauch abnehmen (Mitte); Gaszug und Starterzug mit Spitzzange aushängen (unten). Bei neueren Modellen Kabel des automatischen Choke aushängen.

Kreuz in mehreren Gängen. Maximales Drehmoment: 15 Nm.
Nach der Montage des Zylinders **Zylinderkopf** aufsetzen und die vier Muttern SW 11 über Kreuz mit einem Drehmoment von maximal 18 Nm anziehen (s.a. Abb. zur Zylinder-Montage PX-Modelle).
Montage der übrigen Elemente in umgekehrter Reihenfolge wie beim Auseinandernehmen: Lüfterhaube befestigen, Motor anheben und mit dem Federbein verbinden, Kabel fixieren, Auspuff befestigen. Hinterrad und Batteriehalter montieren.

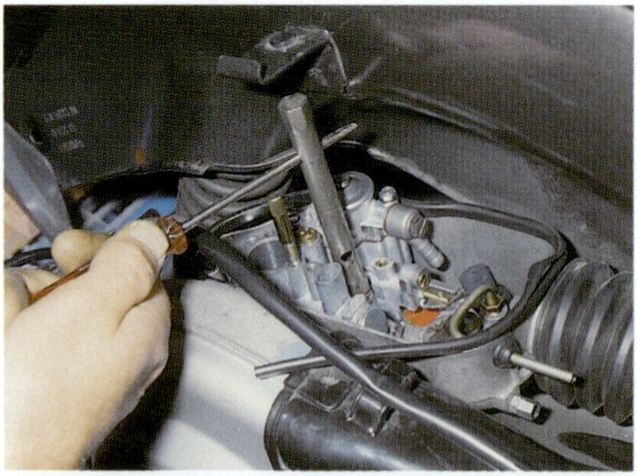

83

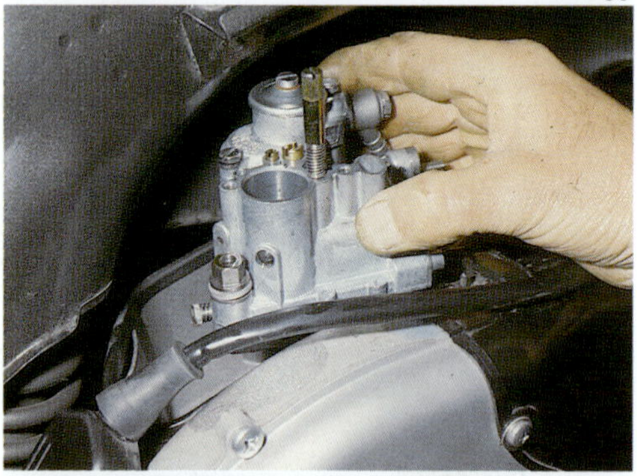

84

85

Abb. 83 - 85: PX-Vergaser: zwei Schrauben SW 11 oder zwei Inbusschrauben SW 8 lösen, (oben) Vergaser abnehmen (Mitte); unter der Dichtung: Luftfiltergehäuse-Befestigung.

Vergaser-Ausbau PX- und Cosa-Modelle: Bei den großen Vespa-Modellen ist der Aufwand, der getrieben werden muß, merklich geringer. Zwar muß auch hier der Motor abgeklappt werden, wenn Zylinderkopf und Zylinder demontiert werden sollen, doch bereitet der Ausbau von Vergaser, Hinterrad und anderen Details weniger Schwierigkeiten. Das liegt zum einen an intelligenteren Detaillösungen, zum anderen daran, daß einfach mehr Platz vorhanden ist.
Zuerst die Motorhaube abnehmen und den Luftfilter ausbauen wie weiter vorn beschrieben. Dann den Vergaser ausbauen. Dazu zunächst den **Benzinhahn** schließen und den **Benzinschlauch** vom Vergaser abziehen; er ist in der Regel durch eine Federklemme gesichert (Abb. 80). Bei Fahrzeugen mit Getrenntschmierung auch den **Schlauch für die Ölzufuhr** abziehen und das Ende mit einer passenden Blechschraube verschließen (Abb. 81). **Starterseilzug und Gaszug** aushängen und vom Luftfiltergehäuse abziehen (Abb. 82).
Der Dell'Orto-Schiebervergaser ist mit zwei Schrauben SW 11 befestigt; sie werden mit einem Steckschlüssel gelöst (Abb. 83). Vergaser abheben und so abstellen, daß kein Schmutz eindringen kann (Abb. 84). Nach Abnehmen der Vergaserflansch-Dichtung wird eine Schlitzschraube sichtbar; sie hält das

Luftfiltergehäuse am Motorgehäuse fest. Schraube ausdrehen (Abb. 85) und Luftfiltergehäuse zusammen mit Ansaugschlauch und Ölpumpe abheben (Abb. 86).

Kabel abnehmen für Motorabsenkung PX- und Cosa-Modelle: Nun die Kabelverbindungen lösen, die das Abkippen des Motors behindern: Kerzenstecker abziehen und Zündkabel aus der Klammer an der Lüfterhaube ziehen. Den Verteilerkasten hinten am Motor öffnen und die Kabelverbindung trennen (Abb.87). Das außenliegende grüne Kabel von der Zündspule bzw. Elektronikzentrale abziehen.

86

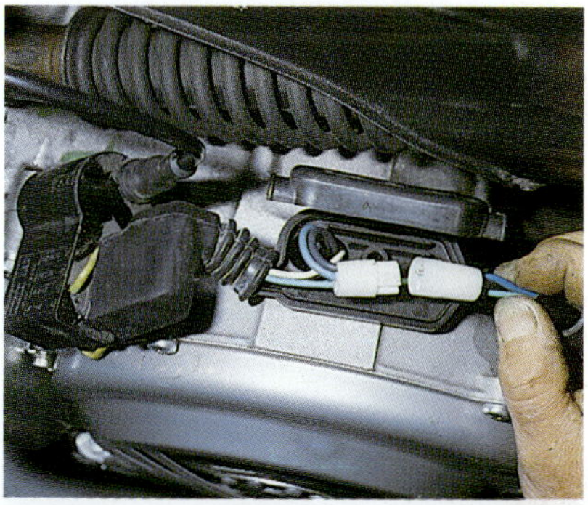

87

88

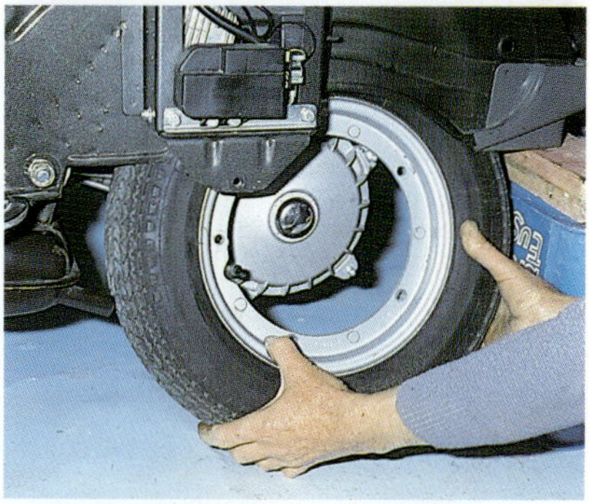

89

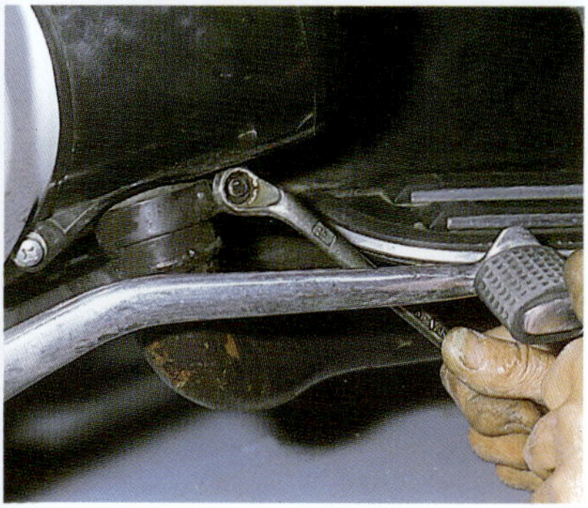

90

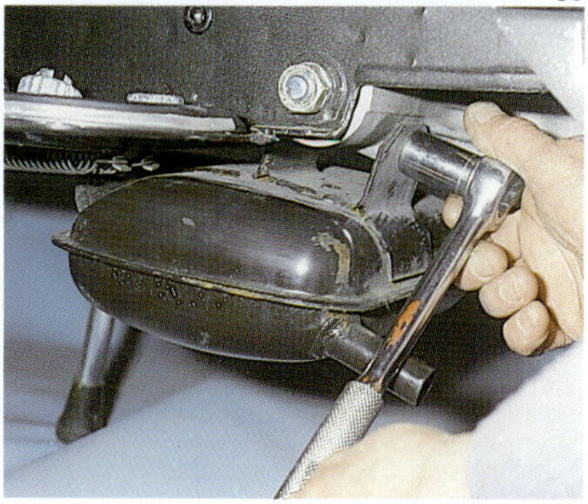

91

Abb. 86 Luftfiltergehäuse zusammen mit der Ölpumpe vom PX-Motor abnehmen.

Abb. 87 Zum Motorabklappen auch den Kabelstrang in der Verteilerdose trennen.

Abb. 88, 89 Hinterradausbau am Beispiel PX 200 E von 1984: Fahrzeugheck abstützen, Rad mit der Bremse blockieren und die fünf Radmuttern SW 13 lösen; dann Roller etwas nach rechts zur Seite kippen und Rad abnehmen.

Abb. 90, 91 Auspuffausbau PX 200 E: die Mutter SW 13 vorn am Zylinderflansch lösen, dann Befestigung an der Traverse lockern.

Hinterrad-Ausbau PX- und Cosa-Modelle: Jetzt muß das Hinterrad ausgebaut werden. Zuerst mit einem Steckschlüssel SW 13 die fünf Radmuttern lockern (Abb. 88). Dann Fahrzeugheck abstützen wie weiter vorn bei der Behandlung der PK-Modelle beschrieben; das Hinterrad muß frei drehen können. Getränkekiste oder Rohrstück mit Gabel unter den rückwärtigen Kotflügelrand klemmen. Dann die Radmuttern ganz losdrehen und Rad abnehmen (Abb. 89). Um das Rad

Abb. 92, 93 PX-Auspuff komplett nach unten vom Motor abziehen. Groben Schmutz mit einer Spachtel entfernen, dann Schalldämpfer mit Druckluft ausblasen. Vom Erhitzen raten wir wegen der giftigen Dämpfe ab.

92

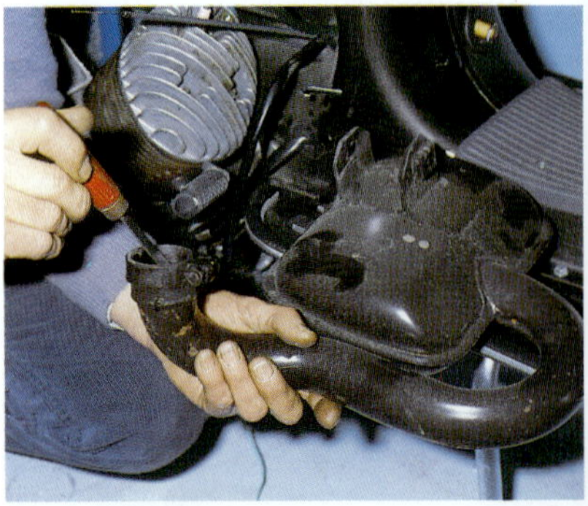

93

Abb. 94, 95 Verbindung Federbein/ Antriebsblock bei der PX 200 E: Bolzen SW 14 festhalten, Mutter SW 13 lösen; dann Motor mit Hilfe eines Hebels vorsichtig absenken.

94

95

Abb. 96, 97 Die Lüfterhaube ist seitlich mit zwei Kreuzschlitzschrauben befestigt. Oben wird sie von einer kräftigen Schlitzschraube gehalten.

96

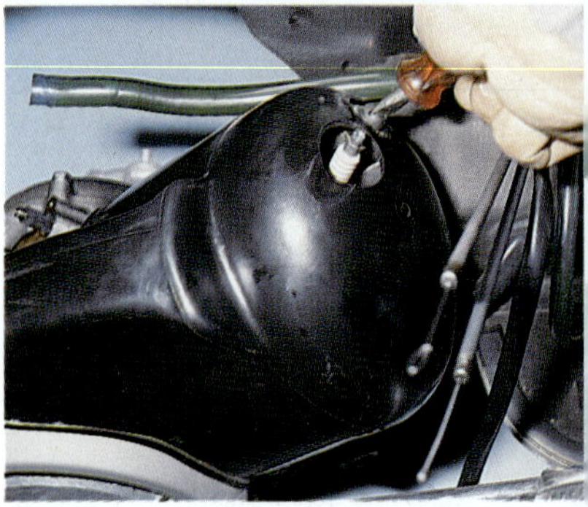

97

aus dem Radlauf herauszubekommen, muß das Fahrzeug ein wenig über den Mittelständer nach rechts abgekippt werden. Alternativ dazu vor der Demontage Mittelständer mit einem etwa 5 cm dicken Brett unterbauen, Heck soweit wie möglich anheben und abstützen.

Auspuff-Ausbau PX- und Cosa-Modelle: Zuerst mit einem Schlüssel SW 13 die Mutter lösen, die den Auspuffkrümmer am Auspuffstutzen des Zylinders festhält (Abb. 90). Dann mit einem Ringschlüssel SW 17 die Schraube ausdrehen, die den Schalldämpfer mit der Schwingentraverse verbindet (Abb. 91). Auspuff abnehmen und reinigen wie weiter vorn bei den PK-Modellen beschrieben (Abb. 92, 93).

Motor absenken PX- und Cosa-Modelle: Die untere Befestigung des **Federbeins** lösen; mit einem Ringschlüssel SW 13 die Mutter abschrauben, mit einem Schlüssel SW 14 den Bolzen gegenhalten (Abb. 94). Antriebsblock mit der rechten Hand abfangen, Federbeinbolzen ganz aus der Lagerung ziehen und Motor-/Getriebeblock bis zum Boden ablassen (Abb. 99).

Wer seine Kräfte schonen will, kann den Antriebsblock auch mit einem Hebel ablassen; ein Kantholz 5 x 5 x 50 cm reicht völlig aus (Abb. 95).

Zylinderkopf-, Zylinder-Ausbau und -Reinigung PX- und Cosa-Modelle: Vor der Demontage von Zylinderkopf und Zylinder zunächst die **Lüfterhaube** abnehmen. Sie wird am unteren Rand von zwei Kreuzschlitzschrauben (Abb. 96) und oben von einer Schlitzschraube gehalten (Abb. 97). Am besten auch die Zündkerze ausdrehen. Die Gebläseabdeckung hängt links an zwei Kreuzschlitzschrauben, unten an einer Schlitzschraube. Schrauben und Deckel abnehmen (Abb. 98).

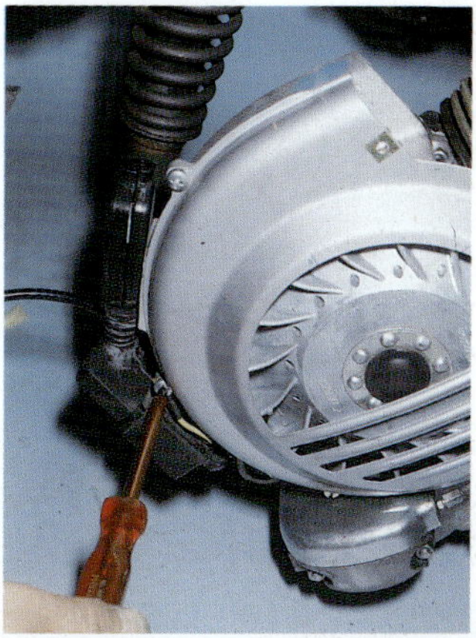

98

Abb. 98
Die Gebläseabdeckung läßt sich nach Lösen mehrerer Kreuzschlitzschrauben leicht abnehmen.

Abb. 99
Komplett abgesenkter Motor einer PX 200 E. Kickstarter und Schaltsegment müssen für die Zylinderreinigung nicht demontiert werden.

Abb. 100
Der Zylinderkopf ist bei den PX-Modellen mit vier Muttern SW 14 bzw. SW 13 befestigt (neuere Modelle). Die Mutter rechts oben ist verlängert - sie stützt die Lüfterhaube ab.

99

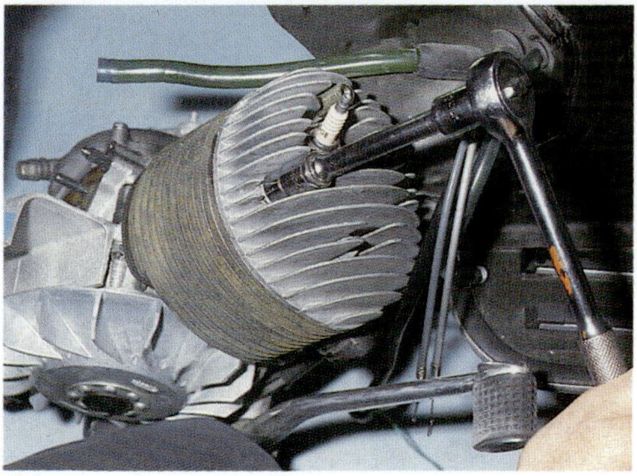

100

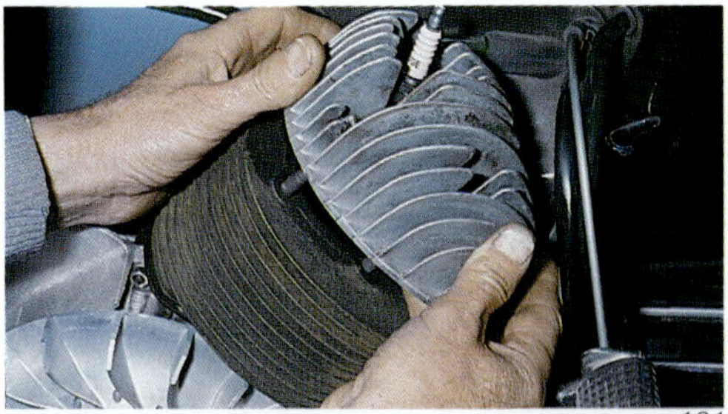

101

102

103

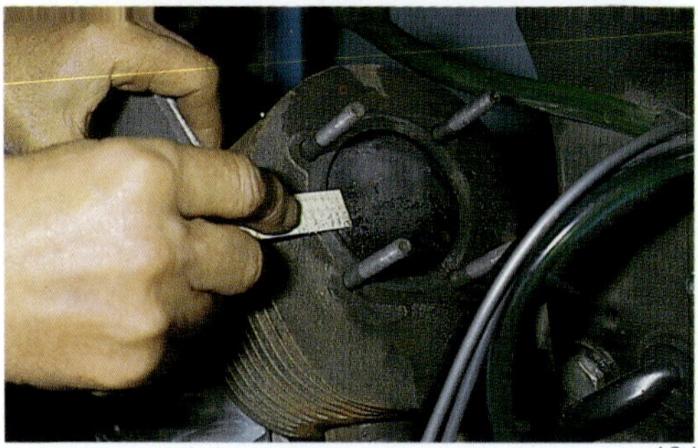

104

Abb. 101 - 104: Motorreinigung PX und Cosa: Zylinderkopf abheben, Brennraum mit Hartholzspan säubern; Kühlrippen abwaschen. Kolben zum oberen Totpunkt bringen, Kolbenboden mit Holzspan reinigen.

Der Leichtmetall-**Zylinderkopf** ist mit vier Muttern SW 14 befestigt (Abb. 100). Bevor diese gelöst werden, ist der Distanzbolzen zu entfernen, der die Lüfterhaube abstützt; er wird mit einem Steckschlüssel SW 14 abgeschraubt. Anschließend die Zylinderkopfmuttern sowie die darunterliegenden Sprengringe und Scheiben abnehmen. Zylinderkopf abheben (Abb. 101) und mit einem zurechtgeschnittenen Holzspan wie bei den PK-Modellen beschrieben reinigen (Abb. 102; keine Reinigungsgeräte aus Metall, kein Schmirgelpapier verwenden. Kühlrippen mit Kaltreiniger vom Schmutz befreien (Abb. 103). **Achtung:** Eine Zylinderkopfdichtung ist nicht vorhanden. Beim **Entkrusten des Kolbenbodens** (Abb. 104, 105) sind ebenfalls alle Punkte zu beachten, die im entsprechenden Abschnitt PK-Modelle bereits angesprochen wurden.

Der **Zylinder** ist nicht gesondert am Motorblock befestigt; er kann nach Lösen der Zylinderkopfschrauben mühelos von den Stehbolzen abgezogen werden (Abb. 106). Der Kolben darf dabei nicht beschädigt werden. Reinigung der Kanäle, Auslaßöffnung und der Verrippung wie beschrieben (Abb. 107 bis 109).

Wiedereinbau Zylinder, Zylinderkopf und Anbauteile PX-und Cosa-Modelle: Vor dem Wiedereinbau des PX-Zylinders ebenfalls **neue Fußdichtung** einsetzen; die Dichtflächen müssen absolut sauber und trocken sein. Kolben und Kolbenringe wie beschrieben in den Zylinder einführen (Abb. 110). Zylinderkopf montieren, Scheiben, Ringe und Muttern aufsetzen, mit der Hand vor - und mit dem Drehmomentschlüssel über Kreuz festziehen. Maximales Drehmoment: 18 Nm (Abb. 111). Distanzbolzen für Lüfterhaube nicht vergessen.

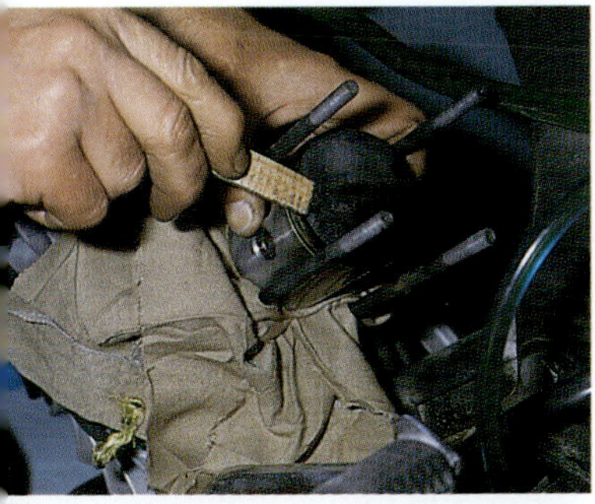

05

106

07

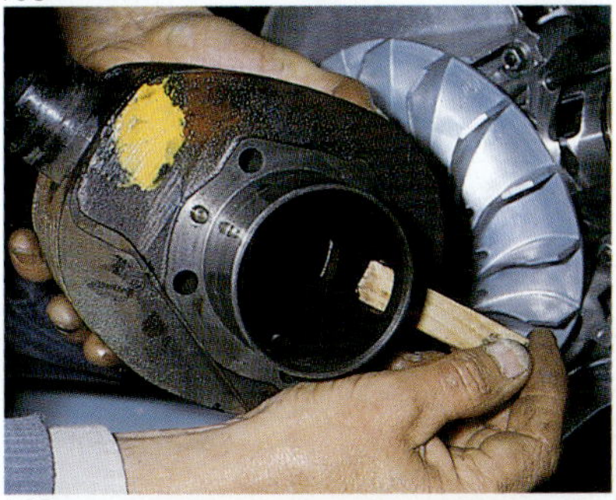

108

09

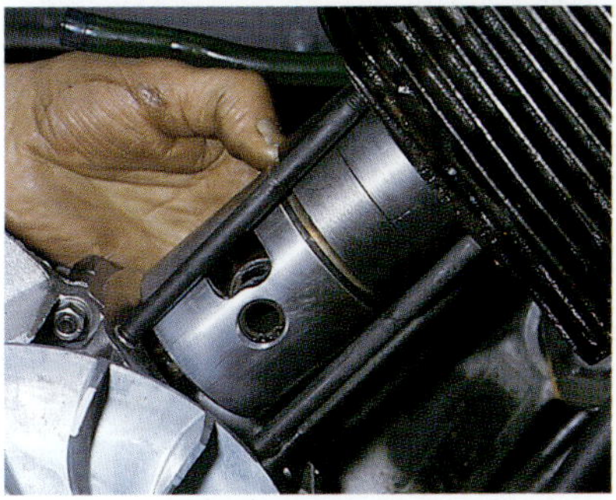

110

Abb. 105
Reinigung des Kolbenbodens bei ausgebautem Zylinder: Kurbelwanne sorgfältig abdecken, damit kein Schmutz hineinfällt.

Abb. 106
Beim Abziehen des Zylinders darauf achten, daß Kolben und Kolbenringe nicht beschädigt werden.

Abb. 107 - 109
Zur Reinigung des Auspuffkanals und anderer Zylinderbereiche nur Holz- oder Kunststoffspan verwenden, Metallschaber oder gar Feilen sind tabu. Kühlrippen und Zylinderfuß mit Kaltreiniger abwaschen.

Abb. 110
Beim Wiedereinbau des Zylinders Kolbenringe mit den Fingern zusammendrücken; Spezialwerkzeug ist nicht nötig.

Montage der übrigen Elemente in umgekehrter Reihenfolge wie beim Auseinandernehmen: Lüfterhaube und Lüfterdeckel befestigen, Motor anheben und mit dem Federbein verbinden, Kabel fixieren, Auspuff, Hinterrad und Vergaser montieren.

Frischölschmierung, Getriebe-Ölstand kontrollieren - alle Typen: Eine Motorölkontrolle wie bei Fahrzeugen mit Viertaktmotor braucht bei der Zweitakt-Vespa nicht durchgeführt zu werden. Die Schmierung von Kolben, Kurbeltrieb und Zylinder erfolgt durch das Öl, das dem Kraftstoff beim Tanken zugesetzt wird. Bei Fahrzeugen mit Getrenntschmierung wird das Öl durch eine **Misch- und Dosierpumpe** aus dem separaten Öltank in den Vergaser befördert.
Die Pumpe wird direkt von der Kurbelwelle angetrieben, die Ölmenge

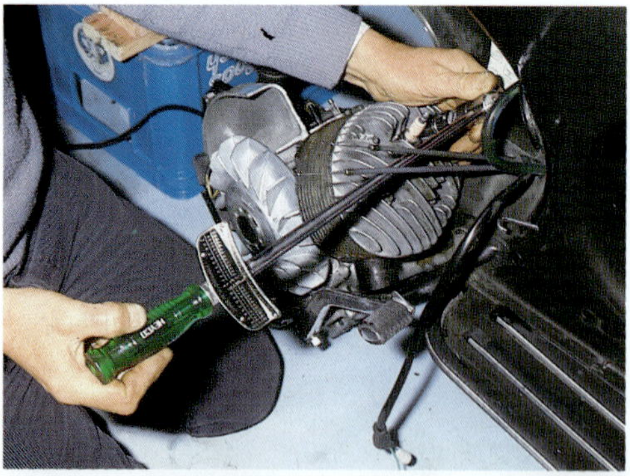

111

112

113

Abb. 111: Die Zylinderkopfmuttern über Kreuz in mehreren Stufen mit dem Drehmomentschlüssel anziehen (18 Nm).

Abb. 112: Getriebeölkontrolle bei den PK-Modellen: Einfüllöffnung mit einem Ringschlüssel öffnen; Wanne unterstellen.

Abb. 113: Getriebeölkontrolle bei den PX- und Cosa-Modellen: Einfüllöffnung ist mit mit einer kräftigen Schlitzschraube oder einer Sechskantschraube verschlossen; das Öl muß bei waagerecht stehendem Fahrzeug bis zur Unterkante der Öffnung reichen.

über den Gaszug der jeweiligen Motordrehzahl angepaßt. Ein **Ölstandsanzeiger** neben dem Benzinhahn zeigt an, wenn das Öl zur Neige geht: Es sind dann eine Luftblase und eine weiße Markierung zu sehen. Unverzüglich muß dann Zweitakt-Markenöl aufgefüllt werden. Der Öltank faßt 1,5 Liter Öl, 0,45 Liter davon sind als Reserve gedacht.

Getriebe und Hinterradantrieb werden unabhängig vom Kurbeltrieb durch eine **separate Ölfüllung** geschmiert. Die Ölmenge beträgt einheitlich bei allen Modellen 250 cm^3. Spätestens nach 4000 Fahrkilometern muß der Getriebeölstand kontrolliert werden. Dazu den Motor warm fahren und das Fahrzeug auf einer ebenen Fläche aufbocken.

Die **Kontrolle** ist einfach. Bei den kleinen **PK-Modellen** befindet sich die Kontrollschraube (Dimension: SW 11) hinten am Getriebeblock neben der Federbeinbefestigung (Abb. 112). Bei den **PX- und Cosa-Modellen** sitzt die Kontrollschraube (Dimension: SW 11 Sechskant oder Schlitzschraube) unter dem Schaltsegment (Abb. 113). **Bei allen Modellen** Schraube öffnen und prüfen, ob das Öl bis zum unteren Rand der Einfüllöffnung reicht. Ist dies der Fall, Schraube wieder einsetzen. Ansonsten mit einer Ölkanne Ölvorrat auffüllen. Dazu ausschließlich 2-T-Markenöle der Viskositätsklasse SAE 30 (Winter) oder SAE 40 (Sommer) verwenden.

Schaltsegment fetten - alle Typen: Das Schaltsegment am Getriebe ist relativ schutzlos dem Spritzwasser ausgesetzt. Die Abdeckkappe verhindert nur das Eindringen von grobem Schmutz; deshalb muß das Schaltsegment in regelmäßigen Abständen gereinigt und neu gefettet werden. Bei den

PK-Modellen befindet sich das Segment unter dem Getriebeblock. Der Deckel ist mit einer Kreuzschlitzschraube befestigt (Abb. 114). Bei den **PX- und Cosa-Modellen** wird die Abdeckkappe von einer Schlitzschraube am unteren Rand des Lüfterdeckels festgehalten.
Alle Typen: Zustand der Seilzugenden und Nippel an den Schaltzügen kontrollieren. Die Seile dürfen nicht beschädigt oder korrodiert sein. Stark verschmutzte Fettreste mit einem Lappen beseitigen, notfalls Segment mit Petroleum oder Zweitaktgemisch reinigen. Einzelteile anschließend sorgfältig mit frischem Mehrzweckfett schmieren (Abb. 115). Abdeckklappe aufsetzen und festschrauben.

Tachowellenantrieb fetten - alle Typen: Der Tachometer der Vespa wird vom Vorderrad angetrieben. Der Antrieb muß von Zeit zu Zeit nachgefettet werden. Fahrzeuge älterer Bauart weisen auf der rechten Seite der Bremsankerplatte in Höhe der Federbeinbefestigung eine Kappe auf, die das Antriebsgehäuse abdeckt. Kappe mit einem Schraubendreher abhebeln und Antriebskammer mit frischem Mehrzweckfett füllen; Kappe aufsetzen.
Bei neueren Fahrzeugen fehlt diese Abdeckkappe. Der Tachometerantrieb ist praktisch wartungsfrei. Trotzdem kann es nicht schaden, etwa alle 4000 km die Tachowelle unten vom Antriebsgehäuse abzuziehen und das Ende der Wellen-Seele nachzufetten. Zum Herausziehen der Welle den Halter mit einem Schlüssel SW 8 lösen. Schraube keinesfalls ganz ausdrehen - sie läßt sich nur sehr schwer wieder einsetzen. Welle aus der Bohrung ziehen und Seelenende mit Mehrzweckfett bestreichen (Abb. 116). Welle wieder einsetzen und Halter befestigen.

Bremshebelgelenke fetten - alle Typen: Die Bremsen der Vespa-Modelle (außer Cosa) werden mechanisch betätigt. Vorn führt vom Handbremshebel ein Seilzug zum Vorderradbremse, das Hinterrad wird über ein Fußpedal bedient, an das ebenfalls ein Bowdenzug angeschlossen ist. Die Seilzugnippel greifen nicht unmittelbar in die Bremshebel ein, sondern sind über Gelenkstücke mit den Bremshebeln verbunden. Diese Gelenke sind den Witterungseinflüssen ungeschützt ausgesetzt und bedürfen deshalb regelmäßiger Pflege.

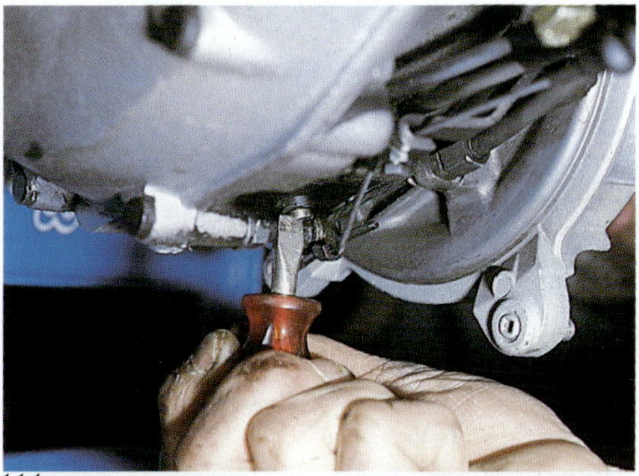

114

Abb. 114
Zum Fetten des Schaltsegmentes bei den PK-Modellen von unten die Schutzkappe abschrauben.

115

Abb. 115
Bei den PX- und Cosa-Modellen ist das Schaltsegment leichter erreichbar. Schutzkappe abnehmen, verschmutztes Fett entfernen und frisches Fett auftragen.

Groben Schmutz mit einem Lappen, Staub und Fett mit Kaltreiniger abwaschen. Anschließend Gelenke mit frischem Mehrzweckfett versorgen (Abb. 117).

Achtung: Wird die Pflege über einen längeren Zeitraum vernachlässigt, rosten die Gelenke unter Umständen fest. Im Extremfall kann das zu einem Versagen der Bremse führen. Auch die Lagerung des Fußbremshebels sollte regelmäßig gepflegt werden. Dazu den Roller am besten auf die Seite legen, den Lagerblock säubern und die Lagerung mit etwas Motoröl benetzen.

Seilzugenden ölen - alle Typen: Das Funktionieren von Bremsen und Kupplung hängt nicht zuletzt von der Pflege der Seilzüge ab, mit denen diese Fahrzeugelemente betätigt werden. Bei jeder Inspektion müssen daher die Seilzugenden mit einem Tropfen Öl versorgt werden. Wir fangen am Lenker an, ziehen den Kupplungshebel und ölen den Seilzugnippel, der dabei zum Vorschein kommt. Ebenso verfahren wir mit dem Handbremshebel (Abb. 118) und dem zugehörigen Seilzugende (außer Cosa; Hydraulikbremse).
Anschließend werden die Seilzugenden an den Bremsankerplatten vorn und hinten sowie am Kupplungsausrückhebel unter dem Getriebeblock geölt. Auf diese Weise wird vorzeitiger Korrosion wirksam vorgebeugt. Gleichzeitig kontrollieren, ob die Seilzüge nicht beschädigt sind. Sind einzelne Drähte gerissen, müssen die Züge vorsorglich ausgetauscht werden. Mehr darüber im Reparaturteil.

116

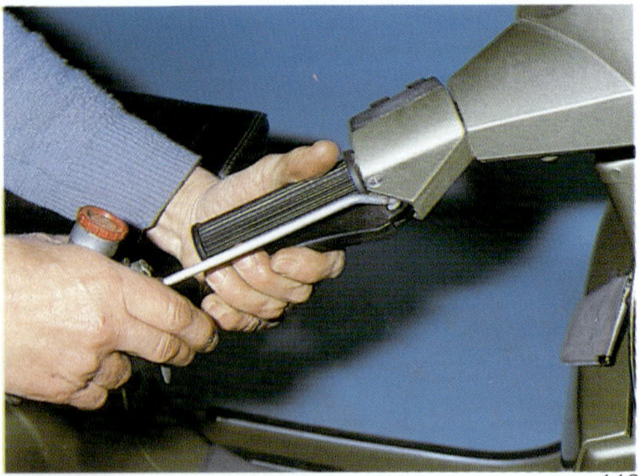
118

117

Abb. 116
So wird das Tachowellenende nachgefettet. Zum Herausziehen mit einem Schlüssel SW 8 den Halter lösen.

Abb. 117
Die Bremshebelgelenke sollten alle 4000 km sparsam mit Mehrzweckfett nachgefettet werden.

Abb. 118
Die Gelenke für Handbrems- und Kupplungshebel lassen sich mit einer Kanne ölen; in ausgebautem Zustand können die Seilzugenden auch gefettet werden.

Batterie-Säurestand prüfen - alle Typen: Bei den Vespa-Modellen mit elektrischem Anlasser ist die Batterie das Herz der elektrischen Anlage. Bei allen Varianten ist die Batterie unter der linken Haube untergebracht. Wichtig für eine lange Lebensdauer: Der Säurestand

muß in regelmäßigen Abständen geprüft werden. Am besten geschieht dies einmal im Monat. Vor allem im Sommer ist eine Batteriekontrolle in kurzen Abständen notwendig.
Zur Säurestandsprüfung muß die **Batterie nicht unbedingt** ausgebaut werden. Es genügt, die linke Haube abzunehmen oder den Haubendeckel abzuklappen wie eingangs beschrieben. Alle modernen Vespa-Roller mit Elektrostarter sind mit 12-Volt-Anlagen ausgerüstet, dementsprechend weisen die Batterien sechs Zellen und sechs Verschlußkappen auf.
Die Kontrolle des **Säurepegels** ist denkbar einfach: Die Batteriegehäuse bestehen aus durchsichtigem Kunststoff und weisen auf der Vorderseite zwei waagerechte Strichmarkierungen auf. Die obere zeigt an, wie hoch die Säure maximal im Gehäuse stehen darf, die untere gibt die Minimalgrenze an. Bewegt sich der Säurepegel in einer oder mehreren Zellen dicht an der Minimal-Marke oder sogar darunter, muß der Flüssigkeitsstand reguliert werden.
Zum Auffüllen **ausschließlich destilliertes Wasser** verwenden. Normales Leitungs- oder Regenwasser enthält Mineralien, die für die Batterie schädlich sind. Zum Enfüllen am besten eine spezielle Plastikflasche mit schmalem Ausguß verwenden. **Achtung: Keinesfalls die Maximal-Marke überschreiten.** Durch die Entlüftungsbohrungen an den Verschlußstopfen oder aus dem Entlüftungsschlauch an der Seite tritt sonst bei laufendem Motor Säure aus. Am Fahrzeug kann die Säure schwere Schäden hervorrufen: Korrosion, Zerstörung von elektrischen Leitungen und Steckverbindungen.
Falls keine geeignete Plastikflasche zur Hand ist, destilliertes Wasser

119

Abb. 119
Ausgebaute 12-Volt-Batterie mit sechs Zellen: Mit dem Säureheber läßt sich das spezifische Gewicht der Säure ermitteln. Es sollte zwischen 1,24 und 1,30 liegen. Bei Werten unter 1,20 muß die Batterie sofort nachgeladen werden.

vorsichtig durch einen passenden Trichter in die Zellen laufen lassen. Batterien bestimmter Fabrikate haben Verschlußstopfen, die sich nur mit einer Kombizange abziehen lassen. **Vorsicht:** Batteriesäure ist unverdünnte Schwefelsäure, daher hochgiftig und stark ätzend. Wenn Säure in kleinen Mengen auf die Hand gelangt, genügt gründliches Abspülen mit klarem Wasser. Bei stärkeren Verätzungen umgehend Arzt aufsuchen.

Batterie - spezifisches Gewicht prüfen - alle Typen: Mit einem handelsüblichen Säureprüfer läßt sich in wenigen Minuten prüfen, in welchem Zustand sich die Beatterie befindet. Alle Verschlußstopfen abnehmen und Zellen nacheinander durchprüfen. Spitze des Prüfgerätes in die Zelle halten, Gummibalg zusammendrücken und Säure ansaugen (Abb. 119). Dabei wird ein kleiner Schwimmer in Bewegung gesetzt. Je größer das spezifische Gewicht der Säure, desto höher steigt der Schwimmer im Schauglas nach oben. Auf Markierungsstrichen kann das spezifische Gewicht der Säure abgelesen werden. Steht der Säurepegel zwischen 1.24 und 1.30, ist die Batterie geladen und praktisch neuwertig. Pendelt sich der Pegel zwischen 1.12 und 1.20 ein, muß die Batterie unverzüglich nachgeladen werden.

Reifenkauf und Reifenpflege - allgemeine Tips: Wie lange die Reifen halten, hängt stark von Fahrstil und Beladung ab. Aber auch Gummimischung und Karkasskonstruktion wirken sich maßgeblich auf die Lebensdauer aus. In jüngster Zeit hat die Industrie zahlreiche Neuentwicklungen auf den Markt gebracht, die unterschiedlichsten Ansprüchen auch an Komfort und Straßenlage genügen.

Wer den Roller bei Wind und Wetter sowie im Winter weiterbenutzt, sollte besonders auf Nässetauglichkeit achten. Spezial-Profilierung und Gummmischung sorgen hier für den nötigen Grip. Vorsicht, wenn es nach längerer Trockenperiode frisch geregnet hat: Die Straße ist dann gefährlich schmierig. Auch im Herbst droht Gefahr durch Laub und Dreck.

Aufgezogen werden sollten immer Reifen gleicher Bauart, möglichst auch gleichen Fabrikats. Sondergrößen und Niederquerschnittsformate müssen in die Papiere eingetragen werden.

120

Abb. 120 Etwa alle vier Wochen sollte der Reifenluftdruck geprüft und korrigiert werden (Fußluftpumpe mit Manometer). Beim Fahren mit Sozius muß der Wert für den Hinterreifen erhöht werden. Auch bei Fahrten mit hohem Tempo ist eine Luftdruckerhöhung ratsam.

121

Abb. 121 Eine simple Schablone, zu haben überall im Reifenfachhandel, zeigt genau die Profiltiefe an. Zwar sind in Deutschland minimal 1,6 mm erlaubt, doch sollten die Reifen nur auf 2,0 mm heruntergefahren werden.

Zustand von Rädern und Felgen prüfen - alle Typen: Die Räder sollten so oft wie möglich, spätestens aber nach 4000 km auf **sauberen Rundlauf** und **einwandfreien Zustand** überprüft werden. Deformierte, verzogene oder durch Steinschlag beschädigte Felgen so schnell wie möglich auswechseln. Unbedingt den **Sitz der Radmuttern** (linke Fahrzeugseite) und den **Sitz der Muttern an den Felgenringen** prüfen (rechte Fahrzeugseite). Das maximale Drehmoment beträgt 27 Nm. Muttern nicht fester anziehen, sonst reißen die Stehbolzen ab.

Der **Rundlauf** wird wie folgt geprüft: Maschine aufbocken, das **Vorderrad** dreht automatisch frei. Das Rad nun von vorn mit der Hand in Drehung versetzen. Mit der anderen Hand einen Stift oder ein Stück Kreide so an das Steuerrohr legen, daß die Felge den Stift beim Drehen in mindestens einem Punkt berührt (Abb. 122). Anschließend das Rad so lange weiterdrehen, bis sich der größtmögliche Abstand zwischen

Stift und Felge einstellt. Jetzt diesen Abstand messen - dies ist dann das Maß des Seitenschlags. Die Toleranzgrenze liegt nach unseren Erfahrungen bei 0,5 mm. Ist der Schlag größer, müssen die Felgen ausgetauscht werden.
Zur **Hinterradkontrolle** Maschine ebenfalls auf den Hauptständer stellen und Fahrzeugheck mittels Getränkekiste so abstützen, daß sich das Hinterrad frei drehen kann. Motor starten, Gang einlegen und Rad bei niedriger Motordrehzahl rotieren lassen. Stift wie beschrieben an Federbein anlegen und Seitenschlag bestimmen.
Ob die Räder **richtig ausgewuchtet** sind, läßt sich folgendermaßen feststellen: Fahrzeug aufbocken, Tachowelle abziehen und Vorderrad von Hand in Drehung versetzen. Rad loslassen und beobachten, in welcher Position es stehenbleibt. Vorgang mehrmals wiederholen. Hält das Rad jedesmal an einer anderen Stelle, ist es richtig ausgewuchtet. Pendelt es sich dagegen immer am selben Punkt ein - am Ventil zum Beispiel - muß es mit Klemm- oder Klebegewichten neu ausgewuchtet werden. Die Gewichte sind im Reifenfachhandel erhältlich. Das Hinterrad kann nur überprüft werden, indem es abgenommen und an der Vorderradbremstrommel befestigt wird.

Reifenluftdruck und Reifenprofil prüfen - alle Typen: Der Reifenluftdruck kann nicht oft genug überprüft werden. Schon ein geringfügiges Absinken des Fülldrucks führt zu einer deutlichen Verschlechterung der Fahreigenschaften. Auch der Reifenverschleiß nimmt dann rasch zu - und das geht ins Kleingeld. Chronischer Unterdruck kann sogar zu gefährlichen Laufflächenablösungen führen.
Deshalb ist es dringend zu empfehlen, den **Luftdruck** etwa alle vier Wochen zu **überprüfen** (Abb. 120).
Achtung: Luftdruck nur dann messen, wenn die Reifen noch kalt sind, also vor dem Start! Vornehmlich der Hinterreifen erwärmt sich bei der Vespa sehr schnell. Eine Erwärmung aber führt zu einem spürbaren Anstieg des Luftdrucks.
Vom Hersteller werden folgende **Luftdruckwerte** vorgeschrieben: **PK 50/S** vorn 1,25, hinten 1,6 bar (mit Sozius 2,9 bar); **PK 80/S** vorn 1,25, hinten 1,75 bar (mit Sozius 3,0 bar); **PK 125/S** vorn 1,5, hinten 1,75 bar (mit Sozius 3,0 bar); **PX 80 E** vorn 1,2, hinten 1,75 bar (mit Sozius 2,5 bar); **PX 125, PX 150 und PX 200 E** vorn 1,2, hinten 1,75 bar (mit Sozius 2,5 bar); **Cosa 125, 150, 200** vorn 1,5, hinten 2,0 bar (mit Sozius 2,5 bar).
Bei längeren Fahrten mit Höchstgeschwindigkeit und voller Zuladung empfiehlt es sich, den **Luftdruck** vorn um 0,2 und hinten um 0,4 bar

122

Abb. 122
Ein Stück einfache Kreide ist nützlich, wenn der Rundlauf von Rad und Reifen geprüft werden soll (im Bild: Sfera 50).

123

Abb. 123
Scharfe Bordsteinkanten können den Reifen irreparabel beschädigen. Außerdem besteht die Gefahr, daß der Roller in der Mitte aufsetzt. Bordsteine sollten, wenn überhaupt, nur ganz langsam und vorsichtig überquert werden (Sfera 50).

Abb. 124
Zur Überprüfung der Unterbrecherkontakte bei älteren Modellen den Gummipfropfen am Lichtmaschinenrotor abnehmen; dann Rotor soweit vordrehen, bis die links angeordnete Unterbrechereinheit sichtbar wird. Abstand zwischen den Kontaktplättchen mit einer Fühlerlehre messen.

zu **erhöhen**. Der Reifen wird dann weniger stark gewalkt, er erhitzt sich nicht so stark und verschleißt deshalb weniger rasch.
Beim Fahren auf unbefestigten Pisten kann es nützlich sein, den Luftdruck um einige Zehntel bar abzusenken. Die Aufstandsfläche wird breiter, die Reifen sinken auf losem Grund nicht so leicht ein. Auf festem Asphalt den Luftdruck unbedingt wieder erhöhen (Handpumpe).
Bei der Luftdruckkontrolle stets auch die **Profiltiefe** des Reifens prüfen (Abb. 121). Der Pneu sollte an keiner Stelle stärker als bis auf eine Restprofiltiefe von 2 mm abgefahren werden. (Der Gesetzgeber schreibt in Deutschland eine Mindestprofiltiefe von 1,6 mm vor). Reifen, die ungleichmäßig abgefahren sind, Bremsplatten oder Beschädigungen an den Flanken aufweisen, müssen sofort ausgewechselt werden. Auch ein kastenförmiger Querschnitt, wie er bei ständigem Geradeausfahren entsteht, verlangt nach raschem Wechsel. Sonst wird es in Kurven brenzlig: Die Räder rollen dann nur auf einer schmalen und instabilen Reifenkante.

Unterbrecherkontakte prüfen, einstellen - nur ältere PK- und PX-Modelle: Ältere Vespa-Modelle sind mit kontaktgesteuerten Zündanlagen ausgerüstet. Bei den großen Versionen hatten zuletzt noch die Modelle P 125 X und P 150 X dieses System. Die Wartung ist bei allen Modellen im Prinzip gleich. Zunächst die Motorhaube abheben bzw. die Motorklappe öffnen. Bei den PK-Modellen muß zur **Kontrolle des Unterbrecherabstands** zusätzlich der Lüfterdeckel abgeschraubt werden wie vorn beschrieben.
Der Unterbrecher ist auf der Ankerplatte der Lichtmaschine befestigt und wird durch den Rotor abgedeckt. Zur Kontrolle des Fahrzeugs aufbocken, den Leerlauf einlegen und den Gummipfropfen abnehmen, der auf dem Rotor sitzt. Dann von Hand den Rotor so weit drehen, bis hinter dem Sichtfenster die **Unterbrechereinheit** erscheint (links unten, links oben oder rechts oben). Jetzt den **Rotor** weiter drehen, bis der **Unterbrecherhammer** voll abgehoben hat. Ist der größtmögliche **Unterbrecherabstand** erreicht, Abstand zwischen den Kontaktplättchen mit einer Fühlerlehre messen (Abb. 124). Er muß

124

0,40 mm betragen. Ist der Abstand zu groß oder zu klein, **Feststellschraube** des Unterbrechers ein wenig lockern (Abb. 125). Anschließend mit der Spitze eines Schraubendrehers den Unterbrechersockel über Zapfen oder Exzenter verschieben, bis der Kontaktabstand stimmt (Abb. 126). Feststellschraube wieder anziehen und Kontaktabstand noch einmal überprüfen. Das Blatt der Fühlerlehre (0,40 mm) muß saugend zwischen die Kontaktplättchen passen.

Unterbrecher warten, austauschen - ältere PK- und PX-Modelle: Weiterführende Arbeiten an Unterbrecher und Lichtmaschine sind nur möglich, wenn der Rotor abgezogen wird. Wie wir uns den dazu erforderlichen Abzieher selbst herstellen, wird im Reparaturteil beschrieben. Hier nur die wesentlichen Erläuterungen zum eigentlichen Abziehvorgang: Abdeckkappe der Rotorverschraubung abhebeln. Eventuell vorhandene Sicherungsringe mit einer passenden Zange entfernen. Dann den Rotor blockieren; dazu den Schaft eines starken Schraubendrehers zwischen zwei Gebläseschaufeln stecken und gleichzeitig gegen Motorblock oder Zylinder abstützen - **Gebläse und Zylinderrippen nicht beschädigen.**
Mit einer Stecknuß (in der Regel SW 17 oder SW 19) die Mutter lösen, die den Rotor auf der Kurbelwelle festhält (Abb. 127). Es handelt sich um ein normales Rechtsgewinde, also Mutter gegen den Uhrzeigersinn lösen. Anschließend den **Abzieher** bis zum Anschlag einschrauben und mit einem passenden Gabel- oder Ringschlüssel festhalten. Abdrückschraube mit einem Ringschlüssel langsam so lange im Uhrzeigersinn drehen, bis sich der Rotor mit vernehmlichem Knacken vom Kurbelwellenstumpf löst. Beim Abnehmen des Rotors auf den Keil achten, der in das Kurbelwellenende eingelassen ist; er darf nicht verloren gehen. Kontrollieren, ob der Keil unbeschädigt ist.
Nach dem Entfernen des Rotors kann das **Filzblättchen geschmiert** werden, das auf der Unterbrechernocke aufliegt (hitzebeständiges Spezialfett). Der eigentliche **Unterbrecher** ist jetzt ebenfalls frei zugänglich (Abb. 128).
Abbrandspuren an den Kontaktplättchen können mit feinem Schmirgelleinen (Körnung 400 bis 600) abgeschliffen oder mit einer

125

126

Abb. 125
Ist der Kontaktabstand größer oder kleiner als 0,4 mm, zuerst Feststellschraube etwas lockern.

Abb. 126
Zur Korrektur des Kontaktabstands den Unterbrechersockel mit einem passenden Schraubendreher über den Exzenter verschieben; Feststeller wieder anziehen.

Abb. 127
Zum Austausch des Unterbrechers muß der Rotor abgezogen werden. Piaggio-Werkstätten benutzen zum Blockieren einen Spezialhalter. Die Zentralschraube später mit Drehmoment anziehen (s. Tabelle im Anhang).

127

128

Abb. 128
Der Unterbrecherhammer älterer Modelle läuft auf einem Nocken der Kurbelwelle. Nocken und Filzblättchen mit Spezialfett schmieren.

Kontaktfeile beseitigt werden. Schmirgelreste und Ölspuren lassen sich gut entfernen, wenn ein mit fettfreiem Lösungsmittel getränktes Stück Papier zwischen den Kontakten hindurchgezogen wird. Weisen die **Kontakte** Schäden auf (Trichterbildung), sind sie abgebrannt oder öffnen sich nicht mehr weit genug (abgenutzter Schleifer), müssen sie **ausgetauscht** werden. Dazu die Schlitzschrauben lösen, mit denen die Unterbrechereinheit an der Ankerplatte befestigt ist. Kabel abziehen bzw. abschrauben und Unterbrecher abnehmen (Abb. 130).
Beim **Einbau des neuen Unterbrechers** darauf achten, daß die Achse des Unterbrecherhammers richtig in die dafür vorgesehene Bohrung in der Grundplatte einrastet. Neue Kontakteinheit nicht festschrauben, sondern Halteschraube zunächst nur lose einsetzen. Kabel befestigen. Jetzt Kontaktabstand von Grund auf einstellen wie oben beschrieben. Erst danach Feststellschraube anziehen. Anschließend muß in jedem Fall die **Zündung neu eingestellt** werden - siehe unten. Rotor aufsetzen, dabei darauf achten, daß der Keil richtig einrastet. Rotorschraube mit einem Drehmoment von maximal 65 Nm anziehen. Dabei Rotor blockieren. Sicherungsring und Abdeckkappe nicht vergessen. Danach den Zündzeitpunkt überprüfen und einstellen.

Zündzeitpunkt prüfen, einstellen mit Prüflampe bei älteren PK- und PX-Modellen mit kontaktgesteuerter Zündung: Mit der Prüflampe kann nur gearbeitet werden, wenn die Vespa mit einer Batterie ausgerüstet ist. Bei den Modellen **ohne Batterie** kann die Zündung nach Augenmaß geprüft werden. Ansonsten empfiehlt sich hier die Werkstatt: Sie arbeitet mit einer speziellen Gradscheibe (Abb. 129).
Bei **Vespa-Modellen mit Batterie** ist wie folgt vorzugehen: **Prüflampe** mit der Kabelklemme an den stromführenden Teil des Unterbrechers (Feder, Kabelschuh) oder an Ausgang 1 der Zündspule (Stromzuführung zum Unterbrecher) anschließen, mit der Spitze gegen Masse halten (Motor-/Getriebeblock). Nun Rotor von Hand soweit drehen, bis die Metallzunge am Rand des Sichtfensters mit der Mittellinie der beiden Marken auf der Ankerplatte darunter fluchtet.
Jetzt **Zündzeitpunkt genau kontrollieren**. Dazu Zündung einschalten und Kurbelwelle erst ein wenig zurück-, dann im Uhrzeigersinn

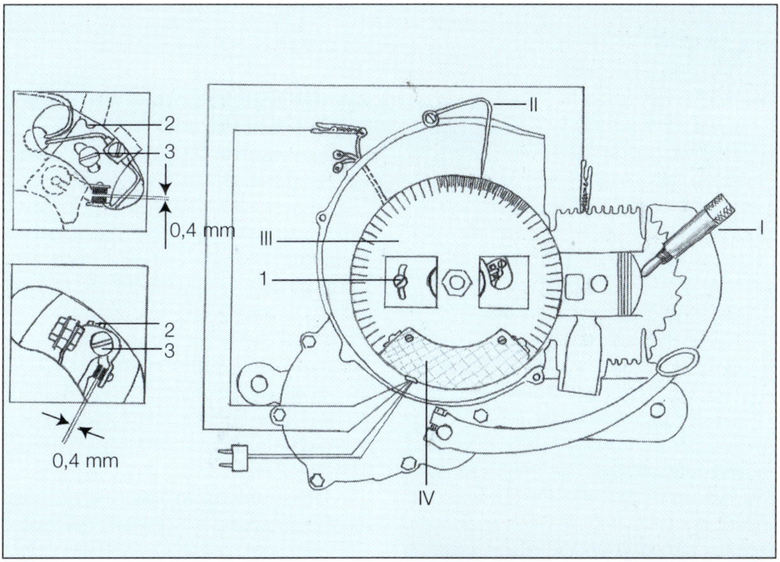

129

Abb. 129 Kontaktabstand und Zündung einstellen mit Gradscheibe am Beispiel P 125 X, P 150 X 1982: I = Anzeigegerät anstelle der Zündkerze, II = fester Zeiger aus Draht, III = Gradscheibe, auf der Kurbelwelle mit Mutter verankert, IV = wechselstromgespeister Prüfapparat, 1 = Schrauben zur Statorbefestigung, 2 = Unterbrecher mit Einstellnocken, 3 = Unterbrecher-Feststellschraube

soweit vordrehen, bis die Prüflampe aufleuchtet. Fluchten im gleichen Moment die oben erwähnten Markierungen, ist die Zündung richtig eingestellt.
Andernfalls muß der **Zündzeitpunkt korrigiert** werden. Dazu die Schraube lockern, mit der der Unterbrecher auf der Ankerplatte befestigt ist. Rotor so einstellen, daß die Markierungen am Sichtfenster genau fluchten. Bei eingeschalteter Zündung die Unterbrechereinheit so lange nach rechts oder links drehen, bis die Prüflampe ohne Flackern leuchtet (Abb. 131).
Nach dem Einstellen Halteschraube wieder anziehen und Zündzeitpunkt noch einmal kontrollieren.
Bei Typen ohne Batterie genau beobachten, ob der Unterbrecherhammer in dem Augenblick abhebt, in dem auch die Markierungen am Sichtfenster übereinstimmen. Ist dies nicht der Fall, Unterbrecher so verstellen wie oben beschrieben.
Zum Abschluß Gummipfropfen aufsetzen, Lüfterdeckel und Motorhaube montieren.

130

Abb. 130 Zum Austausch verschlissener Kontakte die Schlitzschrauben lösen, mit denen die Unterbrechereinheit an der Ankerplatte befestigt ist. Sicherung des Unterbrecherhammer entfernen.

131

Abb. 131 Zündung einstellen bei älteren Modellen mit Prüflampe, hier demonstriert bei abgenommemem Rotor; bei aufgesetztem Rotor muß die Metallzunge am Rand des Sichtfensters mit der Mittellinie der beiden Marken auf der Ankerplatte fluchten, wenn die Lampe aufleuchtet. Zur Korrektur des Zündzeitpunkts die Halteschraube des Unterbrechers lockern.

DIE 8000 KM-INSPEKTION: ELEKTRONISCHE ZÜNDUNG, BREMSEN, BOWDENZÜGE, MOTORAUFHÄNGUNG, FAHRWERK

Abb. 132 Kontrolle der elektronischen Zündung PX und Cosa: Motor starten und Markierungen auf Rotor und Gebläseabdeckung mit dem Stroboskop anblitzen.

Abb. 133 Zündzeitpunkt einstellen: bei abgezogenem Rotor die drei Halteschrauben des Stators lösen und Markierungen in Übereinstimmung bringen.

Nach der für einen Roller durchaus beachtlichen Fahrstrecke von 8000 Kilometern - oder alle zwei Jahre - ist eine große Inspektion fällig. Das bedeutet, daß erstens alle im vorangegangenen Kapitel beschriebenen Arbeiten wiederholt werden müssen, zweitens zusätzlich wichtige Arbeiten erledigt werden müssen: elektronische Zündung prüfen, Getriebeöl wechseln, Kupplungsspiel prüfen, Bremsen kontrollieren und einstellen, Bowdenzüge pflegen und Motor- sowie Radaufhängungen auf festen Sitz prüfen. Wir beginnen mit der Kontrolle der elektronischen Zündung - sie schließt thematisch bestens an das vorige Kapitel an.

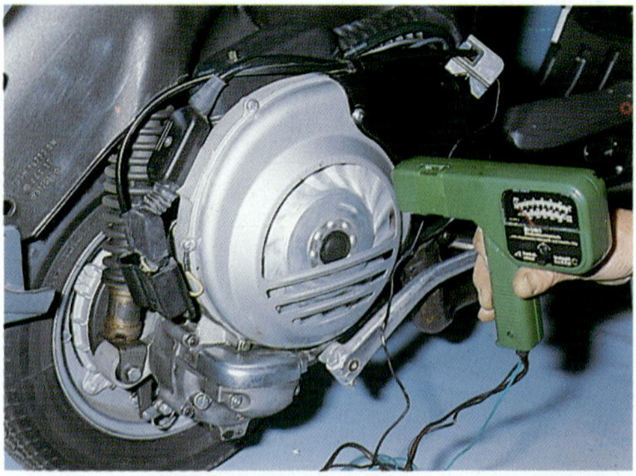

132

133

Zündzeitpunkt prüfen mit Stroboskop bei PX und Cosa mit elektronischer Zündung: Bei den Motoren mit elektronischer Zündung gibt es kein Sichtfenster im Rotor mehr. Die erforderlichen **Kontrollmarken** befinden sich auf dem Lüfterdeckel („A" oder „P" für die PX 200, „IT" für PX 80, PX 125, PX 150) und auf einer Schaufel des Gebläserads (halbkreisförmige Verdickung). Beide Marken sind sehr schlecht zu sehen, es ist daher ratsam, sie mit einem farbigen Stift zu kennzeichnen.

Die **Stroboskoplampe**, mit der die Zündeinstellung vorgenommen werden soll, wird folgendermaßen angeschlossen: **1. Fahrzeuge mit Batterie:** linke Haube nebst Batterieabdeckung abnehmen und das rote Kabel des Stroboskops an den Pluspol, das schwarze Kabel an den Minuspol anschließen. **2. Fahrzeuge ohne Batterie:** das rote Kabel an das stromführende Kabel eines Nebenaggregats klemmen. Zur Herstellung eines optimalen Kontakts können die Klemmen mit einem Nagel oder Stück Draht überbrückt werden. Das schwarze Stroboskopkabel bei Fahrzeugen ohne Batterie an Masse legen.

Einheitlich bei allen Modellen: Induktivclip des Stroboskops an das Zündkabel legen, Kerzenstecker nicht abziehen. **Achtung: Alle Anschlußarbeiten bei ausgeschalteter Zündung und stehendem Motor vornehmen!**

Elektronische Zündanlagen erzeugen sehr hohe Spannungen.

Nun Motor starten und den **Lichtblitz** auf die Markierung „P" (PX 200) oder „IT" (PX 80, 125, 150) am Lüfterdeckel richten (Abb. 132). Drehzahl auf 5000/min-1 erhöhen. Die Zündeinstellung ist korrekt, wenn die Marke auf dem Gebläserad mit der Strichmarke **„A“** oder **„P“** bzw. **„IT“** auf dem Lüfterdeckel fluchtet. Die Abweichung darf höchstens 1°30 nach der einen oder anderen Seite betragen. Bei Drehzahlen unterhalb von 5000/min-1 darf die Abweichung nicht größer sein als 3°. **Anmerkung:** Bei Fahrzeugen mit sechspoligem Generator spielt die Motordrehzahl bei der Prüfung keine Rolle.

Zündzeitpunkt einstellen bei PX und Cosa mit elektronischer Zündung: Fluchten die Markierungen nicht in der oben angegebenen Weise, muß die Zündung durch Verdrehen des Lichtmaschinen-Stators neu eingestellt werden. Dazu muß der **Rotor abgezogen** werden wie im vorigen Kapitel und im Reparaturteil beschrieben.
Am unteren Statorrad und auf dem Kurbelwellengehäuse befinden sich zwei **Strichmarkierungen** (**„A“** oder **„P“** für PX 200, **„IT“** für PX 80, 125, 150). Sie müssen exakt fluchten. Ist dies nicht der Fall, die Schrauben lösen, mit denen der Stator befestigt ist und Stator drehen, bis die Marken fluchten (Abb. 133). Schrauben anziehen, Rotor aufsetzen und wie beschrieben befestigen. Zündzeitpunktprüfung wiederholen: Jetzt müssen auch die Markierungen auf dem Lüfterdeckel und dem Gebläserad fluchten.

Zündkerze wechseln - alle Typen: Bei der 4000 km-Inspektion ist die Kerze bereits gereinigt und neu eingestellt worden. Nach 8000 Fahrkilometern sollte die Kerze beim Zweitaktmotor generell gegen eine neue ausgetauscht werden. Welche Handgriffe dabei durchzuführen sind und welche Kerzen verwendet werden müssen, steht weiter vorn. Vor allem auf großer Fahrt ist es ratsam, eine Ersatzkerze mitzuführen.

Getriebeöl wechseln - alle Typen: Das Getriebeöl muß alle 8000 km bzw. mindestens einmal im Jahr gewechselt werden - also nicht erst nach zwei Jahren! Dazu die Maschine richtig warm fahren und anschließend auf einer ebenen Fläche aufbocken. Flache Wanne unter den Getriebeblock stellen und zuerst die Öleinfüll-/ bzw. Kontrollschraube öffnen (Sechskantschraube SW 11 oder Schlitzschraube; s.a. Abb. im 4000-km-Kapitel; dort auch Hinweise über genaue Position der Schrauben).
Jetzt die **Ölablaßschraube öffnen**. Es handelt sich durchweg um eine Schraube SW 11 (Abb. 134). Ringschlüssel oder Umschaltknarre mit

Abb. 134, 135 Getriebeölwechsel bei einer Vespa PX: Wanne unterstellen, Einfüll- und Ablaßschraube ausdrehen; Öl ganz abtropfen lassen. Dann Ablaßschraube mit neuer Dichtung wieder einsetzen und anziehen. Frisches Öl genau abmessen und mit Spritzkanne oder Originalflasche einfüllen. Auch Einfüllschraube mit neuer Dichtung versehen.

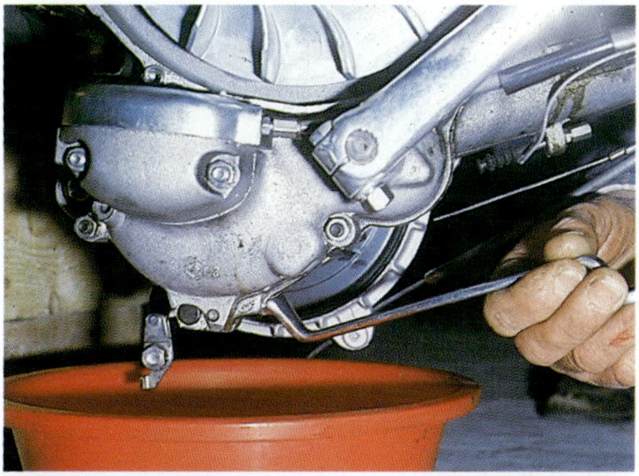

134

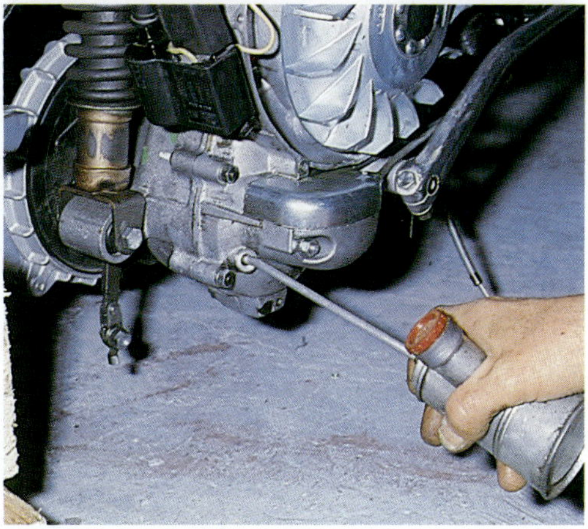

135

Nuß einsetzen. Schraube ganz ausdrehen und Öl vollständig ablaufen lassen. Anschließend Ablaßschraube zusammen mit einem neuen Dichtring einsetzen und festziehen - allerdings nicht mit Gewalt, der Schaft reißt leicht ab. Nun 250 cm^3 frisches Öl SAE 30 (Winter) oder SAE 40 (Sommer) einfüllen. Piaggio empfiehlt unter anderem folgende Ölqualitäten: Esso 2T Motoröl, Shell Super 2T Motoröl, Shell Super 2TX, Total 2T Motoröl, Chevron 2T Motoröl, Aral 2T.
Weil die Einfüllöffnung sehr klein ist, muß das Öl mit einer Spritzkanne oder aus der Spezialflasche eingefüllt werden (Abb. 135). **Menge vorher genau abmessen.** Das Einfüllen auf jeden Fall sofort beenden, wenn bei waagerecht stehender Maschine Öl aus der Einfüllöffnung überläuft. **Einfüllschraube einsetzen und festziehen.** Übergelaufenes Öl abwischen, es kann sonst auf den Hinterreifen gelangen. **Achtung:** Das Altöl niemals in die Kanalisation oder ins Erdreich fließen lassen! Öl ist äußerst umweltschädlich. Jede Tankstelle und jede Altölsammelstelle ist verpflichtet, Altöl anzunehmen.

136

137

Abb. 136, 137 Bremstrommel abnehmen am Beispiel PX 200 E: zuerst Nabenkappe abhebeln, dann mit einem Seitenschneider Splint am Achszapfen aufbiegen und herausziehen; Splintenden sauber ausrichten. Jetzt Kronensicherung von der Achsverschraubung abziehen.

Bremsenprüfung - allgemeine Tips: Bei der Vespa werden wie bei allen Motorzweirädern im Extremfall bis zu 70 Prozent der Bremskräfte vom Vorderrad aufgenommen - entsprechend schnell nutzen sich vorne die Bremsbeläge ab. Sie können bei scharfer Fahrweise bei weniger als 10.000 km verschlissen sein. Die Beläge der Hinterradbremse halten normalerweise deutlich länger: 20.000 bis 30.000 km. Um zu vermeiden, daß die Beläge bis auf die Metallunterlage abgeschliffen werden, ist regelmäßige Kontrolle unerläßlich. Beläge, die bis auf eine Stärke von 1,5 mm heruntergebremst sind (ohne Unterlage gemessen!), müssen sofort ausgetauscht werden.
Alle Vespa-Roller sind vorn und hinten mit **Trommelbremsen** ausgerüstet. Bei den PK- und PX-Typen werden sie mechanisch über Seilzüge betätigt, bei der Cosa über Hydraulik-Zylinder. Die im Prinzip solide Konstruktion weist allerdings einen gravierenden Mangel auf: Die Bremsbeläge liegen im Neuzustand oft nur schlecht an den Trommeln an. Ein ungleichmäßiges Tragbild fällt bei abgenommenen Bremstrommeln sofort ins Auge. Damit hängt auch das lästige Bremsrubbeln zusammen, das bei neuen Vespa-Scootern gelegentlich auftritt.
Die folgenden Abschnitte behandeln nur die mechanisch betätigten Bremsen der PK- und PX-Typen. Auf die hydraulisch ausgelegte Cosa-Bremsanlage wird in einem speziellen Kapitel weiter hinten im Buch eingegangen.

Vorderrad-Bremstrommel abnehmen PK, PX: Leider sind die Vespa-Bremsen nicht mit Verschleißanzeigen für die Bremsbeläge oder mit Sichtfenstern in den Trommeln ausgerüstet. Man kommt daher nicht umhin, zur Belagkontrolle die Bremstrommeln abzunehmen. Betont werden muß, daß die Arbeiten bei allen Modellen im Prinzip gleich sind.

Weil die Radlager in die vordere Bremstrommel eingelassen sind, muß die Trommel mit einem Spezialwerkzeug abgezogen werden. Wegen des hohen Drehmoments, das zum Lösen der Achszapfenmutter aufgewandt werden muß, lassen wir das Vorderrad zunächst an der Bremstrommel - es wird zum Abstützen benötigt. Und das sind die einzelnen Handgriffe für den

138

139

Abb. 138 - 140 Bremstrommel- und Vorderradausbau PX: Rad mit der Handbremse blockieren (Helfer), dann Achszapfenmutter mit einer Stecknuß SW 22 lockern; jetzt erst Rad abnehmen: fünf Muttern SW 13 lösen; dabei Rad fest aufstützen oder Bremse betätigen.

140

141

Abb. 141 Bremstrommel abziehen PX: Meist löst sich die Trommel nach ein paar Gummihammerschlägen. Falls nicht, Abzieher ansetzen, und zwar so, daß die Gußtrommel nicht beschädigt wird. Optimal ist ein Dreiklauenabzieher, doch es geht auch mit einem "Zweier" wie auf dem Foto (zur Sicherheit mit Holz unterfüttern).

142

143

Abb. 142 Die Bremstrommel wird zusammen mit den Radlagern vom Achszapfen abgenommen.

Abb. 143 Den jetzt freiliegenden Tachowellenantrieb prüfen und mit frischem Spezialfett schmieren.

144

Abb. 144 Bremstrommel auf Korrosion und Riefenbildung untersuchen. Ein ungleichmäßiges Tragbild bedeutet, daß die Bremswirkung nicht ausreichend ist. Riefige und unrunde Trommeln können bis zu 1,5 mm tief abgedreht werden. Flugrost und leichte Kratzer lassen sich mit 400er Schmirgel beseitigen.

Bremstrommelausbau: Mit einem Schraubendreher die Abdeckkappe in Nabenmitte abhebeln. Überschüssiges Fett abwischen und mit einem Seitenschneider den Splint am Achszapfen aufbiegen (Abb. 136). Splint herausziehen und dahinterliegende Kronensicherung abnehmen (Abb. 137). Mit einer Stecknuß SW 22 die **Achszapfenmutter lösen** (normales Rechtsgewinde, also gegen den Uhrzeigersinn drehen; Abb. 138). Gleichzeitig von einem Helfer Vorderrad auf den Boden drücken und mit der Handbremse blockieren lassen. Rad zum **Lösen der fünf Radmuttern** ebenfalls blockieren. Muttern mit einem Ring- oder Steckschlüssel SW 13 lösen und samt Sprengringen abnehmen. Rad ebenfalls abnehmen (Abb. 139, 140). Meist läßt sich die Trommel problemlos von Hand abnehmen oder mit kräftigen Hebeln abdrücken. Geht dies nicht, muß ein Abzieher her, wie er überall im Werkzeugfachhandel erhältlich ist. Die Anschaffung lohnt sich, wenn die Vespa über viele Jahre hinweg gefahren und gewartet werden soll.
Am besten kaufen Sie sich einen **Abzieher** mit drei verstellbaren Klauen. Ein Zweiklauen-Abzieher tut's zwar auch, doch ist die Handhabung in unserem Fall ein wenig umständlich. Der Abzieher wird so angesetzt, daß die Klauen die **Kühlrippen der Bremstrommel nicht beschädigen** können. Die Klauen dürfen auch nicht an die Radbolzenträger angesetzt werden - Bruchgefahr! Gewindestange so ansetzen, daß die Spitze exakt auf die Mitte des Achszapfens zeigt. Die dort angebrachte Vertiefung verhindert, daß die Stange abrutscht. Abzieher notfalls unterbauen.
Nun mit einem passenden Ringschlüssel die Gewindestange im Uhrzeigersinn drehen (Abb. 141). Schon nach einer halben bis ganzen Umdrehung springt die Bremstrommel mit vernehmlichem Knacken vom Achszapfen. Abzieher aushängen und Bremstrommel zusammen mit den Radlagern abnehmen (Abb. 142). Es handelt sich um ein Kugel- und ein Nadellager. Zum Ein- und Ausbau werden spezielle Preß- und Schlagwerkzeuge benötigt - alle Details siehe Reparaturkapitel.

Vorderrad-Bremstrommel prüfen, reinigen; Tachowellenantrieb fetten PK, PX: Zunächst entfernen wir verbrauchtes Fett aus der **Antriebskammer für den Tachowellenantrieb** (Schneckengetriebe) und füllen die Kammer mit frischem, hitzefestem Spezialfett (Esso Beacon 3, Shell Retinax A, Mobilgrease MP, Total Multis; Abb. 143). Dann wird der **Zustand der Bremstrommel geprüft.** Die Trommel darf nicht verölt oder mit Fett verschmutzt sein. Auch darf sie keine Riefen aufweisen. Festgestellt wird das durch die Fingerprobe: Mit dem Zeigefinger Trommel ganz umfahren und Bremsbeläge quer zur Laufrichtung prüfen (Abb. 144). Bei starker **Riefenbildung** muß die Trommel in einer Fachwerkstatt **ausgedreht werden.** Das ist billiger als der Kauf einer komplett neuen Trommel. Ausgedreht werden muß die Trommel auch, wenn sich beim Bremsen eine **Unwucht** bemerkbar macht. Auch dem lästigen Rubbeln kommt man mit Ausdrehen bei. Um mehr als 1,5 mm darf die Trommel allerdings nicht abgedreht werden. Rost und kleinere Kratzer können mit feinem Schmirgelleinen (Körnung 400) beseitigt werden. Eingedrungenes Fett mit fettfreiem Lösungsmittel entfernen. Dabei darauf achten, daß kein Reinigungsmittel in die Lager läuft. Ankerplatte ebenfalls von Fett und Schmutz befreien. **Vorsicht:** Bremsbeläge älterer Modelle **können Asbest enthalten**, daher den Bremsstaub nicht einatmen. Bei Einsatz von Preßluft sollten Sie Atemschutz tragen!

Vorderradbremse - Belagstärke prüfen, Beläge wechseln, Bremsnocken warten PK, PX:
Die Beläge müssen gewechselt werden, wenn entweder die Verschleißgrenze von 1,5 mm erreicht ist oder wenn die Beläge verölt sind. Die **Belagstärke** muß ohne Metallunterlage (Backe) gemessen werden. Verölte Beläge lassen sich nicht einfach reinigen. Durch Behandeln mit Lösungsmitteln wird das eingedrungene Öl nicht beseitigt. Vor dem Einbau neuer Beläge nachsehen, woher Öl und Fett stammen. Wenn die Beläge ein stark **ungleichmäßiges Tragbild** aufweisen, können sie mit Schmirgelleinen egalisiert werden. Dazu ist allerdings viel Geschick erforderlich. Abgenutzte oder verölte Beläge werden zusammen mit den Bremsbacken gewechselt; die Beläge sind nicht mehr wie früher aufgenietet, sondern geklebt. **Vorsicht:** Niemals versuchen, neue Beläge auf gebrauchte Backen aufzukleben - die Bremsen können dann versagen! Das **Wechseln der fertig belegten Bremsbacken** ist kein Problem. **Praktisch: die Trommelbrems-Konstruktion aller Vespa-Typen ist vorn und hinten identisch**. Wir zeigen die Handgriffe am Beispiel der PX 200-Hinterradbremse.

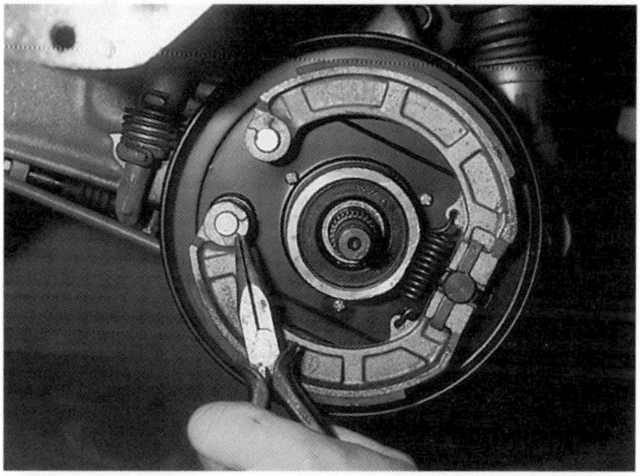
145

146

Abb. 145, 146 Vorder- und Hinterradbremse sind bei Vespa PK und PX identisch aufgebaut; im Bild: Bremsbacken-Demontage am Beispiel der PX-Hinterradbremse. Zuerst die Federklammern an den Backenlagern aushängen. Die obere Backe vom Bremsnocken abhebeln und dabei ganz aus dem Lager ziehen; die untere Backe kommt dabei automatisch frei.

Bei allen Vespa-Modellen sind die dem Bremsnocken gegenüberliegenden Backenaugen durch Federringe gesichert, die zunächst abgenommen werden müssen (Abb. 145). Dann die obere Backe unten rechts mit einem starken Schraubendreher vom Nocken abhebeln und ganz abziehen (Abb. 146); zweite Backe nun zusammen mit der Rückholfeder aushängen.
Bevor neue Bremsbacken aufgelegt werden, **Bremsnocken auf Leichtgängigkeit** prüfen; dazu Bremshebel hin- und herbewegen. Bereitet das Mühe, muß der Brems-

nocken abgenommen werden. Dazu Bremshebel abschrauben und Nocken aus der Ankerplatte herausziehen (Abb. 147). Achtung: Vor dem Abziehen Hebelstellung markieren. Anschließend Rost und Aluminiumoxid an der Nockenwelle und in der Bohrung der Ankerplatte sorgfältig entfernen (schaben, schmirgeln). Nockenwelle und Nocken fetten (Abb. 148, wieder einsetzen, Bremshebel befestigen. Beim **Einbau der Bremsbacken** zuerst den unteren Backen einhängen, anschließend die Rückholfeder; zweiten Backen zuerst oben einhängen, dann auf den Nocken heben (Abb. 149). Notfalls mit Gummihammer nachhelfen. Federsicherungen nicht vergessen. Bremstrommel mit Radlagern aufsetzen, Achszapfenmutter mit einem Drehmoment von maximal 90 Nm anziehen; Sicherungskappe aufsetzen und Mutter mit neuem Splint sichern (s.a. Abb. im Cosa-Bremskapitel).

Abb. 147, 148 Bremsnockenpflege PK, PX: Schwergängige Nocken müssen ausgebaut, gereinigt, geglättet und gefettet werden; Bild oben: Lösen der Verschraubung am PX-Vorderrad. Bild darunter: Nachfetten eines Hinterrad-Bremsnockens.

Abb. 149 Bremsbackeneinbau PX: zuerst unteren Backen aufsetzen; dann zweiten Backen oben einhängen und dann auf den Nocken hebeln.

147

148

149

Vorderradbremse einstellen PK, PX: Wenn neue Bremsbacken aufgelegt worden sind, muß die Vorderradbremse von Grund auf neu eingestellt werden. Ein Nachstellen ist davon unabhängig bei der 8000-km-Inspektion und gelegentlich auch zwischen den Inspektionsintervallen erforderlich. Im Prinzip muß immer dann nachgestellt werden, **wenn das Spiel** oben zwischen Handbremshebel und Hebelsockel **größer geworden ist als 8 mm**. Mit zunehmendem Belagverschleiß wird der Leerweg nämlich automatisch größer. Es ist natürlich auch schlecht, wenn gar kein Spiel vorhanden ist: Die Bremsbeläge schleifen dann an der Trommel.
Die Vorderradbremse kann nur **unten an der Bremsankerplatte eingestellt** werden, und zwar je nach Modell über einen Sechskant-Einsteller oder eine Rändelmutter. Bei den Modellen mit **Sechskant-Einsteller** zunächst mit einem

Gabelschlüssel SW 11 die Sicherungsmutter lösen, dann den Einsteller (Schlüsselweite 11) so weit drehen, bis das Spiel oben am Hebellager 5 bis 8 mm beträgt (Abb. 150). Durch Hineindrehen des Einstellers wird das Spiel größer, durch Herausdrehen kleiner. Abschließend Einsteller wieder sichern. Bei den Modellen mit **Rändelmutter** den Gewindeschaft der Einstellvorrichtung mit einem Gabelschlüssel SW 7 festhalten und mit der Rändelmutter das Seilzugspiel einstellen (Abb. 151). Durch Drehen im Uhrzeigersinn wird das Spiel verringert, durch entgegengesetztes Drehen vergrößert.

Hinterrad-Bremstrommel abnehmen PK, PX: Auch die Hinterradtrommel der Vespa ist weder mit einer Verschleißanzeige noch mit einem Sichtfenster zur Belagkontrolle ausgestattet. Auch hier muß also die Bremstrommel abgenommen werden. Der Ausbau erfordert allerdings nicht den Einsatz von Spezialwerkzeug, weil sich die Achslager alle im Motor-/Getriebeblock befinden. Die Trommel ist lediglich ausgebuchst. Zwischen den einzelnen Vespa-Typen gibt es auch beim Ausbau der Hinterradtrommel keine großen Unterschiede. Das **Rad bleibt an der Trommel**, damit das Drehmoment beim Lösen der Achszapfenmutter aufgenommen werden kann. Folgende Handgriffe müssen ausgeführt werden: Mit einem Schraubendreher Schutzkappe abheben und mit einem Seitenschneider den Splint am Achszapfen aufbiegen (Abb. 152). Splint herausnehmen und dahinterliegende Kronensicherung abnehmen (Abb. 153). Nun 1. Gang einlegen, Hinterrad per Fußbremse blockieren (Helfer) und mit Knarre und Stecknuß SW 24 (PK 80 S, PX 200 E z.B.) die Achszapfenmutter lösen (normales Rechtsgewinde, also gegen den Uhrzeigersinn drehen; Abb. 154). Falls die Mutter extrem festsitzt, Knarrenhebel mit einem Stück Rohr verlängern und Hinterrad zusätzlich mit Kantholz oder Keil festsetzen. Mutter und Druckscheibe abnehmen (Abb. 155). Jetzt die Maschine hinten so anhe-

Abb. 150. 151 Einstellung des Vorderradbremszuges bei PK + PX.

Abb. 152 Ausbau PX-Hinterrad mit Bremstrommel: Nabenkappe und Splint entfernen.

150

151

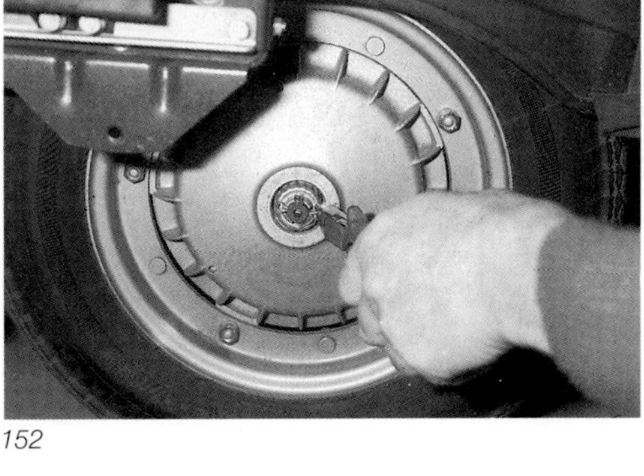

152

Abb. 153 - 155 Ausbau PX-Hinterrad mit Trommel: Kronensicherung abnehmen, Mutter SW 24 lösen, Scheibe entfernen.

ben, daß sich das Rad frei drehen läßt. Heck mit Getränkekiste o.ä. abstützen. **Rad und Bremstrommel zusammen abnehmen** (Abb. 156). Notfalls von der rechten Fahrzeugseite aus mit leichten Schlägen auf den Reifen etwas nachhelfen. Sollte das Rad sich nicht aus dem Radlauf herausführen lassen, Fahrzeug etwas über den Mittelständer nach rechts kippen (Helfer).

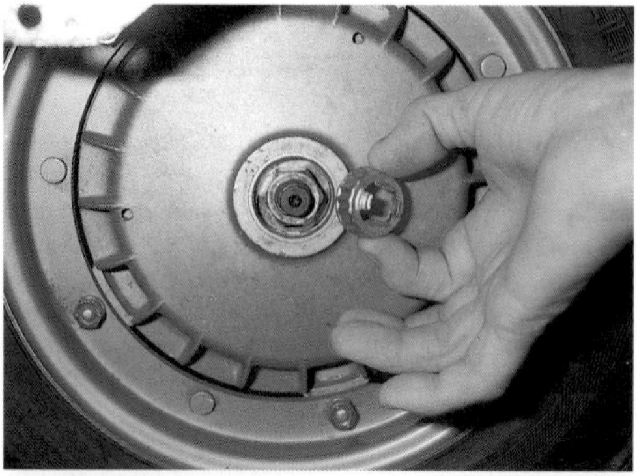

153

154

155

Hinterrad-Bremstrommel prüfen, reinigen PK, PX: Die ausgebaute Trommel auf Riefenbildung prüfen wie im Vorderradbrems-Abschnitt beschrieben (Abb. 157). Trommel notfalls ausdrehen lassen. Fett und Schmutz von der Trommel und der Ankerplatte abwaschen (nähere Details finden sich im Abschnitt Vorderradbremse).

Hinterradbremse - Belagstärke prüfen, Beläge wechseln, PK, PX: Die Hinterradtrommelbremse der Vespa ist im Prinzip genauso konstruiert wie die Vorderradbremse. Auch hier müssen die Beläge gewechselt werden, wenn die **Verschleißgrenze von 1,5** mm erreicht ist. Die Beläge werden ebenfalls zusammen mit den Backen ausgetauscht. Die Handgriffe sind die gleichen wie im Abschnitt Vorderradbremse beschrieben. Vor dem Auflegen neuer Bremsbacken den Bremsnocken ebenfalls auf Leichtgägigkeit prüfen. Notfalls ausbauen und gängig machen wie weiter vorn gezeigt. Zusammenbau der Bremse in umgekehrter Reihenfolge: Trommel mit Rad aufsetzen, Achszapfenmutter mit einem Drehmoment von maximal 110 Nm anziehen, Kronensicherung aufsetzen und Mutter mit einem neuen Splint sichern.

Hinterradbremse einstellen - PK, PX: Wenn neue Bremsbacken aufgelegt worden sind, muß auch die Hinterradbremse neu eingestellt werden. Auch zwischen den Inspektionsintervallen sollte gelegentlich das **Spiel überprüft** werden. Durch den Belagverschleiß wird der

Leerweg am Bremspedal automatisch immer größer.
Eingestellt werden kann das Spiel nur **am hinteren Ende des Bremsseilzugs.** Der Einsteller befindet sich unten am Motor-/Getriebeblock. Er hat einheitlich einen Sechskant SW 11 und ist durch eine Mutter SW 11 gesichert. Mutter lösen und Einsteller so weit drehen, bis der Leerweg am Fußhebel etwa 25 mm beträgt (Abb. 158). Durch Hineindrehen des Einstellers wird das Spiel größer, durch Herausdrehen kleiner. Läßt sich das Spiel nicht immer korrigieren, weil der Einsteller schon ganz herausgedreht ist, kann dies ein Hinweis auf völlig abgenutzte Bremsbeläge sein. Das gilt natürlich auch für die Vorderradbremse. Beläge unverzüglich erneuern!

Bowdenzüge ölen - allgemeine Hinweise: Sämtliche Motor- und Fahrwerkselemente werden bei der Vespa durch Bowdenzüge bedient und gesteuert - Schaltung, Kupplung, Bremsen (außer Cosa), Gas, Choke. Umso wichtiger ist die regelmäßige Pflege. Die häufigsten **Mängel** bei nachlässiger Wartung: **Knick- und Bruchstellen** an den Seilzughüllen, **durchgescheuerte Einzeldrähte, Schwergängigkeit** durch Korrosion. Besonders empfindlich sind die Seilzüge am Übergang zwischen Hülle und Innenseil und an den Befestigungspunkten bzw. Nippeln. Bowdenzüge mit geknickten Hüllen müssen ausgewechselt werden - die Seile können klemmen. Risse in der Kunststoffummantelung sollten so rasch wie möglich mit Textilklebeband ausgebessert werden. Wasser und Staub können sonst durch die offene Wunde ins Innere eindringen und dort zerstörerisch wirken. Sind einzelne Drähte gerissen, kann es genügen, nur den Innenzug auszuwechseln (mehr darüber im Reparatur-Kapitel). Im Rahmen der 8000-km-Inspektion müssen die Züge nicht nur **überprüft**, sondern auch geschmiert werden. Dazu müssen wir die Enden freilegen. Wir beginnen mit den Seilzügen, die vom Lenker aus bedient werden.

Abb. 156 Ausbau Hinterrad und Trommel PX.

Abb. 157 Bremstrommel auf Riefenbildung prüfen.

Abb. 158 Hinterradbremse einstellen generell.

156

157

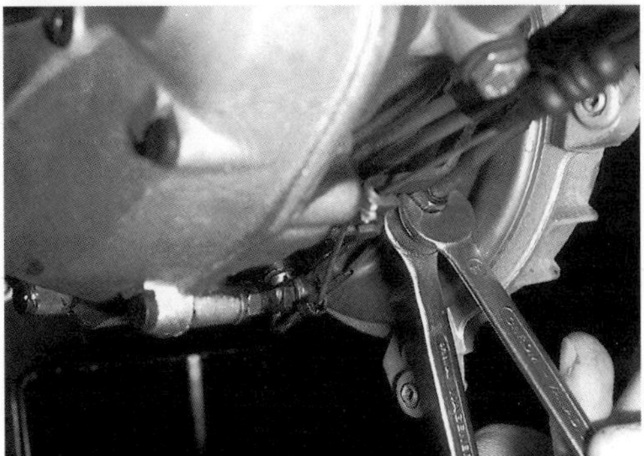

158

Abb. 159 - 161 *Zum Ölen des Vorderrad-Bremszuges sind bestimmte Vorarbeiten erforderlich; zunächst muß der Zug vom Radbremshebel abgenommen werden. Dann Oberteil der Lenkerverkleidung lösen: Sie ist vorn mit zwei Schrauben befestigt; dann die beiden rückwärtigen Schrauben ausdrehen.*

Vorderradbremszug ölen, Lenkerverkleidung lösen, Tachowelle abklemmen PK, PX: Zuerst Seilzug unten am Vorderrad vom Bremshebel abnehmen. Dazu je nach Modell verschieden vorgehen. Bei Fahrzeugen mit Sechskant-Einsteller Sicherungsmutter lösen, Einsteller ganz hineindrehen (s.a. Abb. in den vorangestellten Bremskapiteln), Bremshebel unten von Hand betätigen und **Seilzugnippel aushängen** bzw. Klemme lösen. Bowdenzug komplett aus dem Einsteller herausziehen. Bei Fahrzeugen mit Rändel-Einsteller Gewindestange festhalten und Mutter ganz ausdrehen. Seilzugende von der Ankerplatte abziehen (Abb. 159). Jetzt die **obere Lenkerverkleidung** samt Kombiinstrument entfernen. Sie ist von unten mit vier Kreuzschlitzschrauben befestigt - zwei vorn, zwei hinten neben dem Steuerrohr (Abb. 160, 161). Nach oben ziehen läßt sich die Verkleidung allerdings nur, wenn die **Tachowelle vom Vorderrad abgeklemmt** wurde: Klemmhalter (Abb. 162) bzw. Rändelmutter lösen und Tachowelle von unten ein wenig in das Steuerrohr hineinstoßen. Anschließend Lenkerverkleidung so weit anheben, bis sich die Tachowelle vom Tachometer abnehmen läßt (Rändelmutter oder Klemmlaschen; Abb.163). Lenkerverkleidung ablegen.

Das Bremsseil wird von unten durch das Steuerrohr geführt, verschwindet oben in einer Aussparung am rechten Lenkerende und endet am Handbremsbebel. Wird der Hebel gelöst, kann das **Seil vom Lenker** abgenommen werden. Der Hebel ist drehbar um einen Gewindebolzen mit Kreuzschlitzkopf gelagert. Bolzen mit einem Kreuzschlitzschraubendreher festhalten und Mutter mit einem Schlüssel SW 8 lösen. Bolzen nach oben drücken und herausziehen. **Achtung:** Beim Herausnehmen des Bremshebels auf die **Distanzscheiben** zwischen Hebelauge und Hebellager achten

159

160

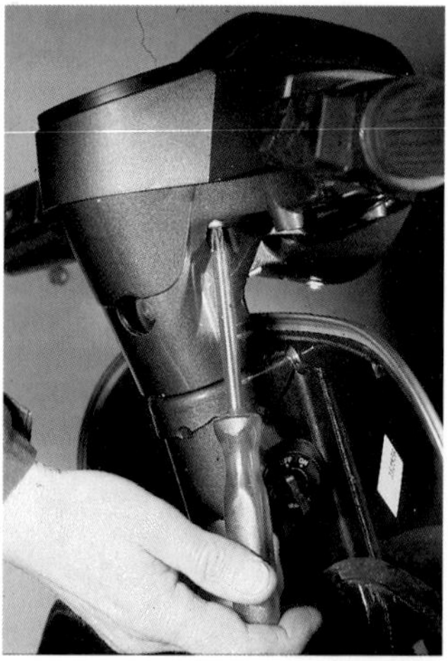

161

(Scheiben mit großer Bohrung oberhalb, mit kleiner Bohrung unterhalb es Hebelauges).
Der **Nippel** ist nicht fest mit dem Seilzug verbunden, er kann deshalb leicht abgleiten und ins Steuerrohr fallen. Deshalb muß er abgenommen werden, bevor das Seil vom Lenker gezogen wird (Abb. 164). Seil senkrecht halten und mit Ölkanne oder Sprühdose einige Tropfen frisches **Motoröl SAE 30 oder 40 oder Schmiermittel** zwischen Seil und Hülle träufeln (Abb. 165). Seil nicht sofort wieder einbauen, sondern solange warten, bis das Öl zum unteren Ende gelaufen ist (dauert höchstens fünf Minuten). In der Zwischenzeit können Sie die Schmierung des zweiten Seilzugs vorbereiten.

Kupplungszug ölen PK, PX, Cosa: Der Kupplungsseilzug ist genauso befestigt wie der Handbremszug. Damit er oben am Lenker ausgehängt werden kann, muß er allerdings zuerst auch unten **vom Ausrückhebel getrennt** werden. Dazu den Sechskant-Einsteller (SW 8) entsichern, Einsteller ganz hinein drehen und Nippel vom Ausrückhebel abnehmen; zum Ölen des Seilzugs muß dieser Nippel nicht abgenommen werden. Anschließend bei abgeschraubter Lenkerverkleidung - Demontage-Beschreibung s.o. - den **Kupplungshebel abnehmen**. Er ist genauso wie der Handbremshebel mit einem Kreuzschlitzbolzen und einer Mutter SW 8 befestigt (Abb. 166, 167). Beim Herausziehen des Bolzen auch hier auf die **Distanzscheiben** beiderseits des Hebelauges achten. Der vordere Nippel ist nur lose aufgesteckt, er kann leicht in den Steuerrohrschacht fallen. Seilzug komplett vom Lenkerstummel abziehen und mit normalem Motoröl schmieren.

Gaszug ölen PK, PX, Cosa: Das obere Gaszugende ist ebenfalls bei abgenommener Lenkerverkleidung zugänglich. Der Gaszug läßt sich am besten aushängen und ölen, wenn er zuerst vom Vergaser abgenommen wird. Dazu vorgehen, wie eingangs beschrieben; **PK-Modelle:** Sitzbank aufklappen, Werk-

Abb. 162, 163 Demontage Tachowelle PX: Klemmlasche an der Ankerplatte lockern; Klemme am Tacho zusammendrücken.

Abb. 164 Abnahme des Bremszuges PK, PX vom Lenker.

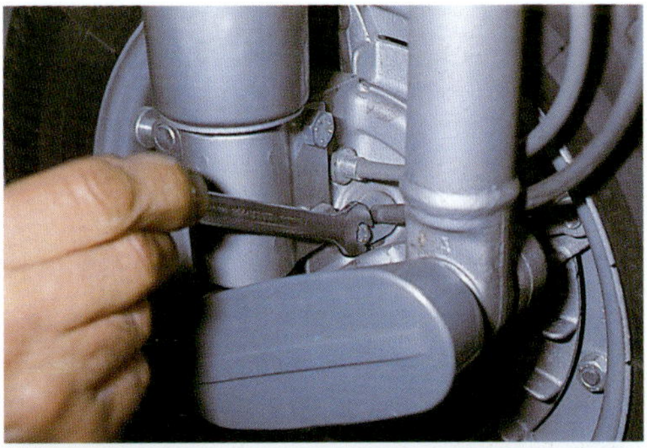

162

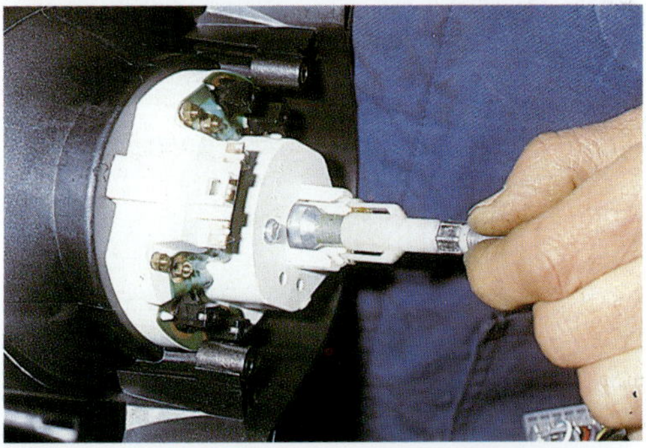

163

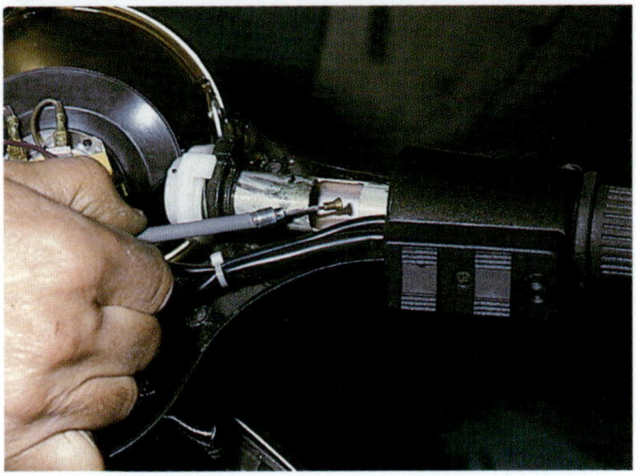

164

zeugschale entfernen, Gaszug aushängen; **PX- und Cosa-Modelle:** Motorhaube abnehmen, Luftfilter ausbauen, Gaszug aushängen. Anschließend Gasdrehgriff ganz öffnen, Seilzugnippel festhalten, Drehgriff schließen und Nippel aushängen. Hülle aus dem Widerlager ziehen. Jetzt kann Motoröl zwischen Hülle und Seil geträufelt werden.

Schaltzüge ölen PK, PX, Cosa: Die Schaltzüge sollten nach unserer Erfahrung nur anläßlich einer größeren Revision ausgehängt werden. Die Schaltung muß nämlich komplett neu eingestellt werden, wenn die Züge demontiert worden sind. Es genügt, die oberen Enden mit **hochkriechfähigem Öl** aus der Sprühdose zu behandeln (Abb. 168). Dazu zuerst Schaltdrehgriff auf 1 stellen und zwischen Seil und Hülle des vorderen Zugs Öl sprühen; in den vierten Gang schalten und hinteren Zug behandeln.

Hinterradbremszug ölen PK, PX: Auch hier empfiehlt sich die Schmierung nur anläßlich einer Totalrevision. Der Aufwand ist zu groß. Was man bei der Inspektion allerdings tun kann: den freiliegenden Teil des Innenseils unter dem Antriebsblock **auf Unversehrtheit prüfen** und mit ein wenig **Mehrzweckfett** bestreichen. Das schützt den besonders korrosionsgefährdeten Bereich.

Abb. 165
Zum Ölen die Seilzüge hochhalten und aus der Spraydose mit Schmierstoff versorgen; mindestens fünf Minuten lang durchziehen lassen.

Abb. 166, 167
Ausbau der Handhebel hier am Beispiel Kupplungshebel PX: Mutter lösen und Bolzen ausdrehen; dann Hebel vorziehen und dabei auf die Distanzscheiben achten; zuletzt Nippel aushängen.

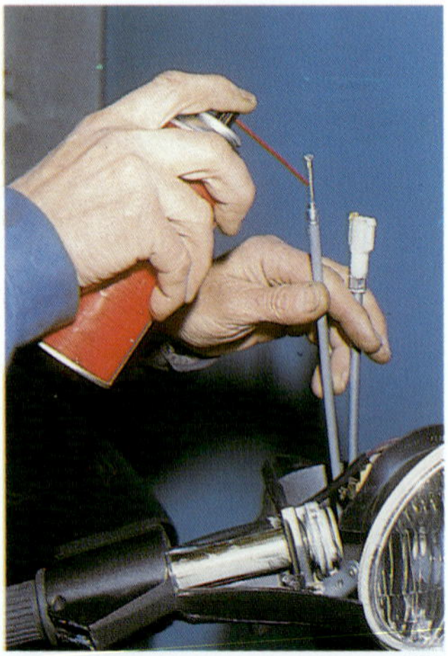

165

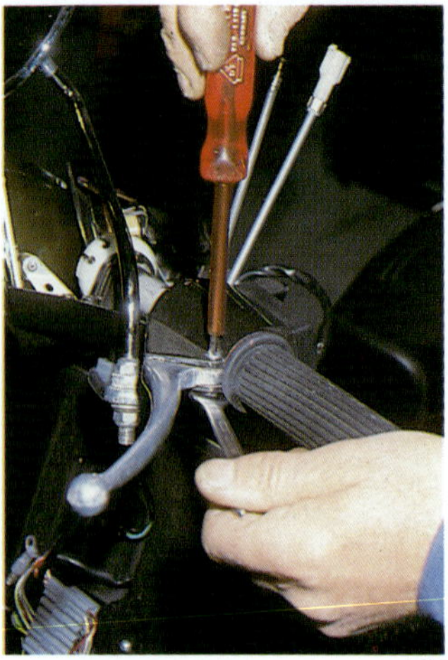

166

167

Kupplungsspiel prüfen, einstellen PK, PX, Cosa: Mit zunehmender Laufleistung nimmt das Spiel am Kupplungshebel zu; ist zuviel Spiel vorhanden, trennt die Kupplung nicht. Bei zu geringem Spiel rutscht die Kupplung durch.
Dem fortschreitenden Verschleiß an den Kupplungsscheiben kann bis zu

einem gewissen Grad durch **Korrigieren des Spiels** am Seilzugeinsteller entgegengewirkt werden. Im Gegensatz zu anderen Motorzweirädern ist die Vespa neuerdings nicht mehr mit einem Einsteller am Handhebel ausgerüstet, sondern nur mit einem Einsteller unten vor dem Ausrückhebel. Zunächst das **Seilzugspiel oben am Handhebel** überprüfen. Es wird zwischen Hebelkante und Hebelsockel gemessen und soll möglichst genau 2 mm betragen. Ist dies nicht der Fall, mit einem Gabelschlüssel SW 8 bzw. SW 11 die Mutter lösen, die den **Einsteller am unteren Seilzugende** sichert. Einsteller nun mit den Schlüssel SW 8 bzw. SW 11 so hinein- oder herausdrehen, bis das Spiel stimmt (Abb. 169). Durch Drehen im Uhrzeigersinn wird das Spiel vergrößert, durch entgegengesetztes Drehen verkleinert. Zum Schluß Sicherungsmutter wieder festziehen.

Schaltungseinstellung prüfen, einstellen PK, PX, Cosa: Vorausgesetzt, die beiden Schaltzüge sind nicht schadhaft, können zwei Störungen auftreten: Entweder haben die Züge zuviel Spiel, wenn der Schaltdrehgriff die Leerlaufstellung (0) anzeigt, oder die Markierungen für die Gänge auf dem Handschaltgriff und dem Deckel am Lenker stimmen nicht überein. Korrigiert werden kann beides über die **Einstellschrauben unten am Schaltsegment.**
Fall 1: Das Spiel in Null-Stellung ist zu groß. Zunächst mit einem Gabelschlüssel SW 8 die beiden Kontermuttern an den Einstellern lösen. Dann Einsteller soweit gegen den Uhrzeigersinn drehen, bis das Spiel am Drehgriff nur noch 1-2 mm beträgt (Abb. 170). Darauf achten, daß die Markierungen übereinstimmen. Einsteller wieder sichern.

Fall 2: Die Markierungen an Drehgriff und Deckel stimmen nicht überein. Mit einem Gabelschlüssel SW 8 beide Kontermuttern an den Einstellern lösen. Vorausgesetzt, das Spiel stimmt, nur den ersten Einsteller ein wenig in das Segment hinein- und den zweiten Einsteller um genau den gleichen Betrag aus dem Segment herausdrehen. Vorgang solange durchführen, bis die **Markierungen übereinstimmen**. Die Spannung der Züge darf beim Einstellen nicht verändert werden. Abschließend die Einsteller wieder sichern.
Sollten sich die Gänge trotz korrekt eingestellter Züge nur schwer einlegen lassen, kann dies an der Kupplung oder an den Seilzügen selbst liegen. **Kupplungsspiel überprüfen und einstellen,** wie oben beschrieben. Hilft dies nicht, Kupplungsscheiben ausbauen und überprüfen (s. Reparatur-Kapitel). Liegt's nicht an der Kupplung, können die Schaltzüge die Ursache sein - **Schwergängigkeit durch Korrosion oder Beschädigung.** In diesem Fall kommen Sie nicht umhin, die Züge auszuwechseln. Wie das bewerkstelligt wird, steht ebenfalls im Reparatur-Kapitel.

Abb. 168 Pflege der Schaltungs-Bowdenzüge: bei abgenommener Lenkerverkleidung mit einer Spraydose Schmiermittel zuführen. Der Ausbau wäre zu aufwendig, lohnt sich nur, wenn die Züge gewechselt werden müssen. Wie das geht, wird im Reparaturkapitel gezeigt.

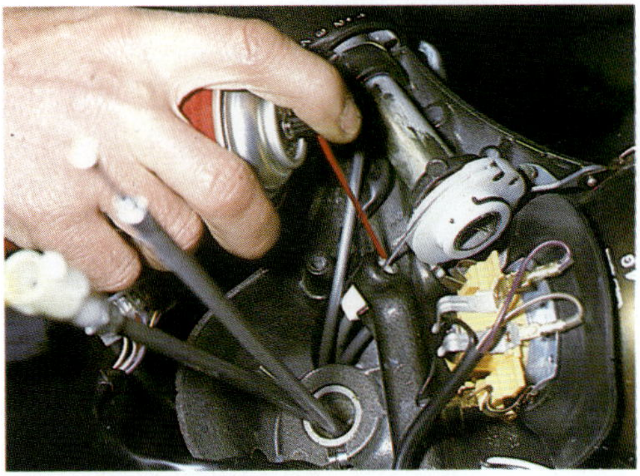

168

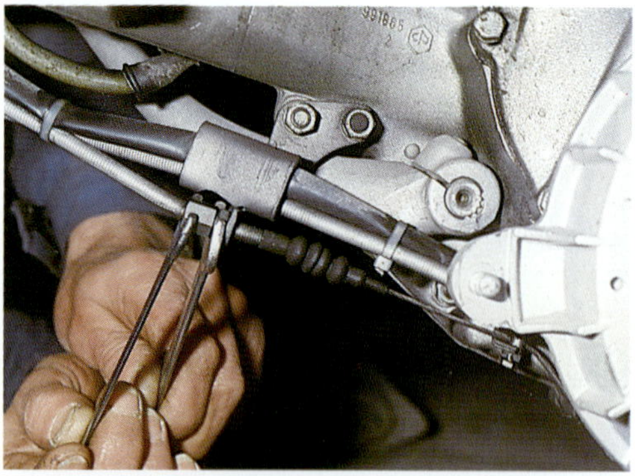

169

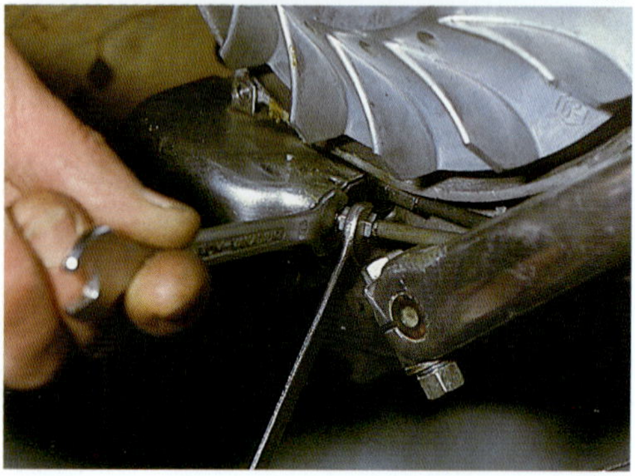

170

Abb. 169 Einstellung der Kupplung am Beispiel PX: Der Sechskant-Einsteller befindet sich links unten am Antriebsblock; Sicherungsmutter lockern und Einsteller verdrehen.

Abb. 170 Einstellung der Schaltung am Beispiel PX: An der Vorderseite des Schaltsegments befinden sich zwei leicht zugängliche Einsteller, die sich nach dem Entsichern verdrehen lassen.

Motoraufhängung, Fahrwerk alle Typen: Schrauben und Muttern auf festen Sitz prüfen: Mindestens einmal im Jahr oder spätestens nach 8000 km Fahrstrecke sollten alle Schrauben und Muttern der Motoraufhängung und der Radführung auf festen Sitz geprüft werden.

1. Traversenachse der Motoraufhängung: Bei den Modellen der **PK-Reihe** ist die Traverse der Motor-/Getriebeeinheit mit einem Bolzen SW 17 und einer Mutter SW 17 befestigt. Mutter mit einem Drehmoment von maximal 52 Nm nachziehen; dabei Bolzen auf der rechten Fahrzeugseite mit einem Ringschlüssel SW 17 gegenhalten. Bei den **PX- und Cosa-Modellen** haben Bolzen und Mutter jeweils die Dimension SW 22. Vorgeschriebenes Maximaldrehmoment: 75 Nm.

2. Verbindung Stoßdämpfer/Motor: Das hintere Federbein ist einheitlich bei allen Modellen mit einem Bolzen SW 14 und einer Mutter SW 13 am Motor-/Getriebeblock befestigt. Das maximale Drehmoment beträgt 25 Nm. Achtung: Dieser Bolzen ist neben der Traversenachse die einzige Verbindung zwischen dem Antriebsblock und der Karosserie. Wenn er sich löst, bricht das Fahrzeug buchstäblich zusammen!

3. Federbeinbefestigung vorn: Das vordere Federbein ist einheitlich oben mit je zwei Schrauben SW 13 und unten mit je zwei Muttern SW 13 befestigt (s.a. Reparatur-Kapitel). Die oben liegenden Schrauben mit einem Drehmoment von 27 Nm nachziehen, die unten sitzenden Muttern mit dem gleichen Drehmoment.

4. Rad- und Felgenringmuttern: Die Felgenhälften werden von fünf Muttern SW 13 zusammengehalten. Diese Muttern sind von der rechten Fahrzeugseite aus zugänglich und werden mit einem Drehmoment von 27 Nm angezogen. Die Räder sind an den Bremstrommeln ebenfalls mit je fünf Muttern SW 13 befestigt. Anzugsmoment maximal 27 Nm.

REPARATUR- UND AUSTAUSCHARBEITEN TEIL 1: MOTOR, GETRIEBE, KUPPLUNG, SCHALTUNG; LICHTMASCHINE, ANLASSER, VERGASER, ÖLPUMPE

Vornehmlich bei Fahrzeugen mit hoher Laufleistung fallen zwangsläufig auch zwischen den Inspektionsintervallen Arbeiten an, die ohne spezifisches Know-how nicht durchgeführt werden können. Wir beschreiben auf den folgenden Seiten alle denkbaren Reparatur- und Austauscharbeiten, indem wir bei den Nebenaggregaten an der Peripherie beginnen und dann Schritt für Schritt Motor, Getriebe und Hinterachsantrieb komplett zerlegen. Dabei bauen wir auf dem auf, was in den vorangegangenen Kapiteln bereits gezeigt wurde - Abklappen des Antriebsblocks etwa oder Abnehmen von Zylinderkopf und Zylinder; der Übersichtlichkeit halber werden die wichtigsten Punkte noch einmal stichwortartig wiederholt. Wir beginnen dieses Kapitel mit dem Komplettausbau der Antriebseinheit und widmen uns dann den einzelnen Aggregaten wie Kupplung, Lichtmaschine oder Vergaser.

Motor-/Getriebeblock - Ausbau PK-Modelle: Zunächst noch einmal die **Zusammenfassung** aller **bereits gezeigten Schritte:** Sitzbank kochklappen, Starterzug, Benzinhahngestänge und Gaszug ausbauen; Luftfiltergehäuse abnehmen; Benzinschlauch abziehen und Vergaser ausbauen; Hinterrad abnehmen oder - falls Arbeiten an der Kupplung durchgeführt werden sollen - komplett mit der Bremstrommel demontieren; dabei nicht vergessen, Fahrzeugheck abzustützen. Auspuffanlage ausbauen; Zündspule, Kerzenstecker, Massekabel und Anlasserkabel (falls vorhanden) abklemmen; Gummitülle am Ansaugrohr abziehen.
Zusätzlich müssen jetzt **folgende Handgriffe** ausgeführt werden (Bilder siehe Beispiel PX 200 E): zunächst den **Hinterrad-Bremszug** lösen; er ist mit einer Mutter SW 13 am Bremshebelgelenk befestigt. Gelenk mit einer Kombizange festhalten. Seilzug ganz aus dem Einsteller herausziehen. Anschließend **Kupplungszug** lösen; er hat über einen Schraubnippel Verbindung zum Ausrückhebel. Nippel mit einem Gabelschlüssel SW 8 festhalten, Verschraubung mit einem Gabelschlüssel SW 7 lösen. Seilzug vollständig aus dem Einsteller herausziehen.
Die beiden **Schaltzüge** enden im Schaltsegment, das unter dem Antriebsblock sitzt. Zuerst mit einem Schraubendreher die Schlitzschraube lösen, die den Segmentdeckel hält; Deckel abnehmen. Nun beide Schaltzüge aushängen; dazu die Schraubnippel mit einem Gabelschlüssel SW 8 festhalten und die Verschraubung mit einem Gabelschlüssel SW 7 lösen. Züge kom-

Abb. 171 Äußerst zweckmäßig bei Arbeiten am Motor ist ein Montagebock, wie ihn die Piaggio-Werkstätten besitzen. Die von der Redaktion optimierte Vorrichtung wird in einen Schraubstock gespannt oder auf einem Gestell fixiert.. Das Bild zeigt das komplette Triebwerk einer Cosa 200.

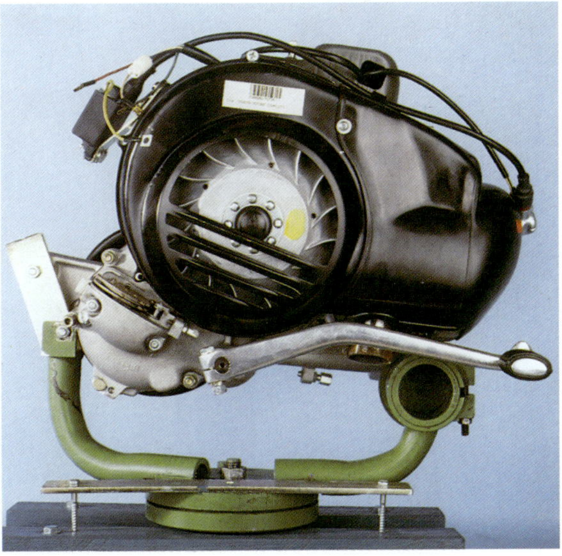

171

plett von den Einstellern abziehen. Dann - wie bereits gezeigt - die **Verbindung Federbein/Motorblock** trennen: Fahrzeugheck abstützen und mit einem Ringschlüssel SW 13 die Mutter lösen, mit einem Schlüssel SW 14 den Bolzen gegenhalten. Antriebsblock mit der rechten Hand abfangen, Federbeinbolzen ganz aus der Lagerung ziehen und Antriebsblock bis zum Boden ablassen (Abb. 172). Zuletzt wird die **Traversenachse** vorn an der Karosserie ausgebaut: Mit einem Ringschlüssel SW 17 die Mutter auf der linken Fahrzeugseite lösen, mit einem zweiten Schlüssel SW 17 den Bolzen auf der rechten Seite gegenhalten. Traverse mit der linken Hand abfangen und mit der rechten Hand die Traversenachse herausziehen. Sollte dies Schwierigkeiten bereiten, mit leichten Kunststoffhammer-Schlägen nachhelfen. Der Motor-/Getriebeblock kann jetzt komplett vom Fahrzeug abgenommen werden.

Motor-/Getriebeblock - Ausbau PX-Modelle und Cosa: Zuerst wieder die **Zusammenfassung:** Motorhaube abnehmen; Luftfilter ausbauen; Starterzug, Gaszug aus-

Abb. 172 Hängt nur noch an der Traverse: Triebwerk einer PK 80 S.

172

Abb. 173 Unerläßlich fürs Absenken und Ausbauen des Motorblocks: Heck anheben und abstützen; im Bild: PX 200 E.

173

Abb. 174 Vorbereitungen zum Motorausbau PX-Modelle: Hinterradbremszug abnehmen; dazu die Klemmverbindung lösen. Bei der Cosa Bremsschlauch abschrauben und Bremsflüssigkeit auffangen.

174

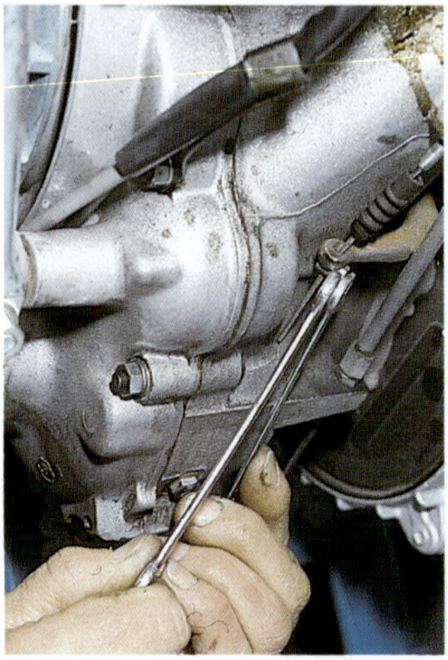

Abb. 175 Kupplungszug abnehmen PX, Cosa: Schraubnippel lösen, dabei mit zweitem Schlüssel gegenhalten.

175

hängen; Benzinschlauch (bei Fahrzeugen mit Getrenntschmierung auch Ölschlauch) abziehen; Vergaser und Luftfiltergehäuse (u.U. mit Ölpumpe) ausbauen; Gummitülle Saugrohr/Karosse abziehen; Kerzenstecker abziehen, Verteilerkasten öffnen und Kabelbaum trennen; Hinterrad ausbauen (Bremstrommel kann bei Arbeiten an der Kupplung am Antriebsblock bleiben). Fahrzeugheck abstützen (Abb.173) und Auspuffanlage demontieren.
Zusätzlich sind - ähnlich wie bei der PK - **folgende Handgriffe** auszuführen: zuerst den **Hinterrad-Bremszug** lösen (außer Cosa - hydraulische Anlage); er ist mit einer Mutter SW 13 am Bremshebelgelenk befestigt (Abb. 174). Gelenk mit einer Kombizange festhalten. Seilzug ganz aus dem Einsteller herausziehen. Anschließend **Kupplungszug** lösen; er hat über einen Schraubnippel Verbindung zum Ausrückhebel. Nippel mit einem Gabelschlüssel SW 8 festhalten, Verschraubung mit einem Gabelschlüssel SW 7 lösen (Abb. 175). Seilzug vollständig aus dem Einsteller herausziehen.
Die beiden **Schaltzüge** enden auch bei der PX in einem Schaltsegment, das allerdings gut zugänglich vorn unter dem Motorgehäuse sitzt. Zuerst den 4. Gang einlegen und Halter lösen, der rechts von der Kickstarterwelle die beiden Schaltzüge führt; er ist mit einer Mutter SW 13 befestigt (Abb. 176). Dann zum Ausbau des Schaltsegments den Deckel desselben entfernen; er wird zusammen mit dem Lüfterdeckel von einer Mutter SW 13 gehalten (Abb. 177). Jetzt eine Wanne unter den Motorblock stellen - beim Abnehmen des Schaltsegments tritt etwas Öl aus.
Das Segment ist mit zwei Muttern SW 11 am Getriebeblock befestigt. Muttern mit einem Steckschlüssel

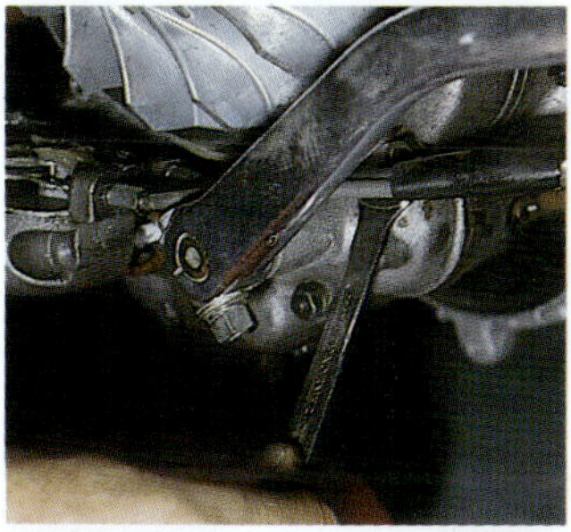
176

Abb. 176
Schaltzüge ausbauen PX, Cosa: Halter für die Züge abschrauben.

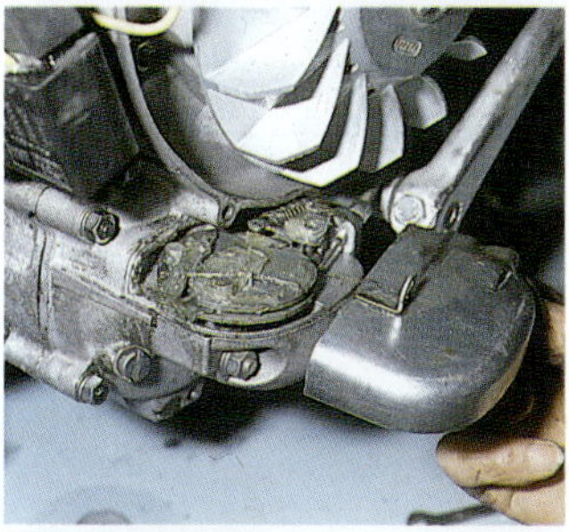
177

Abb. 177
Abbau Deckel Schaltsegment bei der PX.

178

Abb. 178
PX, Cosa: vor dem Abnehmen des Schaltsegments Getriebeöl ablassen; dann die Muttern SW 11 abschrauben, 4. Gang einlegen.

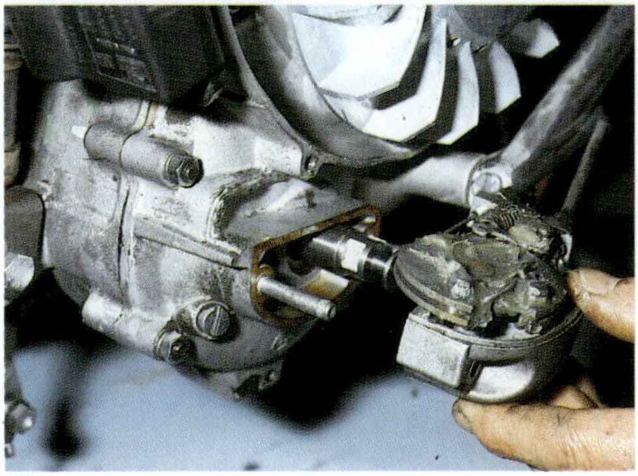
179

Abb. 179
Schaltsegment abziehen; beim Wiedereinbau 4. Gang einlegen und Keil der Betätigungsvorrichtung in die Nut der Schaltkreuzwelle setzen: Segment vorschieben; dabei in den 1. Gang zurückschalten.

180

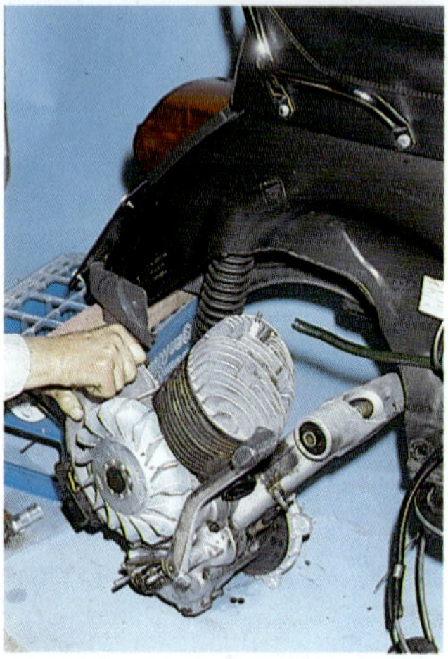

181

Abb. 180, 181 Motorausbau PX, Cosa, letzter Schritt: Motor abklappen und mit einem Ringschlüsel die Mutter der Traversenachse auf der linken Fahrzeugseite lösen, mit zweitem Schlüssel Achsenkopf auf der rechten Seite festhalten. Achse komplett herausziehen und Triebwerksblock ganz aus dem Fahrgestell herausnehmen.

lösen und zusammen mit den Sprengringen und Unterlegscheiben abnehmen (Abb. 178). Zum **Abziehen des Schaltsegments** Kickstarter nach vorn drücken und Schaltzüge vor den Auspuffstutzen am Zylinder legen. Dann Segment erst abziehen; dabei Dichtung möglichst nicht beschädigen - sie muß sonst erneuert werden (Abb. 179). Schließlich die **Verbindung Federbein-/Motorblock** trennen wie bereits weiter vorn gezeigt. Dazu mit einem Ringschlüssel SW 13 die Mutter lösen, mit einem Schlüssel SW 14 den Bolzen gegenhalten. Antriebsblock mit der rechten Hand abfangen, Federbeinbolzen ganz aus dem Lager ziehen und Antriebsblock bis zum Boden ablassen. Zuletzt wird die **Traversenachse** vorn an der Karosserie ausgebaut: Mit einem Ringschlüssel SW 22 die Mutter auf der linken Fahrzeugseite lösen (Abb. 180), mit einem zweiten Schlüssel SW 22 den Bolzen auf der rechten Seite gegenhalten. Traverse mit der linken Hand abfangen und mit der rechten Hand die Traversenachse herausziehen; dabei mit Kunststoffhammer nachhelfen. Motor-/Getriebeblock vom Fahrzeug abnehmen (Abb. 181).

Motor-/Getriebeblock - Einbau PK, PX, Cosa allgemein: Beim Wiedereinbau des Antriebsblocks genau in umgekehrter Reihenfolge vorgehen. Sprengringe und Unterlegscheiben - soweit vorhanden - nicht vergessen, defekte Dichtungen erneuern. Nach dem Wiedereinbau Seilzüge exakt einstellen: Schaltung, Hinterradbremse, Kupplung, Gas, Choke (siehe vorangegangene Kapitel). **Tip:** Vespa-Roller sind ab Werk weder durch Hohlraumkonservierung noch durch Unterbodenschutz gegen **Steinschlag und Rost** geschützt. Bei ausgebautem Motor ist es kein Problem, den hinteren Radlauf mit **Unterbodenschutz** zu behandeln. Auch die Unterseite der Trittbretter ist ungeschützt. Rostgefährdet sind besonders die Stellen, an denen die Gummileisten mit Popnieten befestigt sind. Gegebenenfalls den gesamten Unterboden mit geeigneten Mitteln konservieren. Bei Oldtimern haben sich aushärtende, **transparente Kriechöle** wie Owatrol bewährt. Ansonsten hochwertige Produkte auf Bitumen- oder Kunststoffbasis verwenden. Gummiteile, Kabel, Bowdenzüge und Aluminiumteile sollten mit dem frischen Konservierungsmaterial nicht in Berührung kommen.

182

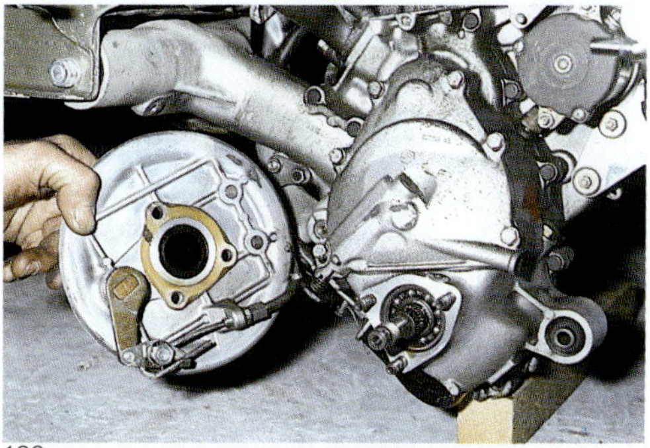

183

184

185

Abb. 182, 183 Vorbereitungen zum Kupplungsausbau PK-Modelle: Hinterrad-Bremstrommel abnehmen, die drei Muttern SW 13 der Ankerplattenbefestigung abschrauben und Platte komplett mit den Bremselementen zur Seite klappen; Papierdichtung später möglichst erneuern.

Abb. 184, 185 Der Kupplungsdeckel ist am PK-Motor mit sechs Schrauben befestigt. Schrauben lösen und Deckel abnehmen; Papierdichtung erneuern. Zum Ausbau von Druckplatte, Reib- und Mitnehmerscheiben die Feder niederhalten und den innen liegenden Sprengring entfernen.

Kupplung aus- und einbauen - allgemeine Hinweise: Wenn das Kupplungsseil nicht mehr nachgestellt werden kann, sind in der Regel die Kupplungsscheiben so stark abgenutzt, daß sie erneuert werden müssen. Die Kupplung befindet sich bei allen Vespa-Modellen auf der linken Seite des Antriebsblocks (in Fahrtrichtung gesehen), und zwar hinter einem Aluminiumdeckel, der mit Schrauben der Größe SW 10 befestigt ist. Zur Demontage muß der Motor abgesenkt oder - noch besser - ausgebaut werden. Daß der Kupplungskorb durch eine Spezialschraube gesichert ist, soll für uns kein unüberwindliches Hindernis sein: Wir stellen das erforderliche Spezialwerkzeug mit nicht allzu großem Aufwand selbst her. Werkstätten besitzen einen besonderen Zahnschlüssel, den sie mitunter auch ausleihen...

Kupplung Aus- und Einbau PK-Modelle: Bei der kleinen Vespa ist die Kupplungsrevision ein Kinderspiel. Zunächst Motor absenken oder ausbauen wie beschrieben. Die **Bremstrommel** für das Hinterrad muß ebenfalls abgezogen werden - siehe weiter vorn. Nun die **Ankerplatte** komplett mit allen Bremsteilen vom Getriebegehäuse abnehmen; sie ist mit drei Muttern SW 13 befestigt (Abb. 182). Das Bremsseil muß nicht ausgehängt werden, wenn der Motor im Fahrgestell bleibt. Die Papierdichtung zwischen Ankerplatte und Getriebegehäuse sollte möglichst erneuert werden. Man kann sie zur Not aus

Abb. 186, 187 Kupplungsausbau PX und Cosa: die drei Schrauben SW 10 lösen, die den Deckel halten und Deckel komplett mit Ausrückhebel abnehmen. Hebel auf Freigängigkeit prüfen und nachfetten. Wiedereinbau: Deckel muß bündig sitzen.

Abb. 188 Die Feder aushängen; dazu mit einem Schraubendreher in das größere Loch fahren und Feder zur Mitte drücken; beim Wiedereinbau Feder so vorspannen, daß die Druckscheibe eingehängt werden kann.

Spezialpapier (Autozubehörhandel) selbst herstellen (Abb. 183). Nun die sechs Schrauben SW 10 lösen, mit denen der **Kupplungsdeckel** befestigt ist (Abb.184). Auch hier die Papierdichtung möglichst erneuern. Jetzt liegt der **Kupplungskorb** mit den Mitnehmer- und Reibscheiben frei (Abb. 185). Der Korb selbst muß nicht demontiert werden. Es genügt, die Federn niederzuhalten und den innen liegenden Sprengring zu entfernen. **Druckplatte, Reib- und Mitnehmerscheiben** lassen sich anschließend problemlos ausbauen und austauschen.

Kupplung Ausbau PX und Cosa: Motor ebenfalls absenken oder ausbauen, wie weiter vorn beschrieben. Bevor zum Schraubenschlüssel gegriffen wird, sollte der **Drehschiebereinlaß abgedeckt** werden, am besten mit einem sauberen Tuch; wenn Kleinteile in die Kurbelwelle geraten, muß der Motor komplett zerlegt werden!
Erster Handgriff: Abbau des **Kupplungsdeckels;** er ist bei den großen Modellen mit drei Schrauben

186

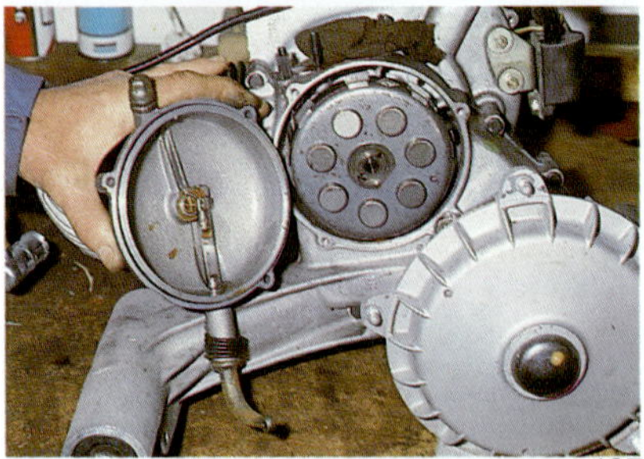
187

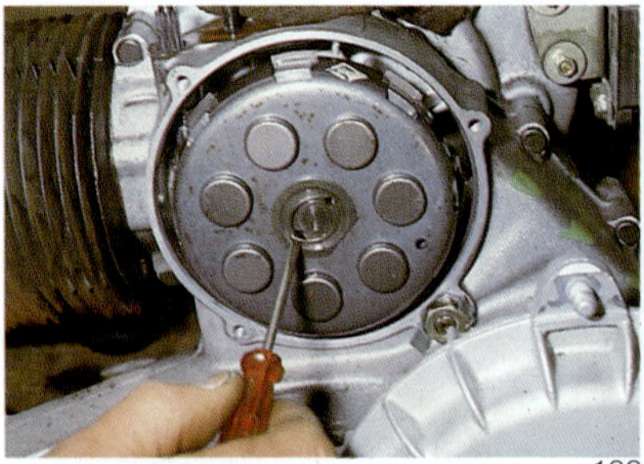
188

Abb. 189 Sicherungsblech der Spezial-Kronenmutter aufbiegen; Zusammenbau: eine zweite Blechzunge greift in eine Nut der Kurbelwelle.

Abb. 190, 191 Den Schlüssel für die Spezialmutter der Kupplungsbefestigung kann man selbst herstellen, indem man aus einem abgewinkelten Flacheisen zwei passende Zähne sägt.

189

191

190

SW 10 befestigt (Abb. 186, 187). Jetzt liegt die Kupplung frei. Die **Feder** an der kleinen Platte in der Mitte aushängen; dazu mit einem passenden Schraubendreher in das größere der beiden Löcher fahren und Feder zur Mitte hin drücken (Abb. 188). Anschließend Feder und Plättchen abnehmen. Mit einem schmalen Schraubendreher das gezähnte **Sicherungsblech** an der Zentralmutter aufbiegen (Abb. 189), und zwar am äußeren Rand und an der Nut in der Kurbelwelle.
Die **Zentralmutter** weist nicht die übliche Sechskantform auf. Das Werkzeug muß vielmehr an den Nuten angesetzt werden, mit denen die Mutter versehen ist. Die Werkstätten besitzen einen Spezialaufsatz. Hobbyschrauber können sich jedoch leicht den nötigen **Spezialschlüssel** aus einem Stück Flacheisen **selbst herstellen.**
Zuerst wird die Zentralmutter vermessen. Bei der Vespa PX 200 E hat sie einen Außendurchmesser von 20 und einen Innendurchmesser von 12 mm. Die Nuten sind 4,5 mm breit. Demnach muß das **Flacheisen** 20 mm breit und 4,5 mm dick sein; notfalls passend schleifen. Aus dem Ende des Eisenstücks wird nun ein Stück herausgesägt, das dem Innendurchmesser der Schraube entspricht - 12 mm (Abb.190). Materialreste mit Winkelschleifer und Trennscheibe beseitigen. Die beiden Zähne am Ende des Flacheisens sollten etwa 6 mm lang sein. Zuletzt wird das Eisen rund 5 cm unterhalb der Verzahnung um 90° umgebogen (Abb.191). Der Rest ist einfach: Flacheisen wie auf Abb. 192 an die Mutter ansetzen, Kupplungskorb mit einem starken Schraubendreher sperren und Mutter durch Drehen des Eisens gegen den Uhrzeigersinn lösen. Mutter und dahinterliegende Sicherungsscheibe abnehmen und **Kupplungskorb komplett abziehen** (Abb. 193-195). Sollte er sich nicht sofort lösen, einen Dorn in die Vertiefung des Kurbelwellenendes setzen und einige Hammerschläge ausführen.

Kupplung zerlegen und zusammenbauen PX und Cosa: Zum Zerlegen der Kupplung den großen **Sperring** auf der Rückseite aushängen; dabei gleichzeitig von Hand die Kupplung zusammendrücken (Abb. 196). Mit Holzklötzen und einem Hebel von etwa 50 cm Länge läßt sich das **Niederhalten** merklich erleichtern (Schraubstock als Widerlager, Abb. 199).
Nach Entfernen des Sprengrings **Kupplung in ihre Einzelteile zerlegen:** Basisplatte, zwei Mitnehmer-

Abb. 192, 193 Zum Lösen der Mutter den Kupplungskorb blockieren (z.B. mit einem starken Schraubendreher); die Piaggiowerkstatt verfügt über einen speziellen Kupplungshalter. Mutter und Kronensicherung von der Kurbelwelle abnehmen. Beim Wiedereinbau darauf achten, daß Auflage für Kupplungsdeckel frei bleibt.

192

193

Abb. 194 *Fachwerkstätten verfügen über einen Spezialschlüssel für den Ausbau der Kupplungs-Zentralmutter.*

194

195

Abb. 195 Kupplungskorb PX/Cosa komplett von der Kurbelwelle abziehen.

Abb. 196, 197 Kupplung von Hand oder mit Hebel niederhalten und mit einem Schraubendreher den Sprengring entfernen. Dann Zerlegung der Kupplung in Einzelteile.

196

197

scheiben, zwei Reib- (Kupplungs-) scheiben, Primärantrieb, Druckscheibe, Kupplungskorb mit sechs Federn und sechs Tellern (Abb. 197). Elemente sorgfältig prüfen, defekte Teile immer im ganzen Satz austauschen.

Beim **Zusammenbau** darauf achten, daß die Teller und Federn genau in die Aussparungen im Kupplungskorb einrasten. **Reihenfolge der Einzelteile beachten** (auf Abb. 198 gegen den Uhrzeigersinn): Kupplungskorb mit Tellern und Federn, Druckscheibe, Primärantrieb, Reibscheibe eins, Mitnehmerscheibe eins, Reibscheibe zwei, Mitnehmerscheibe zwei, Basisplatte, Sprengring. Die Innenverzahnung der Scheiben sowie die Sprossen der Mitnehmerscheiben müssen **ohne Verspannung** in den Kupplungskorb eingepaßt werden. Zum Einlegen des Sprengrings Federn mit einer passenden Sechskantnuß als Unterlage und einem Hebel niederhalten (Abb. 199).

Sollte die **Reparatur bei eingebautem Motor** durchgeführt werden müssen, Fahrzeug zum Wiedereinbau der Kupplungsscheiben auf die Seite legen (vorher Tank entleeren und Batterie ausbauen). Anderenfalls fallen die Federn leicht aus dem Korb.

Die Zentralmutter muß mit einem **Drehmoment von maximal 45 Nm** angezogen werden. Nicht vergessen, die Mutter durch Umbiegen des Sicherungsbleches zu sichern. Montage der übrigen Bauelemente in umgekehrter Reihenfolge wie beim Ausbau.

Lichtmaschinen mit elektronischer Zündung - allgemeine Hinweise: Bevor wir die Lichtmaschine ausbauen und zerlegen, sind einige allgemeine Erläuterungen angebracht. Wichtig zu wissen ist, daß alle Vespa-Modelle seit Mitte der

80er Jahre mit elektronisch gesteuerten Zündanlagen ausgerüstet sind. Im Vergleich zur traditionellen Batterie- oder Magnetzündung ergeben sich daraus **zahlreiche Vorzüge im Fahrbetrieb:** Weil bei äußerst schneller Entladung in extrem kurzer Zeit eine höhere Spannungsspitze erreicht wird, arbeitet der Motor regelmäßig auch bei verschmutzter Zündkerze oder zu großem Elektrodenabstand. Die Elektroden brennen nicht so schnell ab, die Zündkerze hält daher länger. Die Gefahr, daß die Elektroden überbrückt werden, ist geringer als bei kontaktgesteuerten Zündanlagen. Auch springt der Motor leichter an, wenn er noch kalt ist. Darüberhinaus ergeben sich durch das **Fehlen von Verschleißteilen zahlreiche Vorteile mechanischer Art:** Die Zündeinstellung bleibt über einen langen Zeitraum konstant, ist unabhängig von Witterungseinflüssen, arbeitet regelmäßig auch bei Dauervollgas und nach längerem Motorstillstand. Elektronisch gesteuerte Vespa-Roller sind entweder mit vier- oder sechspoligen Generatoren ausgerüstet (PX 125, 150, 200 E, Cosa).

Vierpoliger Generator: Er besteht aus einem **Rotor mit vier Polen** und einem **Stator mit zwei Spulen** (Lichtspule und Spule zur Ladung des Kondensators). Die Ankerplatte trägt das sogenannte **Pick-up**, das von den zugeordneten Polschuhen des Rotors erregt wird und damit das Signal zur Zündung aufbaut. Der Läufer erzeugt in der Spule B einen Wechselstrom, der von der Diode D1 gleichgerichtet wird und den Kondensator C1 lädt. Das Pickup liefert genau zum Zündzeitpunkt das Signal zum Schließen des Tyristors (SCR); der bewirkt die Entladung des Kondensators auf die Zündspule. So entsteht der Zündstrom.

Sechspoliger Generator: Er ist wie der vierpolige Generator als Schwungmagnet-Licht-Zünder ausgelegt und mit einem elektronischen Steuergehäuse ausgerüstet. Er hat wie eine Lichtmaschine mit kontaktgesteuerter Zündung einen **sechspoligen Läufer.** Die **Ankerplatte** ist mit **fünf Spulen** versehen: vier dienen der Versorgung des Bord-

Abb. 198 Elemente der PX-Kupplung (Details s. Text).

Abb. 199 Zusammenbau: Federn mit Holzklotz niederhalten.

Abb. 200 Lichtmaschinenrotor-Verschraubung lösen.

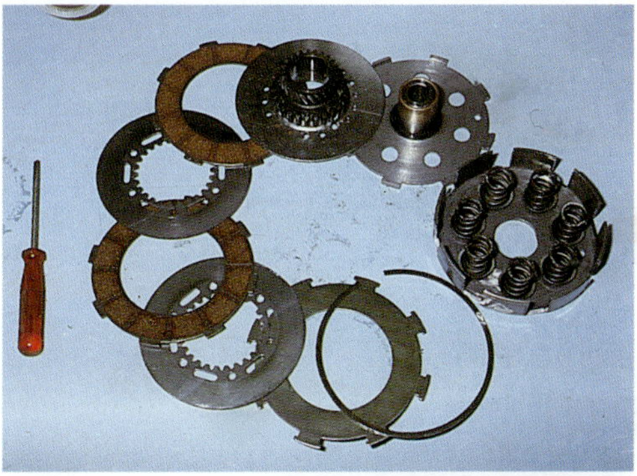

198

199

200

Abb. 201 - 204 Ein Abzieher für die Lichtmaschine von PX und Cosa läßt sich vom Schlosser herstellen; zuerst Gewinde vermessen. Der fertige Abzieher wird bis zum Anschlag in den Rotor gedreht und mit einem Gabelschlüssel festgehalten; dann die Zentralschraube anziehen, bis sich der Rotor löst; notfalls kurz und trocken mit dem Hammer auf die Schraube schlagen, danach Rotor abnehmen.

201

202

203

204

netzes, eine der Ladung des Kondensators (Abb. 205).
Auf dem Eisen-Kern der Ankerplatte ist das **Pick-up** angebracht, das von den zugeordneten Polschuhen erregt wird und so den Zündstrom steuert. Auch hier erzeugt der Läufer in der Spule B einen Wechselstrom, der von der Diode D2 gleichgerichtet wird und den Kondensator C1 lädt. Das Pick-up liefert genau zum Zündzeitpunkt das Signal zum Schließen des Tyristors; der bewirkt die Entladung des Kondensators auf die Zündspule. Damit entsteht der Zündstrom.

Lichtmaschinenrotor - Aus- und Einbau am Beispiel PX, Cosa mit Elektronik: Wie bereits in den Abschnitten über das Einstellen der Zündung erwähnt, muß zur Durchführung bestimmter Arbeiten an der Lichtmaschine der Rotor von der Kurbelwelle abgezogen werden. Es spielt dabei keine Rolle, ob der Motor aus- oder eingebaut ist. Der erforderliche **Abzieher** ist im Werkzeughandel nicht erhältlich. Freundliche Vespa-Vertreter leihen den Abzieher aus, wenn man sie recht höflich bittet und ihnen in die Hand verspricht, das gute Stück nicht zu beschädigen. Eine feine Sache ist natürlich ein **eigener Rotor-Abzieher,** man braucht ihn ja öfter. Ein geübter Dreher oder Schlosser kann das Werkzeug in weniger als einer Stunde aus einem dickwandigen Rohrstück und einer starken Maschinenschraube (mindestens 12er Schaft) herstellen. Zunächst muß Maß genommen werden. Motorhaube abnehmen und **Lüfterdeckel entfernen** wie vorn beschrieben. Dann mit einem Schraubendreher die **Kappe der Rotorverschraubung** abhebeln. Rotor mit einem etwa 2 cm starken Kant- oder Rundholz gegen den Zylinderfuß blockieren und mit einer Stecknuß SW 19 die

Haltemutter lösen, (Abb. 200). Mutter samt Zahnscheibe abnehmen. Für die **Herstellung des eigenen Abziehers** nun mit einer Gewindelehre die Steigung des Gewindes messen (Abb. 201). Wir haben bei der PX 200 E eine Steigung von 1 mm festgestellt. Auch der Durchmesser des Gewindes muß exakt bestimmt werden - in unserem Falle waren es 28 mm. Diese Daten genügen dem Dreher, um das Abziehergewinde in das Rohrstück zu schneiden. Am anderen Ende wird eine große Sechskantmutter festgelötet, SW 32 zum Bespiel. In die Mutter wird eine Schraube mit passendem Schaft (12 mm) und kräftigem Kopf (SW 19 zum Beispiel) eingesetzt - das ist alles (Abb. 202).
Eingesetzt wird der Abzieher wie folgt: Rohrstück in den Rotor bis zum Anschlag einschrauben. Abdrückschraube des Abziehers von Hand so weit eindrehen, bis sie auf dem Kurbelwellenstumpf aufsitzt. Dann mit einem Schlüssel SW 32 das Rohrstück blockieren und gleichzeitig mit einem Schlüssel SW 19 die Schraube in den Abzieher hineindrehen (Abb. 203). Meist löst sich der Rotor problemlos mit vernehmlichem Knacken von der Kurbelwelle. Tut er dies nicht sofort, einige **leichte Hammerschläge** auf die Abdrückschraube geben.
Beim Abnehmen auf den Keil zur Rotorsicherung achten, der ein Verdrehen auf der Kurbelwelle verhindert; er muß unbeschädigt sein und darf nicht verloren gehen (Abb. 204). Nach der Demontage des Rotors können die folgenden (größtenteils bereits beschriebenen) Arbeiten durchgeführt werden: Auswechseln des **Unterbrechers** (soweit vorhanden), Wechsel der **Schleifkohlen** bei älteren Modellen, Kontrolle der **Zündeinstellung** anhand der Markierungen an Ankerplatte (Stator) und Kurbelgehäuse bei Modellen mit elektronischer Zündung oder Prüfung der **Statorbefestigung** (drei Kreuzschlitzschrauben z.B. bei der Vespa PX 200 E).
Beim **Einbau** prüfen, ob der Sicherungskeil richtig auf der Kurbelwelle sitzt. Bei Fahrzeugen mit kontaktgesteuerter Zündung den **Rotornocken leicht mit Heißlagerfett** bestreichen; außerdem Schmierfilz leicht auf Vorrat fetten. Dann Rotor vorsichtig über Kurbelwellenstumpf und Keil schieben, Zahnscheibe und Mutter ansetzen. Anschließend Rotor blockieren und Mutter mit **Drehmoment 65 Nm** anziehen.

Lichtmaschinenrotor - Aus- und Einbau PK: Im Prinzip sind hier die gleichen Arbeitsschritte nötig. Zuerst Lüfterhaube und Gebläseabdeckung abnehmen, dann Rotor blockieren (mit Spezialhalter, falls zur Hand). Mutter lösen (SW 14 z.B.) und Rotor mit Abzieher lösen (Abb. 127). Bei älteren Modellen sitzt ein Sprengring in der Rotormitte, die einen Abzieher überflüssig macht: Die Mutter drückt gegen den Ring und zieht auf diese Weise den Rotor von der Kurbelwelle. Beim **Einbau** ebenfalls auf den Sicherungskeil achten. Mutter mit **Drehmoment 50 Nm** anziehen.

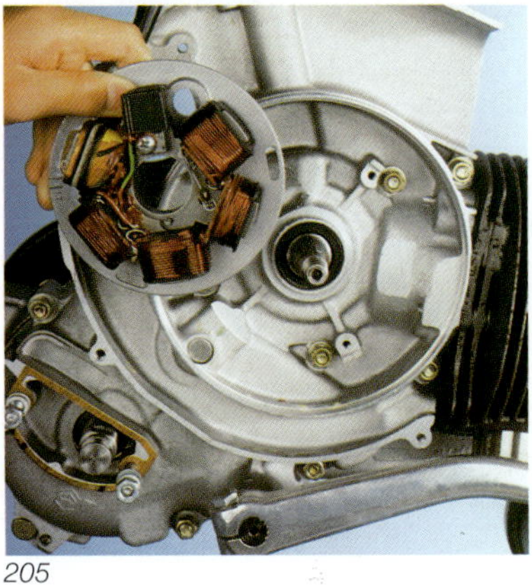
205

Abb. 205
Der LiMa-Stator ist lediglich mit drei Schrauben befestigt; er wird zusammen mit dem Kabelbaum abgenommen.

206

207

Abb. 206
Bei Zündproblemen ist mitunter die Elektronikzentrale oder "Zündbox" schuld; bei der PK sitzt sie hinter dem Lüfterdeckel (Bild), bei der PX hinten am Triebwerksgehäuse.

Abb. 207
Zündprüfung mit ausgebauter Zündkerze: Zündung einschalten und Kickstarter betätigen; Kerzenstecker nur im isolierten Bereich anfassen - Hochspannung!

Lichtmaschinen-Stator und Pickup - Aus- und Einbau, Überprüfung alle Modelle: Nach dem Ausbau des Rotors lassen sich Stator (oder „Zündanker") sowie Pickup (bei Modellen mit elektronischer Zündung) leicht abnehmen. Es sind nur drei Schlitz- oder Kreuzschlitzschrauben sowie zwei Schrauben für das Pickup zu lösen. Der Kabelbaum wird einfach aus dem Motorgehäuse gezogen (Abb. 205). **Vorsicht: Spulen des Stators nicht beschädigen.** Per Sichtkontrolle nach möglichen Defekten oder Fehlern suchen. Von außen unsichtbare Schäden lassen sich nur mit einem **Ohmmeter** feststellen, das einen Meßbereich von 1 bis 1000 Ohm hat (Piaggio- oder Elektrik-Fachwerkstatt). Bei **vierpoligen Generatoren** Meßgerät zwischen das grüne und weiße Kabel an der Ankerplatte schalten. Der Ohmwert muß 430 +/- 30 betragen. Dann Widerstand zwischen rotem und weißem Kabel messen. Er muß 56 +/- 5 Ohm betragen.
Bei **sechspoligen Generatoren** muß der Widerstand zwischen dem grünen und weißen Kabel 500 +/- Ohm betragen, zwischen dem roten und weißen Kabel 110 +/- 5 Ohm. Ist dies nicht der Fall, defekte Spulen oder die ganze Ankerplatte ersetzen. Steht kein Meßgerät zur Verfügung und wurde bereits festgestellt, daß die Störung weder von der Elektonikzentrale noch von defekten Kabeln oder Verbindungen ausgeht, muß ebenfalls die komplette Ankerplatte ausgetauscht werden. **Hinweis:** Bevor teure elektronische Bauteile ausgewechselt werden, immer zuerst die **Zündkerze prüfen;** oft hängt der Defekt einfach nur mit einer schadhaften Kerze zusammen.
Defekte **Spulen** können durchaus ersetzt werden. Bei älteren Modellen sind zur Montage allerdings wieder Spezialwerkzeuge erforderlich, die nur die Piaggio-Werkstatt besitzt. Bei neueren Typen wie z. B. der PX 150 E oder PX 200 E müssen nur die Sicherungsbleche der betreffenden Spulen aufgebogen und die Kabelanschlüsse abgelötet werden. **Einbau** in umgekehrter Reihenfolge. Bei Fahrzeugen mit kontaktgesteuerter Zündung vor der endgültigen Befestigung der Spulen die Unterbrecherkontakte einbauen und einstellen. Den Schmierflz so anordnen, daß er auf dem kleinsten Radius der Rotornocke mit leichtem Druck schleift.

Elektronische Zündung - Fehlersuche Verbindungen, Elektronikzentrale, Zündkerze: Was kann man tun, wenn die elektronische

Zündanlage nicht richtig arbeitet? Zunächst einmal muß betont werden, daß alle **Kontrollarbeiten,** bei denen Kabel abgezogen werden (Kontrolle der Verbindungen und Bauelemente), **nur bei abgeschaltetem Motor** durchgeführt werden dürfen. Anderenfalls kann die Elektronikzentrale beschädigt werden. **Vorsicht: Die Spannungsspitzen sind nicht ungefährlich.** Bei allen Arbeiten an der Verkabelung die Farben genau beachten, im Zweifelsfall die Verbindungen markieren. Funktioniert die Zündung nicht korrekt (Aussetzer bei laufendem Motor, kein Zündfunke bei Kerzenprüfung), liegt's meist an der **Elektronikzentrale.** Das Kästchen befindet sich unter der rechten Haube hinten am Motor und ist über grüne, rote und weiße Kabel mit den Spulen auf der Ankerplatte sowie über das Zündkabel mit der Zündkerze verbunden. Dieses Bauteil kann **nur komplett ausgetauscht** werden: Motor und Zündung ausschalten, Kabelverbindungen lösen, Elektronikzentrale abschrauben (Kreuzschlitzschrauben oder durchgehende Schrauben mit Muttern und Gummilagern - Abb. 206).
Zur **Prüfung der Zündkerze** Motorhaube abnehmen und Zündkerze ausdrehen wie beschrieben. Kerzenstecker auf ausgebaute Kerze setzen, Kerzengewinde an Masse halten, Zündung einschalten und Kickstarter durchtreten; dabei muß ein kräftiger Funke zwischen den Elektroden überspringen. **Achtung: Kerzenstecker nur im isolierten Bereich anfassen,** auf keinen Fall Metallteile berühren - **Hochspannung!** Am besten isolierte Zange oder Wäscheklammer als Halter verwenden (Abb. 207).
Funktioniert die Zündung nach Austausch der Elektronikzentrale immer noch nicht, müssen sämtliche Kabelverbindungen, Stecker sowie Elemente der Ankerplatte zunächst auf sichtbare Beschädigungen überprüft werden. Dazu Rotor abziehen und **Spulen mit einem Ohmmeter** durchprüfen wie gezeigt.

Anlasser Fehlersuche - alle Modelle: Die meisten Vespa-Modelle sind inzwischen mit einem elektri-

208

209

schen Anlasser ausgerüstet. Er sitzt huckepack auf dem Motorgehäuse und greift über ein Ritzel in das Schwung- und Gebläserad ein. Streikt der Anlasser, sind die Ursachen zunächst im Umfeld suchen. Zuerst **Batterie** prüfen; sie muß voll geladen sein. Die **Kabelverbindun-**

Abb. 208, 209
Bei der PK ist der elektrische Anlasser mit zwei Muttern SW 10 am Triebswerksblock befestigt. Zur Revision wird er ganz aus dem Gehäuse gezogen.

Abb. 210 Ausgebauter PX-/Cosa-Anlasser; zum Austausch des Ritzels muß die Metallkappe aufgesägt werden.

Abb. 211 PK-Anlasser mit abgenommenem Deckel; bei Verschleiß müssen die beiden Kohlebürsten ausgewechselt werden.

gen an Batterie und Anlasser dürfen nicht lose oder korrodiert sein. Manchmal ist auch der **Starterknopf** defekt.
Folgende Prüfschritte sind zu empfehlen, bevor der Anlasser ausgebaut wird: **Ladezustand der Batterie und Klemmverbindungen** an der Batterie überprüfen. Licht einschalten - brennt es nicht, ist die Batterie leer. Die Batterie ist zu schwach, wenn das Licht beim Betätigen des Anlassers dunkler wird. Geht das Licht schlagartig beim Anlassen aus, ist das **Batterie-Massekabel** oxidiert.
Brennt das Licht normal, rührt sich beim Betätigen des Starterknopfs aber trotzdem nichts, ist wahrscheinlich der **Starter** selbst defekt (abgenutzte Schleifkohlen, durchgebrannter Anker, schadhafte Lager). Häufig kommt es auch vor, daß der (bei der Vespa separat angebrachte) **Magnetschalter** hörbar einrastet, der Motor aber trotzdem nicht durchgedreht wird - in diesem Fall sind meist die Kontakte des Magnetschalters verschmort oder verschmutzt.

210

211

Anlasser Aus- und Einbau - alle Modelle: Zum Ausbau des Anlassers zunächst das Minuskabel der Batterie abklemmen. Dann Hinterrad ausbauen und Motor abklappen wie weiter vorn beschrieben. Der Vespa-Anlasser hat nur eine einzige Kabelverbindung. Die Klemme ist mit einer Mutter SW 8 befestigt. Mutter lösen und Kabel abnehmen. **PK-Modelle:** die beiden Muttern SW 10 abschrauben, die den Anlasser am Getriebegehäuse festhalten (Abb. 208, 209). Cosa: vier Verbindungspunkte lösen - drei Muttern oben, Bolzen unten; Anlasser aus dem Gehäuse ziehen (Abb. 210). Einbau in umgekehrter Reihenfolge.

Anlasser-Ritzel mit Freilauf austauschen: Stark abgenutzte Ritzel lassen sich auswechseln. In diesem Zusammenhang auch den Zustand des Ritzels auf dem Schwungrad prüfen! Zunächst bei ausgebautem Anlasser die Metallkappe vorn vor dem Ritzel abnehmen. Sie besteht aus Blech und ist gefalzt (s. a. Abb. 210). Der Falz muß mit einer Metallsäge zerstört werden. Beim Wiedereinbau also neue Kappe verwenden. Nach Entfernen der Blechkappe Federring, Anschlagbuchse und Feder abnehmen. Anschließend kann das Ritzel mit dem Freilauf abgezogen werden. Beim Wiedereinbau die Dichtung hinter dem Freilauf erneuern und mit Loctite oder ähnlichem Kleber fixieren. Zum Umbördeln der neuen Kappe Anlasser in den Schraubstock spannen, Ränder mit einem Schraubendreher nach innen biegen.

Anlasser-Kohlebürsten austauschen: Quittiert der Anlasser seinen Dienst, sind oft die Kohlebürsten schuld - sie müssen ausgewechselt werden, wenn sie verschlissen sind. Dazu die drei Kreuzschlitzschrauben lösen, mit denen der Anlasserdeckel befestigt ist. Deckel abnehmen (Abb. 211, 212)
Je nach Bauart sind zwei oder vier Kohlebürsten montiert. Die **Haltefedern** entspannen und die beiden (ersten) **Bürsten** herausziehen. Dann - falls vorhanden - die **Halteplatte** mit den beiden weiteren Bürsten abnehmen. Die beiden ersten Bürsten müssen ausgelötet und durch Neuteile ersetzt werden. Nur bei älteren Modellen sind abschraubbare Kabelschuhe vorhanden. Die Bürsten drei und vier werden zusammen mit einer neuen Halteplatte eingesetzt. Zuletzt Bürsten eins und zwei einfügen, Federn aufspannen und Deckel anbringen. Auf einwandfreien Sitz der Bürsten und hundertprozentige Kabelverbindung achten. Möglichst neue Deckeldichtung verwenden.

Anlasser-Anker und Lager austauschen: Hierzu zunächst das Ritzel mit dem Freilauf ausbauen wie oben beschrieben. Anschließend den Deckel abschrauben und die Kohlebürsten nebst Bürstenhaltern entfernen. Jetzt kann der Anker komplett herausgezogen, mit einem Ohmmeter durchgeprüft und bei Bedarf ausgetauscht werden. Vor Einbau eines neuen Ankers die beiden Nadelkäfige der Lager schmieren. Defekte Lager (Spiel, Laufgeräusche, Laufspuren) auswechseln; Ersatz bekommt man preisgünstig in Industriebedarfsläden, wenn es sich um Normteile handelt.
Zum Zusammenbau Anker einstecken, Bürstenhalter und Kohlebürsten einsetzen, Deckel befestigen und Ritzel mit Freilauf montieren. Schutzkappe wie beschrieben aufsetzen unnd umbördeln.

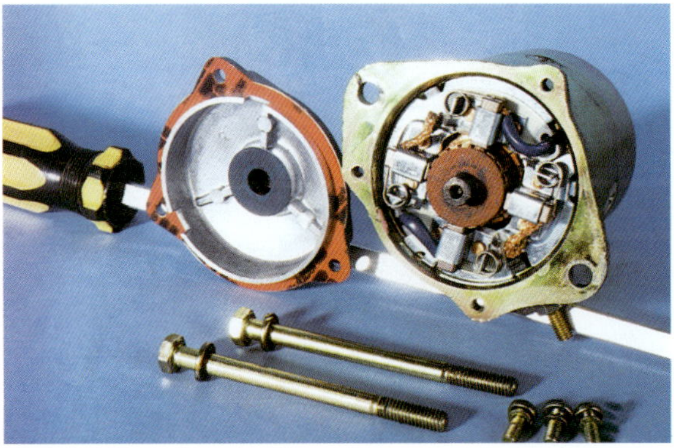

212

*Abb. 212
Geöffneter PX-Anlasser neuester Bauart; gut zu erkennen sind die vier Schleifkohlen. Die Überholung erfordert Fingerspitzengefühl und Spezialwerkszeug wie Lötkolben mit Zubehör.*

Vergaser zerlegen, reinigen - allgemein: Ein verschmutzter Vergaser ist häufig schuld, wenn der Motor nicht anspringt oder nicht sauber rundläuft. Wie die Vergaser der verschiedenen Vespa-PK- und PX-Modelle ausgebaut werden, wurde bereits im Zusammenhang mit der 4000-km-Inspektion beschrieben. Die Vergaser neuerer PX- und Cosa-Modelle sind nicht mit Sechskantschrauben SW 11, sondern Innensechskantschrauben SW 8 befestigt. Spezielle Informationen zum Cosa-Vergaser mit elektrischer Startautomatik finden Sie im letzten Buch-Kapitel. Vorsicht: Bei Arbeiten an Vergaser und Kraftstoffsystem Hautkontakt mit Benzin möglichst vermeiden, benzolhaltige Dämpfe nicht einatmen.

Vergaser zerlegen und zusammenbauen PK-Modelle; Schwimmer, Düsen, Gasschieber prüfen: Die 50er und 80er bzw. 125er PK-Modelle sind mit zwei unterschiedlichen Flachschieber-Vergasertypen von Dell'Orto ausgerüstet: Typ **SHB 16/10 F** für PK 50/50 S, Typ **SHBC 19/19 E** für PK 80/80 S und PK 125/125 S (Abb.213). Die Tabelle

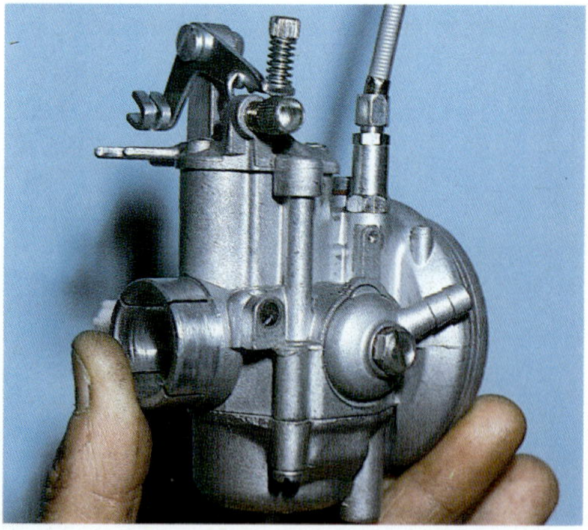

213

Abb. 213, 214: Vergaser Dell'Orto SHBC 19/19E der Vespa PK 80 S mit Einstellschrauben und Benzineinlaß. Graphik: SHBC 19/19 E und SHB 16/16 F im Schnitt; 1 = Einstellschraube für Gassschieber, 2 = Einstellschraube für Gemischzufluß, 3 = Gasschieber, 4 = Leerlaufdüse, 5 = Hauptdüse, 6 = Schwimmer, 7 = Leerlaufluftdüse, 8 = Starterdüse, 9 = Hauptluftdüse (Zeichnung Piaggio). Unten stehende Tabelle: die Daten der PK-Vergaser.

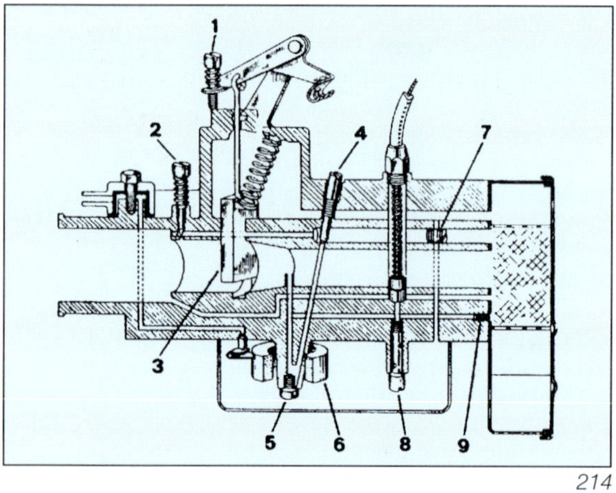

214

Vergaserdaten:	**Vespa PK 50/50 S**	**Vespa PK 80/80 S (PK 125/125 S)**
Vergaser Dell'Orto	SHB 16/10 F	SHBC 19/19 E
Luftdüse	10 mm	19 mm
Hauptdüse	53/100	73/100 (76/100)
Leerlaufdüse	38/100	45/100 (42/100)
Hauptluftdüse	140/100	150/100
Mischrohr	175/100	175/100
Gasschieber-Typ	6231.02.64	10569.01.64 (...03.64)
Starterdüse	50/100	60/100

enthält alle wesentlichen Grunddaten, die Graphik zeigt den Aufbau (Abb. 214).
Zuerst drehen wir den Vergaser um und entfernen den Schwimmerkammerdeckel; er ist mit zwei Schlitzschrauben befestigt. Der **Schwimmer** ist über einen dünnen Stift drehbar am Gehäuse gelagert; er darf in keiner Stellung klemmen. Ist der Schwimmer undicht oder anderweitig beschädigt, muß er ersetzt werden. Das **Schwimmernadelventil,** das den Benzinzufluß steuert, muß leichtgängig sein und absolut dicht schließen. Es sitzt über dem Schwimmer im Gehäuse und läßt sich ausdrehen.
In der Umgebung des Schwimmers sind zwei Düsen eingelassen: die **Hauptdüse** und die **Starterdüse.** Düsen mit einem Schraubendreher lösen (Abb. 215), in ungiftigem Reinigungsmittel auswaschen und anschließend möglichst mit Preßluft durchblasen. Die **Leerlaufdüse** sitzt oben auf dem Gehäuse und sollte ebenfalls von Zeit zu Zeit gereinigt werden. Die Düsen beim Wiedereinbau nicht verkanten, keine Gewalt anwenden - Beschädigungsgefahr.
Nach dem Ausbau der Düsen Vergaser umdrehen und die Zentralschraube lösen, die den Anschlußstutzen für die Benzinleitung fixiert. Unter dem Stutzen befindet sich ein **Sieb** (Abb. 216). Es muß herausgenommen und in Reinigungsflüssigkeit ausgewaschen werden. Zuletzt den oberen Deckel abschrauben (zwei Schlitzschrauben) und den Deckel zusammen mit dem **Gasschieber** vom Gehäuse abnehmen. Den zerlegten Vergaser auswaschen und anschließend alle Durchgänge im Vergasergehäuse mit Preßluft durchblasen; alle Kanäle müssen vollkommen frei sein.
Vor dem Zusammenbau Sitz des Gasschiebers prüfen. Der Schieber

muß sich frei und ohne Klemmneigung in der Kammer bewegen können. Bei Fahrzeugen mit hoher Laufleistung ist der Schieber oft infolge starker Abnutzung ausgeschlagen; es zeigt sich dann merkliches Spiel zwischen Schieber und Gehäuse. Dann muß der Schieber ersetzt werden. Zeigt auch die Kammer starke Verschleißspuren, ist der Vergaser komplett auszuwechseln. Bei der Montage möglichst neue **Dichtungen** verwenden. Sie lassen sich auch aus Spezialpapier herstellen, das für wenig Geld im Fachhandel erhältlich ist.

Vergaser zerlegen und zusammenbauen PX-Modelle; Schwimmer, Düsen, Gasschieber prüfen: Die Vespa-PX-Modelle sind ebenfalls mit zwei unterschiedlichen Dell'Orto-Vergasern bestückt: Typ **SI 20/20 D** für PX 80/E, PX 125/E, PX/150/E; Typ **SI 24/24 E** für PX 200/E. Die technischen Daten sind in der Tabelle aufgeführt, der Aufbau geht aus der Graphik hervor (Abb. 217). Auf die Besonderheiten des Cosa-Vergasers wird separat im letzten Buch-Kapitel eingegangen; jedoch gelten für die klassischen Vergaserelemente wie Schwimmer, Düsen und Schieber für die Cosa die gleichen Hinweise wie in diesem Abschnitt.
Zuerst wird der runde Deckel oben auf dem Vergasergehäuse abgenommen, der mit einer Schlitzschraube befestigt ist. Darunter befindet sich ein **Kunststoffsieb,** das bei erkennbarer Verschmutzung in Reinigungsmittel ausgewaschen werden muß (Abb. 218). Der Schwimmerkammerdeckel läßt sich nach Lösen von zwei Schlitzschrauben abnehmen (Abb. 219). Der **Schwimmer,** der auch hier über einen Stift drehbar gelagert ist, darf in keiner Position klemmen. Ein undichter oder beschädigter Schwim-

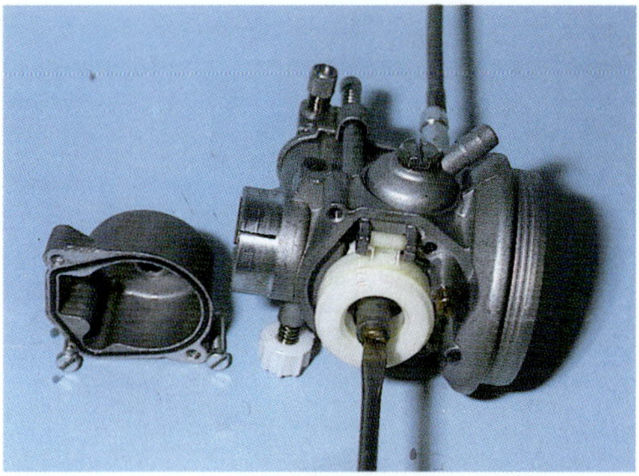

215

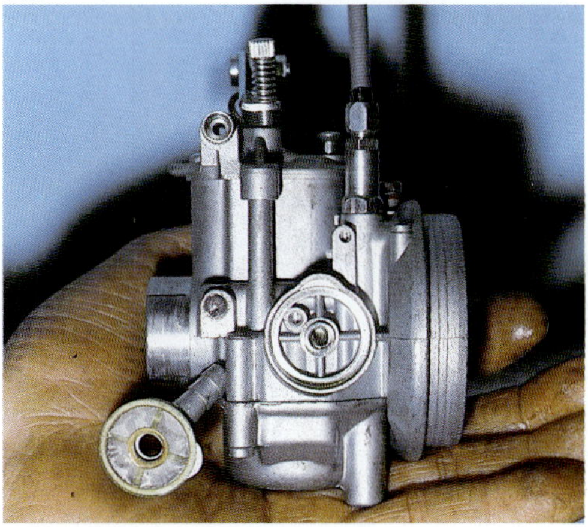

216

Abb. 215, 216
SHBC-Vergaser der PK 80 S mit abgenommenem Schwimmerkammerdeckel und Ringschwimmer mit Hauptdüse; darunter: abgeschraubter Zufluß mit Kraftstoffilter.

Die Tabelle nennt die wichtigsten Daten der PX-Vergaser (große Vespa-Modelle).

Vergaserdaten:	**Vespa PX 80,125/150/E**	**Vespa PX 200/E**
Vergaser Dell'Orto	SI 20/20 D	SI 24/24 E
Luftdüse	20 mm	24 mm
Hauptdüse	102/100	118/100
	(PX 125: 98/100)	
	bei Getrenntschmierung:	
	100/100	116/100
Leerlaufdüse	48/100	55/100
Hauptluftdüse	160/100	160/100
Gasschieber-Typ	6823.01	8492.04
Mischrohr	BE 3	BE 3
Zerstäuber	280/100	300/100
Starterdüse	60/100	60/100

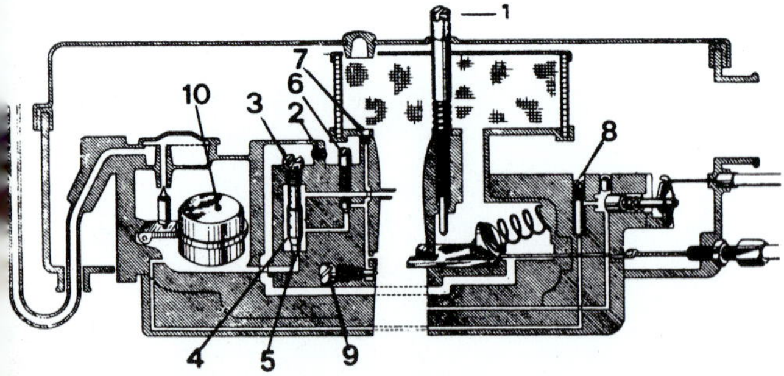

Abb. 217: Vergaser SI 20/20 D und SI 24/ 24 E der PX im Schnitt: 1 = Gasschieber-Anschlagschraube, 2 = Luftregler für Hauptdüse, 3 = Luftregler für Mischrohr, 4 = Mischrohr, 5 = Hauptdüse, 6 = Leerlaufdüse, 7 = Luftregler für Leerlaufdüse, 8 = Starterdüse, 9 = Leerlaufgem.-Einstellschraube, 10 = Schwimmer (Zeichnung Piaggio)

Abb. 218, 219 Vergaser der PX 200 E Typ SI 24/24 E mit ausgebautem Kraftstoffsieb. Darunter: gleicher Vergaser mit abgenommenem Deckel und Schwimmer. Dichtung und Schwimmer dürfen keine Beschädigungen aufweisen. Schwimmer und Schwimmernadelventil dürfen nicht klemmen.

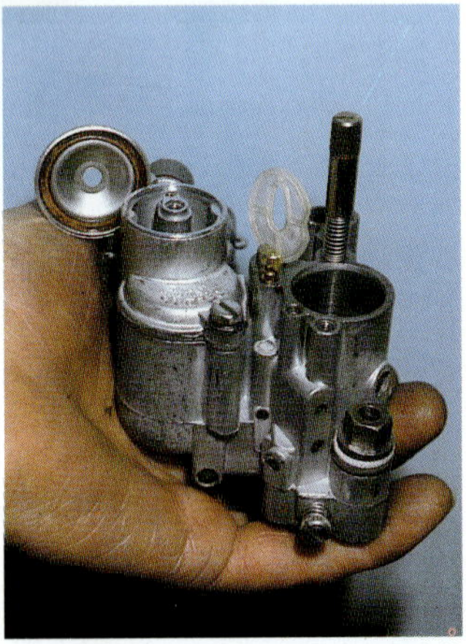

218

219

mer ist sofort zu ersetzen. Das **Schwimmernadelventil** sitzt im Deckel über dem Schwimmersockel und muß hundertprozentig funktionieren (s.o. PK-Vergaser).

Neben der Schwimmerkammer sind zwei Düsen in das Vergasergehäuse eingelassen: der **Luftregler** für das Mischrohr und die **Leerlaufdüse** (Abb. 220; s.a. Abb. im letzten Cosa-Kapitel). Die **Starterdüse** befindet sich auf der anderen Seite des Gehäuses. Düsen mit einem Schraubendreher lösen, auswaschen und möglichst mit Preßluft ausblasen. Beim Wiedereinbau Düsen nicht verkanten, weil sonst das Gewinde im Vergasergehäuse beschädigt wird.

Jetzt den seitlich angebrachten Deckel abschrauben (zwei Schlitzschrauben) und den Deckel zusammen mit dem **Gasschieber** vom Gehäuse abnehmen; dabei Feder zusammendrücken (Abb. 221). Den zerlegten Vergaser in umwelt- und hautverträglichem Reinigungsmittel auswaschen und alle Durchgänge im Vergasergehäuse mit Preßluft ausblasen.

Vor dem Zusammenbau Sitz des Gasschiebers prüfen; zeigen sich Klemmneigung oder zu viel Spiel, Schieber oder in Extremfällen den ganzen Vergaser austauschen.

Auch hier beim Zusammenbau möglichst **neue Dichtungen** verwenden.

Ölpumpe ausbauen, zerlegen, warten PX, Cosa: Herz der Getrenntschmierung bei den großen Vespa-Modellen ist die Ölpumpe. Sie ist **ins Vergasergehäuse integriert.** Schon kleine Defekte können zu Störungen der Ölzufuhr und zu schweren Motorschäden führen. Daher ist es ratsam, die Pumpe im Rahmen einer Motorrevison zu zerlegen und zu prüfen. Zur Demontage zunächst Vergaser ausbauen wie

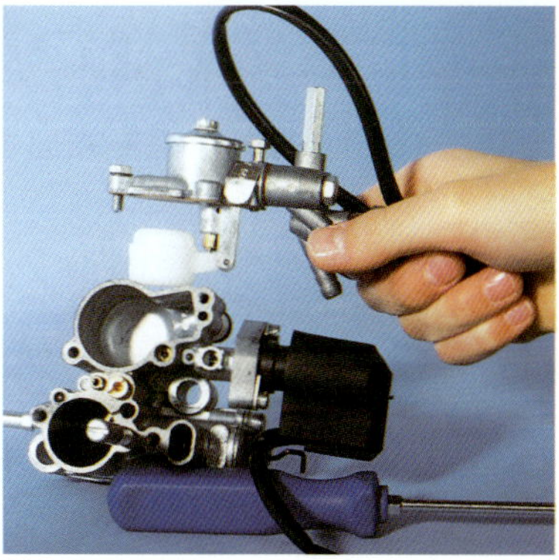

220

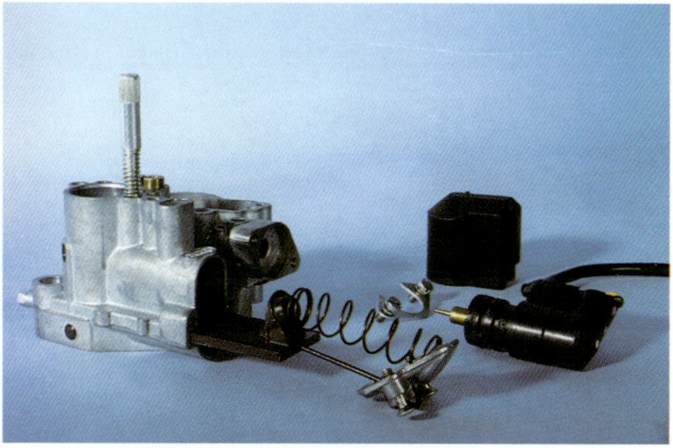

221

Abb. 220, 221 *Bild links: teilzerlegter Cosa-Vergaser mit automatischem Choke und elektrischem Benzinhahn. Bild rechts: Vergaser mit ausgebautem Gasschieber und automatischem Choke.*

beschrieben und Vergasergehäuse mit der Papierdichtung vom Motor abnehmen; dazu die Schlitzschraube am Boden ausdrehen.
Jetzt zuerst das **Ölzuleitungsrohr** abnehmen; es ist mit einer Überwurfmutter SW 10 an der Pumpe befestigt. Mutter ganz ausdrehen und Rohr abziehen. Dann die drei Schlitzschrauben des **Ölpumpendeckels** lösen und Deckel abnehmen; dabei auf die **Feder** achten, die gegen das **Ritzel** drückt (Abb. 222). Das Ritzel besteht aus Kunststoff und wird mit Spezialfett geschmiert (verfügbar in Piaggio-Werkstätten). Bei Schäden wie Rissen, abgenutzten oder abgebrochenen Zähnen muß das Ritzel sofort ausgetauscht werden. Beim Zusammenbau Fettfüllung und Papierdichtung des Deckels erneuern, Feder und Ritzel paßgenau einsetzen. Schrauben handfest anziehen, Ölzuleitungsrohr bündig einpassen, Überwurfmutter so anziehen, daß der Anschluß völlig dicht ist. Papierdichtung des Vergasergehäuses erneuern, vorher leicht einfetten (Abb. 223).

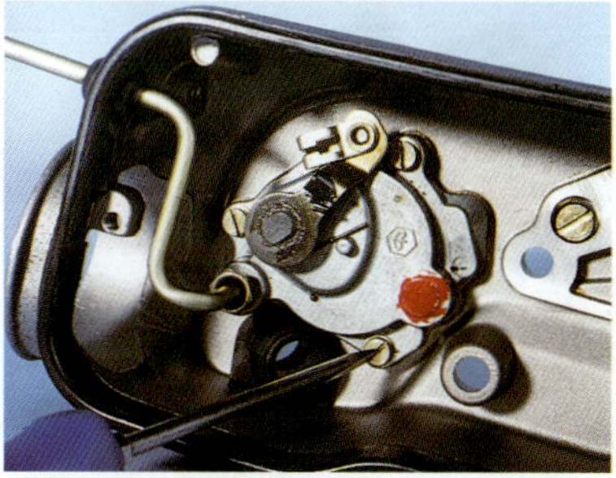

222

223

Ölpumpenantrieb zerlegen, prüfen PX, Cosa: Wenn die Kupplung ausgebaut ist (s. weiter vorn), liegt der Ölpumpenantrieb komplett frei. Er besteht aus dem Antriebsritzel, einem Zwischenritzel mit Schneckensegment und der spiralverzahnten Welle, die nach oben durchs Vergasergehäuse zur Ölpumpe führt. Die Konstruktion ist sehr solide und völlig wartungsfrei. Schäden können nur durch Abnutzung über extrem lange Laufzeiten

Abb. 222, 223 *Ausbau der Ölpumpe bei PX und Cosa: Deckel und Ölzuflußrohr abschrauben. Das Pumpenritzel muß in Fett laufen; auf die Druckfeder achten.*

224

225

Abb. 224, 225 Zerlegung Ölpumpenantrieb PX/Cosa: Nach dem Ausbau von Vergaser und Kupplung liegt der Antrieb komplett frei. Antriebsritzel und Keil von der Kurbelwelle abnehmen, Sicherung am Abtriebsrad lösen, Rad mit Schnecke abziehen; Welle von oben aus dem Gehäuse ziehen. Beim Wiedereinbau Antriebsritzel mit der angephasten Seite zur Kurbelwelle hin einsetzen.

oder Materialfehler auftreten.
Zuerst nehmen wir den **Keil** von der Kurbelwelle, der für die Sicherung der Kupplung da ist. Dann ziehen wir das **Antriebsritzel** einfach von der Kurbelwelle ab (Abb. 224). Das **Übertragungsritzel mit der Schnecke** ist durch eine Stahlfeder mit Scheibe gesichert; Feder mit geeignetem Werkzeug abdrücken. Zuletzt wird die **Spiralwelle** nach oben aus dem Gehäuse gezogen (Abb. 225). Alle Elemente sorgfältig auf Abnutzung und Beschädigungen prüfen; dabei besonders auf ausgebrochene Verzahnungen achten. Zusammenbau in umgekehrter Reihenfolge. Dabei **Achtung:** Die angephaste Seite des Antriebsritzels muß zum Kurbelwellenlager zeigen.

Motorgehäuse, Getriebe zerlegen PX, Cosa - Vorbemerkungen: Motor, Getriebe und Hinterachsantrieb sind bei der Vespa traditionell in einem einzigen Gehäuse untergebracht. Die beiden Gehäusehälften bestehen aus Leichtmetallguß und lassen sich mit relativ geringem Aufwand trennen. Anschließend können Getriebe und Hinterachse recht problemlos ausgebaut werden.
Auf Werkstatthilfe ist der Hobbyschrauber eigentlich nur angewiesen, wenn es darum geht, Kurbelwelle und Nadellager auszuwechseln. Denn dazu sind leider verschiedene **Spezialwerkzeuge** erforderlich, die nur gut ausgerüstete Piaggio-Vertretungen besitzen: Abdrück- und Einziehvorrichtung für die Kurbelwelle sowie unterschiedlich dimensionierte Dorne für den Aus- und Einbau von Kurbelwellen- und Antriebswellenlagern. Sogar für das exakte Einpassen der diversen Wellendichtringe gibt es spezielle Montagehilfen.
Geübte Mechaniker sind jedoch in der Lage, Lager und Dichtringe **mit einfachen Hilfsmitteln** wie Kunststoffhammer und passend zugeschnittenen Holzstempeln einzutreiben. Dorne aus Leichtmetall oder Messing leisten ebenfalls die nötigen Dienste. Unentbehrlich, aber gottlob überall erhältlich sind Seegeringzangen fürs Spreizen oder Zusammendrücken der Sicherungsringe im Getriebe- und Achslagerbereich. Für den Einbau der Kurbelwellenlager müssen die Gehäusehälften erwärmt werden - eine handelsübliche Heißluftpistole tut's vollkommen. In den folgenden Abschnitten erklären wir Punkt für Punkt, wie der PX- und Cosa-Antrieb komplett zerlegt und wieder zusammengebaut wird.

Motor-/Antriebsgehäusehälften trennen PX, Cosa: Zuvor müssen Zylinder (am besten auch Kolben), Kupplung, Lichtmaschine, Schaltsegment, Ölpumpe und Vergaser ausgebaut werden wie bereits beschrieben. Auch der **Kickstarterhebel** muß weg: Mutter SW 13 lösen, dann Messingdruckscheibe, Sprengring, Sicherungsbolzen und Hebel abnehmen (Abb. 226).
Um das **Gehäuse trennen** zu können, müssen insgesamt **zwölf Muttern SW 11** mit Scheiben und Sprengringen abgenommen werden. Vier Muttern liegen im Bereich der Lichtmaschine (Abb. 227), acht Muttern außen am Gehäuserand. Die am weitesten hinten liegende Mutter ist von der Kupplungsseite aus erreichbar, alle anderen liegen auf der LiMa-Seite. Die neben der Öleinfüllschraube liegende Mutter ist verlängert; die dazugehörige 100-mm-Schraube bleibt im Gehäuse. Nach dem Lösen der Muttern lassen sich **sieben Bolzen** mit verdrehgesicherten Köpfen aus dem Gehäuse ziehen: vier 50 mm lange oben, zwei 60 mm lange unten, ein 100 mm langer vorn an der Schwinge (Anordnung wichtig für den späteren Einbau).
Jetzt mit einem **Gummihammer** die Gehäusehälfte auf der LiMa-Seite vorsichtig lockern; keine Gewalt anwenden (Abb. 228). Löst sich die Gehäusehälfte nicht von ihrem Gegenüber, mit einem Kunststoffhammer kurz und trocken auf das Ende der Kickstarterwelle schlagen - das wirkt Wunder. Gehäusehälfte und Papierdichtung abnehmen. Mit der Gehäusehälfte werden die beiden Nadellager für Kurbelwelle und Antriebswelle ausgebaut. Der Innenring des KW-Lagers bleibt auf der Welle zurück. Kurbelwelle, Vorgelege und Antriebswelle mit Zahnrädern bleiben in der kupplungsseitigen Gehäusehälfte (Abb. 229). Falls der Kolben noch nicht ausgebaut wurde, sollte er mit einem weichen Tuch vor Beschädigungen geschützt werden.

226

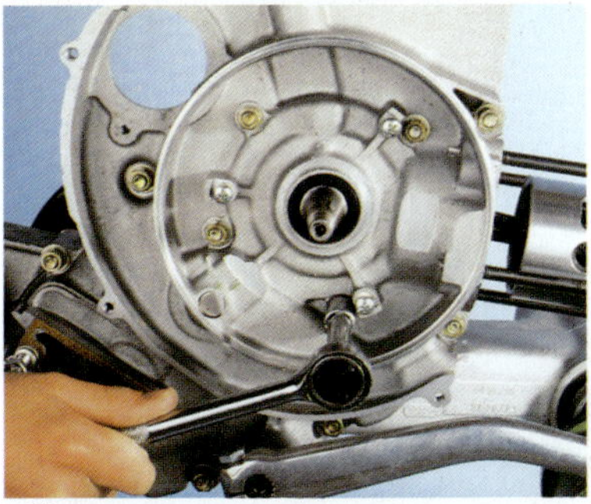

227

228

Abb. 226 - 228 Bilder von oben nach unten: Zum Trennen der Gehäusehälften PX/Cosa nach Ausbau von Lichtmaschine und Schaltsegment (s. weiter vorn) den Kickstarterhebel abnehmen; dazu die Mutter des Bolzens lösen. Gehäusemuttern ringsum lösen - Gehäuserand und LiMa-Bereich. Dann Gehäusehälften mit leichten Gummihammerschlägen trennen, notfalls mit Kunststoffhammer leicht auf Kurbelwellenende schlagen.

Kickstartersegment aus-/einbauen PX, Cosa: Das Kickstartersegment kommt zusammen mit LiMa-seitigen Gehäusehälfte frei. Feder, Segment und Kickstarterritzel

Abb. 229
Die vordere Gehäusehälfte wird komplett mit Kickstartersegment und Feder abgenommen; die Nadellager für Kurbelwelle und Antriebswelle bleiben in der abgenommenen Hälfte - gut zu sehen auch auf dem unteren Bild.

229

Abb. 230
Die Kickstarterelemente werden einfach aus dem Gehäuse gezogen. Ein u.U. zu erneuernder O-Ring dichtet die Kickstarterwelle ab.

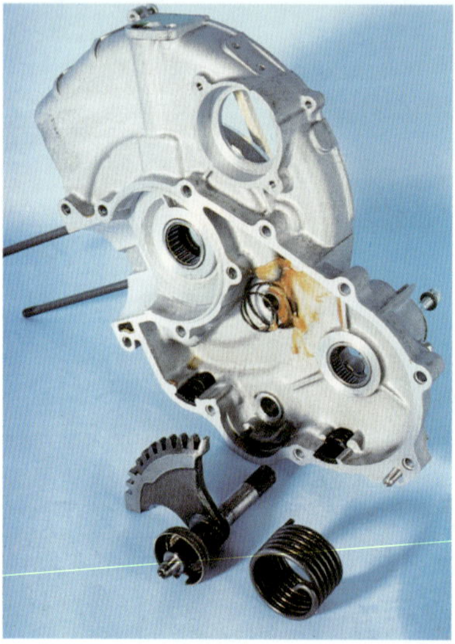

230

werden einfach aus dem Gehäuse herausgezogen (Abb. 230). Zum Zusammenbau das **Kickstartersegment** zusammen mit der Welle so in das Gehäuse einführen, daß die Verzahnung zum Lager der Antriebswelle weist. Bei älteren Modellen jetzt **Ritzel** einsetzen. Bei neueren Typen sitzt das Ritzel fest auf der Vorgelegewelle. Zuletzt die **Feder** einfügen; sie muß von Hand etwas vorgespannt und dann zuerst am Gehäuse, anschließend an der Segmentnabe eingehängt werden (Verwechslungsgefahr bei den Federenden ausgeschlossen). **Achtung:** Die Feder muß glatt im Gehäuse sitzen. Die Segmentwelle muß bis zum Anschlag im Gehäuse stecken, sonst lassen sich Kickstarterhebel und Sicherungsbolzen nicht montieren. Das Kickstarterritzel muß mit dem äußeren Ende auf dem Höcker des Gummianschlags liegen (s.a. weiter unten "Gehäusehälften zusammenbauen").

Kolben, Kolbenringe, Kolbenbolzen austauschen, Zylinder ausschleifen - allgemeine Tips: Kolben, Kolbenringe und Zylinder sind auch beim Vespa-Motor der härtesten Belastung und dem größten Verschleiß ausgesetzt. Die Palette der möglichen Schäden ist groß. Die schlimmsten Beschädigungen werden von **Schmierölmangel** hervorgerufen. Auch wer mit falschem Öl fährt, ruiniert seinen Motor. Oft sind auch Defekte im Bereich von Ölförderung und Ölpumpe schuld.

Hat der Motor einen **Kolbenklemmer** erlitten, weil der Ölfilm vorübergehend abriß, ist es in der Regel damit getan, den Kolben zu wechseln und den Zylinder ausschleifen zu lassen. Untrüglicher Hinweis auf Ölmangel und Überhitzung durch erhöhte Reibung sind mehr oder weniger starke **Riefen** an Kolben und Zylinderwand. Reißt der Ölfilm dauerhaft bei hoher Drehzahl, kann es zu einem Totalschaden kommen: Verschmelzen von Kolben und Zylinderwand, Abreißen des Pleuels, Kurbelwellenlagerdefekt. Fehlerhafte oder falsche Zündkerzen können zu Löchern im Kolbenboden und Lagerschäden als Folgedefekt führen. Auch unter normalen Bedingungen unterliegen Kolben und Zylinder **fortschreitendem Verschleiß.**
Mangelhafte Leistung, erhöhter Benzin- und Ölverbrauch, schließlich metallische Geräusche durch "Kolbenkipper" und Kolbenbolzenspiel machen einen **Austausch des Kolbens und ein Ausschleifen des Zylinders** erforderlich. Piaggio hält für alle PK-, PX- und Cosa-Modelle Kolben bis zum 3. Übermaß bereit; d.h. der Zylinder kann bis zur Mindestwandstärke dreimal ausgeschliffen werden. Die Tabellen und Graphiken im Anhang enthalten alle wichtigen Angaben. Zum Vermessen von Kolben und Zylinder sind Präzisionsinstrumente nötig, wie sie die Fachwerkstatt besitzt.
Wenn Zylinder und Kolben von der Oberflächenbeschaffenheit her noch in Ordnung sind, ist es auch schon mal damit getan, nur die **Kolbenringe** auszuwechseln; Ersatz gibt's bei Piaggio oder Motoreninstandsetzern. Festgebrannte Ringe brechen meist beim Lösen und müssen dann sowieso ersetzt werden. Gebrochene Ringe führen zu starkem Leistungsverlust und lassen den Verbrauch merklich ansteigen. Zweitaktmotoren, die länger nicht gelaufen sind, zeigen mitunter starke **Korrosionsschäden.** In leichteren Fällen verkleben Kolbenringe und Zylinderwand miteinander; Lösung des Problems: Zylinderdeckel abnehmen, ein Rostlösemittel auf den Kolben geben und ein paar Tage einwirken lassen. Auch Nähmaschinenöl wirkt prima. Dann mit einem zwischengesetzten Holzhammer oder passendem Stück Weichholz den Kolben vorsichtig freiklopfen (Abb. 231). Wenn das nicht klappt, ist meist der Kolben komplett mit dem Zylinder verbacken. Dies kann unter Umständen bedeuten, daß der ganze Motor reif für den Schmelzofen ist.
Beim Kolbenausbau wird automatisch auch der **Kolbenbolzen** ausgebaut; er ist bei den großen Vespa-Modellen nadelgelagert, was den Verschleiß enorm minimiert. Beide Elemente müssen schon bei minimalem Spiel ausgewechselt werden. **Achtung:** Neue **Kolben und frisch ausgeschliffene Zylinder** müssen **sorgfältig eingefahren** werden. Faustregel: Auf den ersten 500 km nur mit zwei Drittel Gas/Drehzahl fahren, bei den großen Modellen im vierten Gang 70 km/h nicht überschreiten. Während des Einfahrens niemals Vollgas geben.

Abb. 231
Ausbau von Zylinderkopf und Zylinder wurden bereits weiter vorn beschrieben. Bei Motoren, die lange nicht gelaufen sind, können die Kolbenringe festsitzen. In diesem Fall Kolbenboden und Zylinder mit Korrosionslösemittel oder Nähmaschinenöl einsprühen und einwirken lassen. Dann vorsichtig versuchen, den Kolben durch Schläge auf ein zwischengelegtes Hartholz freizubekommen. Beim 200er Motor paßt prima ein normaler Holzhammer.

231

Kolben, Kolbenbolzen aus- und einbauen PX, Cosa: Wenn der Motor nicht ausgebaut wurde, muß er zumindest nach unten geklappt werden (s. Kapitel 4000-km-Inspektion). Gebläsehaube, Zylinderdeckel und Zylinder abnehmen wie beschrieben. Kolben möglichst mit einem weichen Tuch vor Beschädigungen schützen. Der **Kolbenbolzen** ist durch zwei Seegeringe gesichert; sie werden mit einer Seegeringzange ausgefedert und herausgenommen (Abb. 232.).
Den Kolbenbolzen schlagen wir mit einem passenden Dorn oder einer Eisenstange heraus, wie sie z.B. als Verlängerung jedem besseren Steckschlüsselkasten beiliegt; Kolben dabei so festhalten, daß er nicht gegen Kubelgehäuse oder Zylinder-Stehbolzen schlägt. In der Regel sind nur einige leichte Hammerschläge nötig (Abb. 233). Bolzen ganz herausziehen und **Kolben** abnehmen. Anschließend das **Nadellager** aus dem Pleuelauge ziehen (Abb. 234).
Achtung: Kolbenbolzen und Nadellager dürfen nur dann wiederverwendet werden, wenn sie **keinerlei Spiel** und keine sichtbaren Schäden aufweisen. Beim **Wiedereinbau des Kolbens** auf den **Pfeil** achten, der in den Kolbenboden eingeschlagen ist: Er muß zum **Auslaßschlitz** des Zylinders zeigen, also nach unten. Nadellager einsetzen und Kolbenbolzen mit Dorn einschlagen, Seegeringe einfedern und sorgfältig kontrollieren, ob die Seegeringe korrekt in den Nuten sitzen. Vor dem Aufsetzen des Zylinders die **Zylinderfußdichtung erneuern.** Ansonsten siehe Kapitel 4000-km-Inspektion.

Abb. 232 - 234 Zum Ausbau des Kolbens die Seegeringe entfernen, mit denen der Kolbenbolzen gesichert ist. Zum Schutz ein Tuch unterlegen und Bolzen vorsichtig austreiben; im Bild als Dorn die Verlängerung aus einem Stecknußsortiment. Unten: Kolben mit herausgedrücktem Bolzen und ausgebautem Nadellager.

232

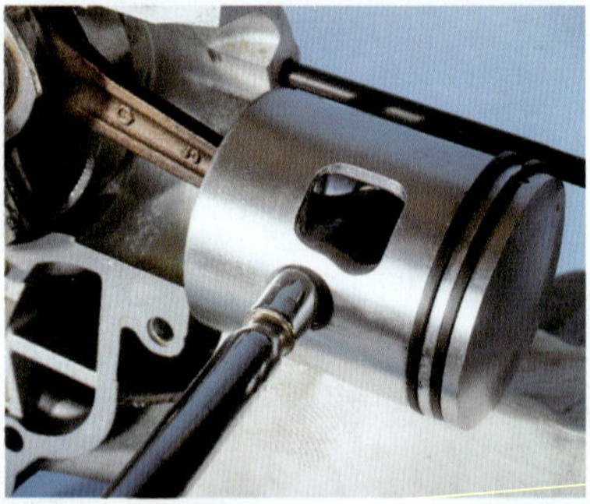
233

234

Getriebezahnräder, Antriebswelle, Schaltvorrichtung ausbauen, zerlegen PX, Cosa: Die vier Getriebezahnräder sitzen zusammen mit dem Schaltkreuz auf der Antriebswelle. Zum Ausbau den großen **Seegering** so weit wie möglich spreizen und zusammen mit dem dahinter liegenden Schulterring abnehmen (Abb. 235). **Zahnräder nacheinander abnehmen** und in der richtigen Reihenfolge ablegen - wichtig für den Zusammenbau, Details dazu später (Abb. 236).

235

236

237

238

Abb. 235 - 239 Ausbau Getriebe und Antrieb PX/Cosa von links oben nach rechts unten: Entfernen des Seegerings; Getriebezahnräder mit Seegering und Schulterring in korrekter Reihenfolge und Lage für den Wiedereinbau; Antriebswelle mit Gummi- oder Schlosserhammer /Hartholz austreiben; ausgebaute Antriebswelle mit Schaltkreuz.

239

Der rückwärtige Satz Schulterring/Seegering bleibt auf der Welle. Die **Antriebswelle** ist gleichzeitig Hinterradachse; der Kraftschluß wird über die Kerbverzahnung auf der Bremsenseite hergestellt. Ausgetrieben wird die Antriebswelle durch Schläge mit einem Kunststoffhammer von der Bremsseite her (Abb. 237). Sollte die Welle sich dabei nicht bewegen, greifen wir zu einem Stück Hartholz und einem Eisenhammer (Abb. 238); die Welle schiebt sich dann auf jeden Fall wie gewünscht aus dem Innenring des Kugellagers, das ins Gehäuse eingelassen ist. Niemals direkt mit einem Eisenhammer auf Welle und Achsgewinde schlagen, immer Hartholz als Schutz zwischenlegen! Die **Schaltvorrichtung** wird mit der Antriebswelle abgenommen; sie besteht aus einer beweglichen Schaltkreuzwelle und dem Schaltkreuz (Abb 239). Das Schaltkreuz wird in einem Führungselement hin- und hergeschoben, das fester Bestand-

Abb. 240, 241 Zum Ausbau des Schaltkreuzes muß die Schaltkreuzwelle gelöst werden - Achtung: sehr empfindliches Linksgewinde! Schaltkreuz verkanten und seitlich herausziehen - geht nur an den Schlitzen mit den großen Aussparungen.

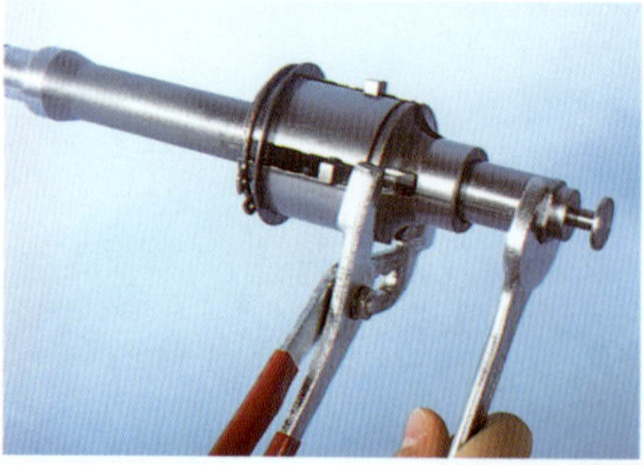

240

241

Abb. 242, 243 Entsichern der Vorgelegewelle PX/Cosa: Zuerst das Sicherungsblech aufbiegen, dann die Muter abschrauben. Beim Wiedereinbau darauf achten, daß die Auflage für den Kupplungsdeckel frei bleibt.

242

243

teil der Antriebswelle ist. Wenn das **Schaltkreuz** defekt oder verschlissen ist, wird es folgendermaßen ausgewechselt: Antriebswelle fixieren (Schraubstock, Wasserpumpenzange) und mit einem Gabelschlüssel SW 17 zunächst die Schaltkreuzwelle lösen. **Achtung: Linksgewinde** (Abb. 240); keine Gewalt anwenden, das Gewinde ist hohlgebohrt und recht schwach dimensioniert! Schaltkreuz verkanten, seitlich herausziehen und auswechseln (Abb. 241). Beim Wiedereinbau die unterschiedliche Ausprägung der Schlitze beachten; verkanten läßt sich das Kreuz nur in den Schlitzen mit den größeren Buchten. Seegering und Schulterring (zweiter Satz zur Sicherung der Getriebezahnräder) bleiben auf dem Führungselement.

Vorgelegewelle ausbauen, zerlegen PX, Cosa: Von der Kurbelwelle wird die Kraft über die Kupplung direkt auf die Vorgelegewelle übertragen. Sie ist erstens mit einem großen, schrägverzahnten Antriebsrad ausgerüstet, das vom Ritzel des Kupplungsgehäuses in Drehung versetzt wird. Zweitens verfügt die Welle über vier geradverzahnte Zahnräder für die einzelnen Gangstufen. Über die Getriebezahnräder fließt die Kraft dann direkt auf die Hinterachse. Bei neueren Modellen ist das Kickstarterritzel fester Bestandteil der Vorgelegewelle. Die eigentliche Vorgelegewelle dreht sich über ein Kugellager und ein Nadellager auf einer Innenwelle, die mit einem Ende in der kupplungsseitigen Gehäusehälfte steckt.
Zum Ausbau der **Vorgelegewelle** muß zunächst die Mutter unterhalb der Kupplungskammer entsichert werden; dazu die Blechzungen aufbiegen (Abb. 242). Dann mit einem Schlüssel SW 17 die Mutter lösen und zusammen mit Sperrscheibe

244

245

246

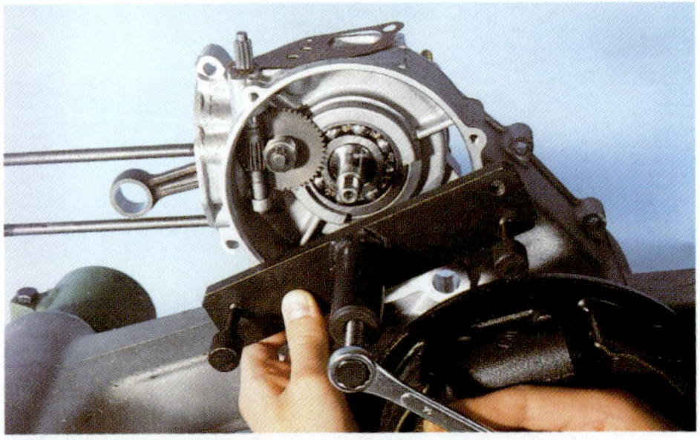
247

248

249

Abb. 244 - 249 Oben: Vorgelege PX/Cosa aus dem Gehäuse ziehen; Seegering vom Primärrad entfernen. Mitte: Kurbelwelle mit Innenring des Außen-Nadellagers; zum Ausbau der KW ist eine Abdrückvorrichtung erforderlich. Unten: Außengehäuse mit eingesetzen Dichtungen.

und Sicherungsblech abnehmen (Abb. 243). Nun zunächst die Innenwelle aus der Führung im Gehäuse ziehen. **Achtung:** Dabei kommen vorn die **Laufrollen des Nadellagers** frei; sie sind lose eingelegt, nur mit Fett fixiert und **können leicht verlorengehen.** Die **PX 80 E** verfügt über **24 Rollen,** die **übrigen PX- und Cosa-Modelle** haben **21 Rollen.** Zuletzt die Vorgelegewelle komplett mit Innenwelle aus dem Gehäuse nehmen (Abb. 244).
Zum **Zerlegen der Vorgelegewelle** den Seegering vor dem Antriebsrad spreizen und zusammen mit dem Schulterring abnehmen (Abb. 245). Außenwelle komplett und Kugellager von der Innenwelle ziehen; Kugelalger austreiben und falls erforderlich ersetzen.

Kurbelwelle ausbauen PX, Cosa: Die Kurbelwelle läuft auf der Kupplungsseite auf einem kräftig dimensionierten Kugellager, auf der LiMa-Seite in einem Nadellager. Der Innenring dieses Nadellagers verbleibt

Abb. 250
Entfernen des Wellendichtrings am bremsseitigen Lager der Ahtriebs-/Hinterachswelle; notfalls Haken ansetzen und Zerstörung in Kauf nehmen - Gehäuse nicht verkratzen!

Abb. 251
Ein Geduldsspiel ist das Einsetzen der Nadeln in die Ringnut der Vorgelege-Innenwelle. Nut mit Fett bestreichen und Nadeln am besten paarweise ankleben; dann Welle vorsichtig einführen.

Abb. 252
Antriebswelle bis zum Anschlag eintreiben und Getriebezahnräder in der richtigen Reihenfolge und Lage einsetzen - Details siehe Lauftext.

250

251

252

beim Trennen der Gehäusehälften auf der Kurbelwelle (Abb. 246). Ausgebaut werden kann die Kurbelwelle nur mit einer **Abdrückvorrichtung,** wie sie die Werkstätten haben (ausleihen). Die zugehörige Platte wird an den Bohrungen des Kupplungsdeckels festgeschraubt. Anschließend wird die Kurbelwelle vorsichtig mit der Zentralschraube der Vorrichtung aus dem Kugellager gedrückt (Abb. 247). **Achtung:** Kurbelwelle nicht mangels geeigneter Werkzeuge mit einem Hammer herausschlagen - Welle und Lager werden dabei beschädigt.

Nadel- und Kugellager, Kurbel- und Antriebswelle ausbauen PX, Cosa: Für das **Abziehen** des beim Gehäusetrennen auf der Welle verbliebenen **Nadellager-Innenrings** sowie fürs **Ausbauen der Nadellager** von Kurbel- und Antriebswelle aus der LiMa-seitigen Gehäusehälfte sind ebenfalls Spezialwerkzeuge erforderlich (Abb. 248). Diese Werkzeuge verfügen über Spreizklauen, die von außen bzw. innen in die Lagerringe eingreifen; abgezogen wird dann durch Drehen der jeweiligen Zentralmuttern. Wellendichtring des Nadellagers der Kurbelwelle abheben (Abb. 249).
Zum Auswechseln des **Kugellagers für die Kurbelwelle** auf der Kupplungsseite zuerst mit einem Schraubendreher den Wellendichtring abnehmen. Dabei ist die Zerstörung des Rings kaum vermeidbar; er muß erneuert werden. Dann den Seegering durch Zusammendrücken ausfedern und das Kugellager mit einem passenden Dorn oder Hartholz zur Lichtmaschinenseite hin herausschlagen. Am besten sind Dorne aus Leichtmetall oder Messing geeignet; **Achtung:** Gehäuse und Lagersitz nicht beschädigen!
Das **Kugellager der Antriebswelle** in der kupplungsseitigen Gehäusehälfte wird genauso ausgebaut: Wellendichtring mit Haken und/oder Schraubendreher abnehmen; er wird dabei zerstört (Abb. 250). Ent-

weder Seegering auf der Bremsseite zusammendrücken oder Sicherungsring ausbauen und Lager mit einem passenden Dorn zur Bremse hin herausschlagen. Neue Lager und Dichtringe sind bei Piaggio oder im Fachhandel für Industriebedarf erhältlich. Vornehmlich bei den Kugellagern und Wellendichtringen handelt es sich um **Normteile;** Muster mitnehmen oder millimetergenaue Größenangaben machen (Maß Außenring außen, Innenring innen, Dicke gesamt).

253

Abb. 253
Sollen neue Nadellager ins Außengehäuse gesetzt werden, muß die Umgebung mit einem Heißluftgebläse auf ca. 80° C erwärmt werden; im Bild wird dies lediglich demonstriert - bei bereits eingesetzen Lagern.

Motor und Getriebe zusammenbauen PX, Cosa - allgemein: Die meisten Arbeitsschritte erfolgen hierbei gemäß der Systemlogik in umgekehrter Reihenfolge. Gleichwohl sind einige Besonderheiten zu beachten. Wir beschreiben in aller Kürze den Zusammenbau der Antriebseinheit, gehen aber auf wichtige Details näher ein. Bei der Bebilderung beschränken wir uns auf einige ergänzende Fotos.

Kurbelwellenlager, Kurbelwelle einbauen PX, Cosa: Ausgangsbasis ist die total zerlegte Antriebseinheit. Für den Einbau des **Kurbelwellen-Hauptlagers** muß zunächst die kupplungsseitige Gehäusehälfte im Bereich des Lagersitzes ordentlich erhitzt werden. Die Vespa-Werkstatt verfügt über einen elektrisch beheizbaren, genau passenden Einsatz. Den Zweck erfüllt aber auch eine handelsübliche Heißluftpistole. Mit dem heißen Luftstrom wird die Umgebung des Lagers **auf ca. 80° C erwärmt.** Dann setzen wir von der LiMa-Seite her das Kugellager ein und schlagen es mit einem passenden Dorn oder Hartholz in den Lagersitz. Anschließend wird das Lager mit dem **Seegering** gesichert. Es folgt der Einsatz eines neuen **Wellendichtrings,** dessen Dichtlippen zur Kurbelwelle weisen müssen. Falls der **Innenring des Nadellagers** auf der LiMa-Seite der Kurbelwelle abgezogen wurde, muß er (oder ein Neuteil) nun auf einer Kochplatte auf ca. 80° C erwärmt werden. Dann spannen wir die Kurbelwelle in einen Schraubstock mit schützenden Alubacken und setzen den erwärmten Ring auf. Doch dabei **Achtung:** Der Ring darf nicht ganz bis zum Anschlag geschlagen werden; es muß vielmehr ein **Distanzstück** aufgelegt werden, das die Piaggio-Werkstatt unter der Nummer T 0060007 im Regal hat. Zwischen die Schwungmassen-Wangen der Kurbelwelle wird ein spezieller Keil (T 0025127) gesteckt, damit es nicht zu Beschädigungen kommt. **Achtung:** Das Distanzstück erst entfernen, wenn der Lagerinnenring erkaltet ist.
Jetzt wird die **Kurbelwelle** eingebaut. Sie darf allerdings nicht in das Hauptlager geschlagen werden; vielmehr ist ein Spezialwerkzeug nötig (T 0018119), mit dem die Welle von der Kupplungsseite her **ins Lager gezogen** wird.

Vorgelege, Antriebswelle, Getriebezahnräder einbauen PX, Cosa: Zuerst das **Antriebswellen-Kugellager** mit Dorn oder Hartholz von der Bremsseite her eintreiben und

254

Abb. 254
Antrieb PX/Cosa mit eingesetztem Vorgelege und fertig montiertem Getriebe; vor dem Auflegen einer neuen Papierdichtung müssen beide Gehäusehälften hauchdünn mit Universalfett bestrichen werden.

255

Abb. 255
Einbau Kickstarterelemente ins Außengehäuse PX/Cosa: hierbei kommt es auf Genauigkeit an; das Ritzelsegment muß am Höcker des Anschlaggummis liegen wie im Bild gezeigt; die Welle muß ganz durchgeschoben werden, die Feder muß exakt ins Gehäuse passen.

256

Abb. 256
Bei allen Komplettierungsarbeiten am Motor muß ein Drehmomentschlüssel eingesetzt werden, sonst drohen Materialschäden oder Defekte durch Teile, die sich lockern; die Tabelle im Anhang enthält die entsprechenden Drehmomentwerte.

mit Seegering oder Spezialring sichern. Von der Getriebeseite her den Wellendichtring einsetzen, Dichtlippen zur Lagerseite hin.
Vorgelege einbauen: Vorgelege provisorisch ins Gehäuse hängen und Innenwelle so weit wie möglich vorziehen. Dann die losen **Laufrollen des Außenlagers** mit Universalfett in die umlaufende Lagernut der Innenwelle kleben (PX 80 E **24 Stück,** PX und Cosa 125 bis 200 **21 Stück);** dazu ist einiges Geschick erforderlich (Abb. 251). Innenwelle mit den Laufrollen vorsichtig in die Außenwelle schieben und Vorgelege komplett in die kupplungsseitige Gehäusehälfte einsetzen. Dann die Vorgelegewelle vom Rand des Kupplungsgehäuses her **sichern:** Sicherungsblech, Sperrscheibe und Mutter aufsetzen; dabei unbedingt **beachten:** Welle im Gehäuse so drehen, daß die Nut im kupplungsseitigen Gewinde nach vorn zeigt - anderenfalls kommen sich später Sicherungsblech und Kupplungsdeckel in die Quere; die Innenlasche der Sicherung muß in diese Nut greifen. Mutter mit einem Schlüssel SW 17 und einem Drehmoment von Nm 35 festziehen, Zunge des Sicherungsblechs umbiegen; Zunge und Sperrscheibe müssen so liegen, daß der Kupplungsdeckel bündig aufgesetzt werden kann.

Antriebswelle einbauen: Die Revision und Demontage des in die Antriebswelle integrierten Schaltkreuzes wurde bereits weiter oben beschrieben. Die fertig vormontierte Antriebswelle mit leichten Gummihammerschlägen in das Kugellager am Gehäuseende einführen; damit's besser rutscht, den Lagerbereich dünn mit Fett bestreichen. Die Welle muß bis zum Anschlag ins Lager getrieben werden, die Kerbverzahnung für die Bremstrommel muß zu-

sammen mit ca. 2 mm Vollmaterial aus dem Lager auf der Bremsseite schauen. Bei Problemen keine Gewalt anwenden, sondern bei Piaggio ein Spezialwerkzeug ausleihen (T 0018119), mit dem die Welle fachgerecht von der Bremsseite her eingezogen werden kann.
Tip zur Getriebemontage: Vor dem Einbau der Antriebswelle das **axiale Spiel** zwischen Zahnrädern und Innenring messen; dazu Zahnräder komplett aufschieben. Das Spiel muß 0,15 - 0,40 mm betragen. Dann Antriebswelle einsetzen wie oben beschrieben und **Getriebezahnräder** endgültig auf die Antriebswelle schieben, dabei mit dem kleinsten (4. Gang) beginnen. **Achtung:** Die Zahnräder haben **ungleiche Seiten,** sie dürfen nicht vertauscht werden (Abb. 252)! Zur Orientierung: 4. Gang (kleinstes Zahnrad) mit der glatten Seite nach hinten, mit dem erhöhten Innenring nach außen einsetzen; 3. Gang mit dem Piaggio-Signet nach hinten, dem Innenring nach vorn; 2. Gang mit niedrigerem Innenring nach hinten, dem Piaggio-Signet und dem erhöhten Ring nach vorn; 1. Gang (größtes Zahnrad) mit der Vertiefung nach hinten, der glatten Seite und der Teilenummer nach vorn. Zuletzt den **Schulterring** aufsetzen und den großen **Seegering** montieren.

Gehäusehälften zusammenbauen PX, Cosa: Die Gehäusehälften und vor allem die Dichtflächen müssen sorgfältig **gereinigt** werden und dürfen keine Riefen zeigen. Zur Reinigung möglichst nur Kaltreiniger und Hartholzspan verwenden.
Gehäusehälfte Lichtmaschinenseite: Falls die **Nadellager** für Kurbelwelle und Antriebswelle ausgebaut worden sind, müssen die Lagersitze mit Spezialheizgerät oder Heißluftpistole auf ca. 80° C erwärmt werden (Abb. 253). Dann **neue Lager** mit Spezialdorn oder zurechtgeschnittenem Hartholzspan bündig eintreiben. Wurden die **alten Lager** im Gehäuse gelassen, müssen sie sparsam mit frischem Universalfett versorgt werden. **O-Dichtring** für die Kickstarterwelle erneuern. **Kickstartersegment, Feder und Ritzel** (bei älteren Modellen) einsetzen wie weiter oben beschrieben. Auf korrekten Sitz der Feder achten!
Gehäusehälfte Kupplungsseite: Die gereinigte Dichtfläche dünn mit Universalfett bestreichen und neue **Papierdichtung** aufkleben (Abb. 254). **Achtung:** Überstehende Dichtungsenden im Zylinderbereich mit einem Reißmesser abschneiden, sonst dichtet der Zylinder später nicht.
Jetzt die **beiden Gehäusehälften zusammenfügen;** dabei keine Ge-

Abb. 257, 258 Motorblock einer Cosa 200 in teildemontiertem Zustand: Bild oben zeigt ihn mit noch nicht entfernten Lichtmaschinen-Stator, Bild unten läßt Kupplung und Innenleben der hydraulisch betätigten Hinterradbremse erkennen.

257

258

259

Abb. 259 Motor einer PX 200 E neuester Bauart in wiedereingebautem Zustand. Zuletzt wird nochmals mit dem Drehmomentschlüsel überprüft, ob die Zylinderschrauben korrekt und gleichmäßig angezogen sind.

walt anwenden, vor allem nicht auf die Kurbelwelle schlagen. Antriebs- und Kurbelwelle schieben sich normalerweise leicht in die Nadellager der äußeren Gehäusehälfte. **Tip:** Wenn's klemmt, ist das Kickstarterritzel schuld; die Feder muß ganz in ihrem Gehäuse liegen, das Ritzelsegment muß auf dem Anschlaghöcker des Gummipuffers liegen, die Welle muß ganz im Gehäuse stecken (Abb. 255). Nun zweite Gehäusehälfte so weit wie möglich einschieben, dann den Kickstarterhebel aufsetzen und Hebel etwas nach unten drücken; jetzt greifen Segment und Ritzel ineinander, die Gehäusehälften finden mit einem Ruck zueinander.
Abschließend rundum die jeweils passenden Bolzen einsetzen (s. Abschnitt Zerlegung), Scheiben, **neue** Federringe und Muttern SW 11 aufsetzen und mit Drehmoment Nm 15 über Kreuz anziehen. Die Muttern rund um die Kurbelwelle ebenfalls ansetzen und anziehen (Abb. 256).

Anbauteile montieren PX, Cosa:
Wie die Anbauteile angebracht werden, wurde bereits in den vorangegangenen Kapiteln gezeigt. Hier nur noch einmal die wichtigsten Arbeitsschritte in Stichworten sowie einige nützliche Tips aus der Werkstattpraxis (s. a. Abb. 257 - 259):
Schaltsegment: Papierdichtung mit Fett aufkleben, Schaltraste in den vierten Gang stellen und Schaltwelle herausziehen. Dann Führungskeil des Betätigungshebels in die Nut der Schaltkreuzwelle setzen, aus dem vierten in den ersten Gang zurückschalten, Schaltsegment zum Gehäuse schieben und festschrauben (Muttern SW 11, Drehmoment Nm 15).
Ölpumpenantrieb: Keil auf Kurbelwelle setzen, Antriebsrad für Ölpumpe mit der angephasten Seite zur Kurbelwelle hin aufschieben. Auf korrekten Sitz der spiralverzahnten Welle achten.
Kupplung: Die fertig vormontierte Kupplungseinheit auf die Kurbelwelle setzen und vorsichtig über den Sicherungskeil schieben, der auf keinen Fall vergessen werden darf; der Primärantrieb muß in das große Zahnrad der Vorgelegewelle greifen; notfalls mit leichten Gummihammerschlägen nachhelfen. Sicherungskrone und Mutter SW 17 ansetzen; die Innenlasche der Krone muß in die Nut an der Kurbelwelle greifen. Kupplung mit starkem Schraubendreher gegen Gehäuserippe blockieren und Mutter mit 45 Nm anziehen. Eine Außenzunge der Kronensicherung nach innen biegen. Feder und Druck-Zwischenstück einsetzen, Deckel mit Kupplungsdruckbolzen aufsetzen und festschrauben; dabei darauf achten, daß der Deckel perfekt abdichtet (er darf nicht im Bereich der Vorgelegesicherung klemmen).
Lichtmaschine: Wellendichtring einsetzen (falls ausgebaut), Kabelbaum einfädeln und Ankerplatte montieren; die Markierung für die Vorzündung am Motorgehäuse muß mit der Markierung an der Ankerplatte übereinstimmen. Keil auf Kurbelwellenkonus setzen und Rotor montieren; anziehen mit 65 Nm, dabei Gebläserad mit ca. 2 cm starkem Rundholz gegen den unteren

Gehäuserand blockieren; besser: Spezial-Blockiervorrichtung aus der Werkstattn.

Kolben, Zylinder, Zylinderkopf: Zylinderwand leicht mit Motoröl benetzen. Kolbenbolzen und Kolben montieren wie oben beschrieben; Pfeil des Kolbens zur Auslaßseite; Seegeringe einfedern. Zylinderfußdichtung und Zylinder aufsetzen, Kolbenringe dabei zusammendrücken. Zylinderkopf aufsetzen (ohne Dichtung!), Unterlegscheiben, Federringe und Muttern aufsetzen und mit Nm 18 anziehen (verlängerte Mutter für Gebläsehaubenbefestigung rechts oben).

Kompression prüfen, alle Modelle: Mangelhafte Kompression im Zylinder ist eine Folge übermäßiger Abnutzung und führt zu starkem Leistungsverlust. Bei einem Zweitaktmotor wie dem Vespa-Triebwerk können verschlissene oder beschädigte Kolbenringe, eine riefige oder ausgeriebene Zylinderwand oder Undichtigkeiten zwischen Zylinder und Zylinderkopf die Ursachen sein. Prüfen läßt sich die Kompression mit preiswerten Prüfgeräten, die im Fachhandel erhältlich sind.
Und so wird's gemacht:
Motor einige Minuten lang warmlaufen lassen, danach abstellen. Kerzenstecker abziehen und Zündkerze herausdrehen. Anschlie ßend Hohlwelle des **Kompressionsprüfers** in die Zündkerzenbohrung schrauben (Abb. 260). Schaltung auf Leerlauf stellen. Bei Fahrzeugen mit **elektrischem Anlasser** Zündung einschalten, Vollgas geben und Kurbelwelle so lange durchdrehen lassen, bis der vom Manometer oder Schreiber angezeigte Druck nicht mehr weiter ansteigt. Bei Fahrzeugen **ohne Anlasser** Vollgas geben und Kickstarter so lange durchtreten, bis der Druck nicht mehr ansteigt. Wenn Kolben, Zylinderkopf und Zylinder in Ordnung sind, muß die **Kompression zwischen 8,5 und 12,0 kg/cm²** liegen.
Liegt der Druck unter der Minimalgrenze von 8,5, muß nach der Ursache gesucht werden: Zuerst prüfen, ob die **Zylinderkopfschrauben** korrekt angezogen sind. Defekten **Kolbenringen** kommt man auch ohne Zylinderdemontage auf die Spur. Etwas Motoröl in die Zündkerzenbohrung spritzen und dann zweite Messung durchführen. Wird jetzt eine höhere Kompression angezeigt als beim ersten Mal, dichten die Ringe nicht mehr richtig ab; das eingespritzte Öl ruft vorübergehend eine bessere Abdichtung hervor, der Druck im Zylinder steigt. Bei einer Kompression von weniger als 8,0 kg/cm² müssen Kolben und Zylinder überholt werden.

260

Abb. 260
Zum Prüfen der Kompression die Hohlwelle eines Prüfmanometers in die Zündkerzenbohrung schrauben und Kickstarter bzw. Anlasser betätigen.

REPARATUR- UND AUSTAUSCHARBEITEN TEIL 2: KAROSSERIE, BEDIENUNGSELEMENTE, BOWDENZÜGE; LENKUNG, FAHRWERK, RÄDER

Alle klassischen Vespa-Modelle von der kleinsten PK bis zur großen Cosa besitzen eine selbsttragende Karosserie aus Stahlblech, die als besonders verwindungsfest, robust und langlebig gilt. Doch das aus dem Automobilbau stammende Konstruktionsprinzip hat gegenüber modernen Lösungen mit Zentralrahmen und angeschraubten Kunststoffelementen (Sfera, TPH, Zip etc.) auch Nachteile: Erstens sind zahlreiche Bauteile schlecht zugänglich, zweitens ziehen Unfälle sehr aufwendige und teure Reparaturen nach sich oder führen sogar zum Totalschaden, weil sich der Aufbau komplett verzieht. Selbst Arbeiten wie das Wechseln beschädigter Bowdenzüge oder der Ausbau von Benzin- und Öltank erfordern überdurchschnittlich viel Geschick und Geduld. Die folgenden Abschnitte sollen helfen, alle Schwierigkeiten im Karosserie- und Fahrwerksbereich zu meistern.

Benzintank, Sitzbank Aus- und Einbau PK-Modelle ohne Getrenntschmierung: Bestimmte Arbeiten an Seilzügen, Schläuchen und Karosserie erfordern den Ausbau des Benzintanks. Der Arbeitsaufwand ist bei den beiden Modellreihen unterschiedlich hoch. Wie's geht, zeigen wir am Bespiel einer PK 80 S ohne Getrenntschmierung und ohne Öltank.

Zuerst Sitzbank hochklappen und **Sitzbankhalterung** abschrauben. Sie ist mit vier Schrauben SW 13 an der Karosserie befestigt (Abb. 261). Anschließend Werkzeugschale entfernen, Benzinhahn schließen und Betätigungsgestänge vom Benzinhahn abnehmen; dazu den Dauersplint entfernen. **Benzinschlauch** vom Vergaser abziehen. Dann die vier Schrauben SW 13 lösen, mit denen der Tank befestigt ist. **Tank** anheben und so ablegen, daß kein Treibstoff austreten kann (Abb. 262). Zum Ausbau des **Benzinhahns** ist ein gekröpfter Spezialschlüssel erforderlich, der durch die Einfüllöffnung eingeführt wird (s.a. Technik-Kapitel). Zunächst den Treibstoff ganz ablassen, dabei Berührung mit der Haut vermeiden. Dann den Schlüssel einführen und die große

Abb. 261, 262 Sitzbank- und Tankdemontage bei den PK-Modellen: Der Tank wird von vier, die Sitzbank von zwei weiteren Schrauben SW 13 gehalten; Schrauben lösen und Tank/Sitzbank abheben.

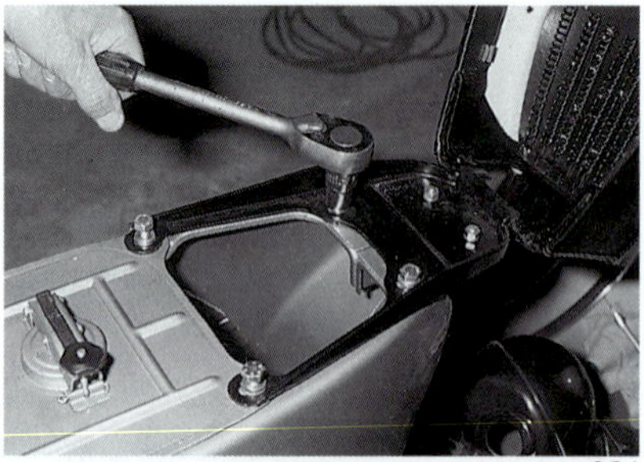

261

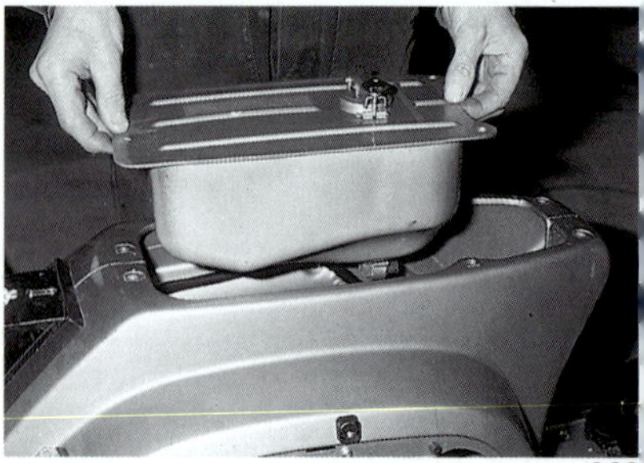

262

Abb. 263 Tankausbau PX-Modelle: Sitzbank hochklappen und die Kabelverbindung vom Geber der Benzinuhr abziehen.

263

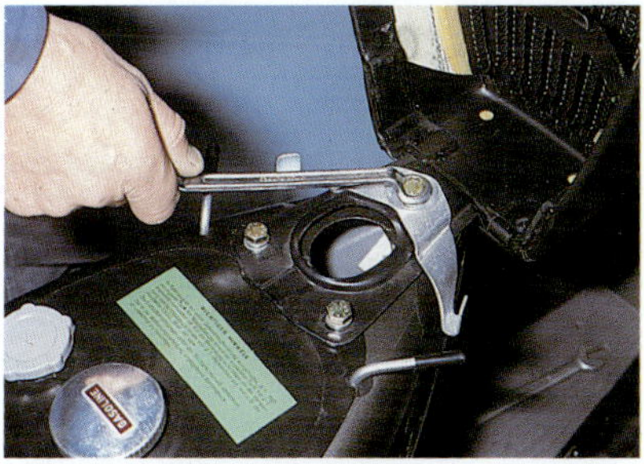

264

265

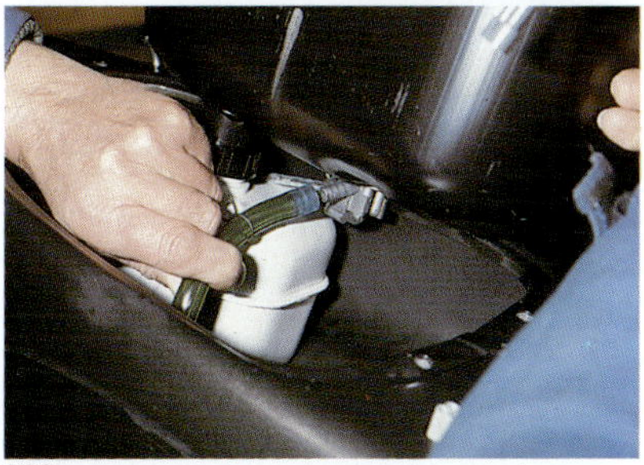

266

267

Sechskantmutter lösen, die den Hahn von innen festhält. Hahn abnehmen, Sieb in Kaltreiniger auswaschen. Ist der Hahn undicht, die beiden Schlitzschrauben lösen, mit denen der Deckel befestigt ist. Deckel abnehmen und die dahinterliegende Dichtung erneuern. Einbau aller Elemente in umgekehrter Reihenfolge.

Benzintank, Öltank, Sitzbank Ausbau PX-Modelle mit Getrenntschmierung: Bei den großen Vespa-Modellen mit Getrenntschmierung ist der Ausbau des Benzintanks ausgesprochen fummelig. Grund: Der Öltank ist unten an den Treibstoffbehälter angeschraubt und durch das Schauglas zusätzlich mit der Karosserie verschachtelt. Wer den Ausbau des komplizierten Tanksystems alleine durchführen muß, ist arm dran, man sollte sich auf jeden Fall um einen Helfer bemühen.
Fangen wir an: Zuerst Motorhaube abheben, Luftfilterdeckel und **Luftfilter** ausbauen wie weiter vorn beschrieben. Benzinhahn schließen. Dann **Benzinschlauch** mit einem starken Schraubendreher vom Vergaser abdrücken; dabei Federklemme entspannen. Gummitülle zwischen Luftfiltergehäuse und Karosserie entfernen und Benzinschlauch ganz aus dem Gahäuse herausziehen. Jetzt **Ölschlauch** vom Luftfiltergehäuse abziehen und Ende mit einer passenden Blechschraube verschließen. Steckverbindung zum Geber für die **Benzinuhr** abziehen (Abb. 263); das aus der Karosserie kommende Ende mit Klebeband fixieren, es rutscht sonst durch das Loch.
Jetzt die beiden Schrauben SW 13 lösen, mit denen vorn gleichzeitig Tank und Sitzbankhalterung befestigt sind. Auch die ganz vorn sitzende Schraube SW 13 der **Sitzbankhalterung** ausdrehen (Abb. 264). Dann die beiden hinteren Schrauben SW 13 der Tankbefesti-

Abb. 264, 265
Sitzbank- und Tankdemontage PX-Modelle: Der Tank ist mit vier, die Sitzbank mit einer weiteren Schraube SW 13 befestigt; Schrauben ausdrehen und Elemente abheben.

Abb. 266
Tank anheben, Benzinschlauch am (abgesperrten) Hahn abziehen und im Fahrzeug zurücklassen.

Abb. 267
Benzin- und Öltank werden bei der großen Vespa zusammen aus dem Chassis gehoben.

Abb. 268 Öltank der PX im Detail; der Schlauch muß so gesichert sein, daß er auf keinen Fall abrutschen kann. Die Verschraubung des Abflußrohrs muß hundertprozentig dicht sein; links das Schauglas.

Abb. 269 Zum Ausbau des Gebers für die Benzinuhr die Schutzkappe abnehmen und den Bajonettverschluß lösen.

gung lösen. Die **Tankkombination** läßt sich nur aus dem Fahrzeug heben, wenn die Gummitülle vorn am Benzinhahngestänge entfernt wird. Tank so anheben, daß der Benzinhahn sich durch das Loch nach innen ziehen läßt (Abb. 265). Auf das **Schauglas am Öltank** achten - es darf beim Herausziehen nicht beschädigt werden.

Der erste Monteur zieht nun den Tank so weit wie möglich hoch und hält ihn fest. Der zweite Mann zieht das obere Ende des Benzinschlauchs vom Benzinhahn ab - der Schlauch bleibt im Fahrzeug (Abb. 266). Der (gut verschlossene!) Ölschlauch muß von außen durch die Karosserie in den Tankraum gedrückt werden; dazu die Gummitülle lockern und nach vorn ziehen. Ölschlauch ganz durchschieben. Jetzt

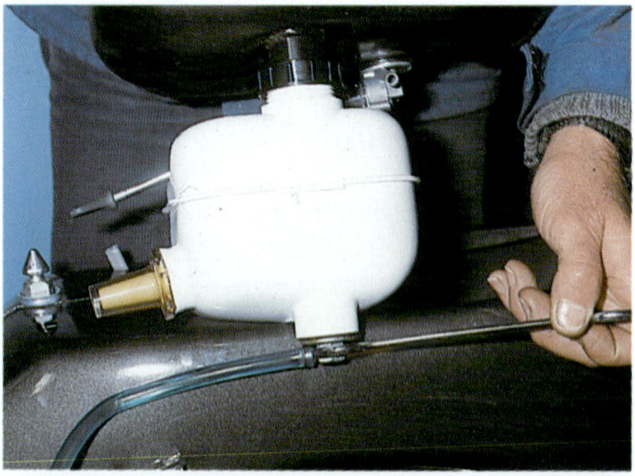

268

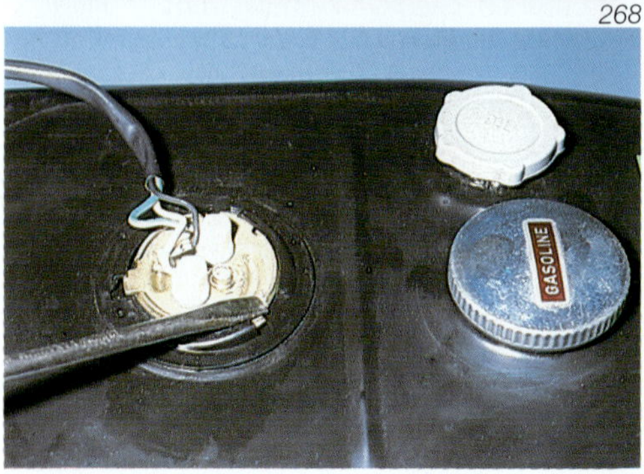

269

kann die **Tankkombination** endlich abgenommen werden (Abb. 267).

Benzin- und Öltank-Prüfung PX-Modelle: An den ausgebauten Teilen in jedem Fall überprüfen, ob alle Verbindungen und Anschlüsse dicht sind. Ist der Benzinhahn undicht, zunächst Treibstoff ganz ablassen. Dann die beiden Schlitzschrauben lösen, mit denen der Deckel befestigt ist. Deckel abnehmen und die dahinterliegende **Dichtung** erneuern. Zum Ausbau des Benzinhahns ist auch hier ein gekröpfter Spezialschlüssel erforderlich. Schlüssel durch die Einfüllöffnung einführen und die Sechskantmutter lösen, die den Hahn von innen festhält.

Zweiter Prüfpunkt: **Verbindung zwischen Benzin- und Öltank.** Die Kunststoffmutter muß fest sitzen und darf keine Ölspuren zeigen. Sitz mit der Hand prüfen, notfalls nachziehen. Sollen die beiden Tanks getrennt werden, muß die Mutter durch Drehen gegen den Uhrzeigersinn gelöst werden.

Dritter Punkt: **Verbindung Öltank/Ölschlauch** auf festen Sitz prüfen. Zuerst kontrollieren, ob die Verschraubung des Anschlußröhrchens gut sitzt (Abb. 268). Bei älteren Modellen ist der Ölschlauch einfach auf das Röhrchen aufgesteckt und nur durch eine primitive Feder gesichert. Es kann leicht passieren, daß der Schlauch abrutscht und dadurch das Öl innerhalb weniger Minuten in den Karosserie-Hohlraum läuft. Dann wird der Motor bald mangels Schmierung mit einem Kolbenklemmer stehenbleiben. Das bedeutet Unfallgefahr und jede Menge Ärger. Dies läßt sich jedoch mit einem einzigen Handgriff zuverlässig verhindern: primitive Federklemme durch eine passende Schlauchschelle oder eine Quetschsicherung (überall im Zubehörhandel zu bekommen) ersetzen. Das hält ewig.

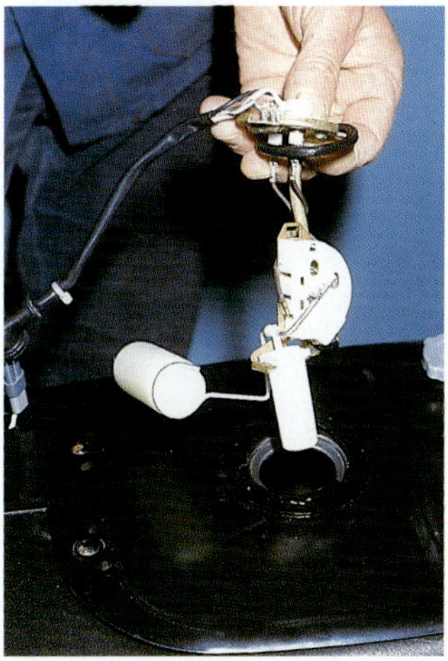
270

271

Abb. 270
Geber mit Schwimmer vorsichtig aus dem Tank ziehen und durchprüfen (Beweglichkeit und Funktion der Mechanik, elektrische Anschlüsse).

Abb. 271
Fummelig, aber unerläßlich nach dem Wiedereinbau der Tankkombination: das Einsetzen der Gummidichtung am Schauglas des Öltanks.

Benzinuhr Aus- und Einbau PX: Der **Geber** für die Benzinuhr kann bei ein- oder ausgebautem Tank abmontiert werden. Zuerst die Kunststoffkappe abhebeln. Dann den Bajonettverschluß lösen, mit dem der Geber oben am Benzinhahn befestigt ist. Dazu eignet sich durchaus ein starker Schraubendreher, der wie auf dem Foto schräg gegen die Nocken gesetzt wird (Abb. 269). Durch Drehen gegen den Uhrzeigersinn kommt der Geber frei. Beim Herausziehen die einzelnen Elemente vorsichtig aus dem Loch ziehen. Der **Schwimmer** darf dabei nicht beschädigt oder verbogen werden (Abb. 270).
Der Strom wird über drei **Kabelstecker** zugeführt. Prüfen, ob alle Stecker festen Sitz haben, lose Stecker nachbiegen. Schwimmer auf freie Beweglichkeit prüfen und Geber wieder komplett einsetzen. Dabei auf die Nockenposition achten: Es gibt zwei kleine und einen großen Nocken. Durch Rechtsdrehen bis zum Anschlag den Geber wieder arretieren. Vor dem Einbau prüfen, ob die Gummidichtung noch in Ordnung ist. Bei Beschädigung treten giftige Dämpfe aus.

Benzintank, Öltank Einbau PX-Modelle: Der Wiedereinbau der Tankkombination kann nur gelingen, wenn das **Benzinhahngestänge** von dem zweiten Mann im richtigen Augenblick durch die dafür vorgesehene Öffnung gefädelt wird. Weil der Griff vorn am Gestänge dazu in die Offen-Position, also nach oben gedreht werden muß, ist zunächst der **Benzinschlauch** wieder an den Hahn zu stecken und am anderen Ende mit einer passenden Schraube zu verschließen.
Dann senkt der erste Monteur den Tank soweit ab, bis die Gestängespitze sich hinter dem Loch befindet. Der zweite Mann steckt zuerst den **Ölschlauch** von innen durch und dirigiert dann das Gestänge in die richtige Richtung, indem er einen Schraubendreher durch die Öffnung für den Luftansaugschlauch steckt. Der erste Mann achtet darauf, daß das Sichtfenster des Öltanks in die dafür vorgesehene Karosserieöffnung gelangt.
Schließlich Tank ganz absenken und zusammen mit der Sitzbank befestigen. Tankgeber und Schläuche wieder anschließen, Gummitüllen nicht vergessen (Abb. 271).

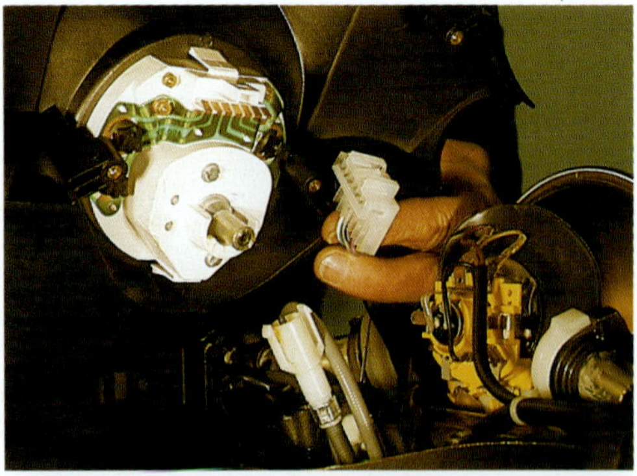

272

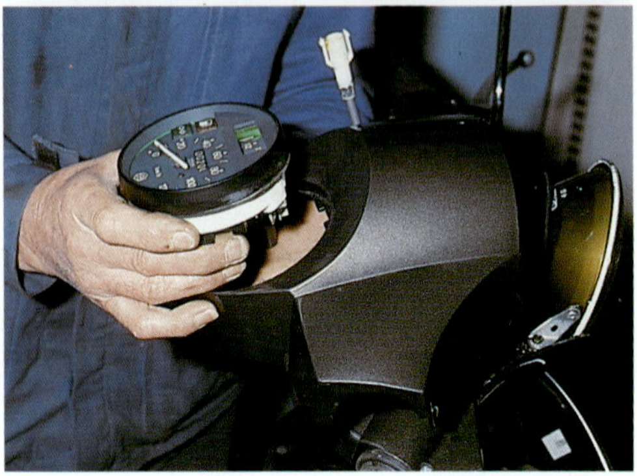

273

Abb. 272 Ausbau Kombiinstrument PX: Lenkerverkleidung mit Instrument demontieren und abklappen, Tachowelle und Kombistecker abziehen.

Abb. 273 Tachometer nach oben aus der Lenkerverkleidung herausnehmen; dabei auf die Gummidichtung achten - sie muß bei Beschädigung erneuert werden.

Achtung: War der Öltank abgeklemmt, den Motor nicht sofort starten. Motor zuerst bei ausgeschalteter Zündung 15 bis 20mal mit dem Kickstarter durchtreten, damit die Ölpumpe fördet; danach ist zuverlässige Schmierung garantiert.

Sitzbank-Schloß Aus- und Einbau PX, Cosa: Bei verlorenem Schlüssel und abgeschlossener Sitzbank bleibt nichts anderes übrig, als den Schließzylinder mit einem hochwertigen Stahlbohrer 8 mm auf 30 mm Tiefe auszubohren.
Befindet sich das Schloß in **Position „offen"**, ist der Zylinderwechsel einfach: Sitzbank aufklappen und zuerst den Sicherungsring innen an der Bank lösen; die Feder und den Hebel abziehen, die Haltezunge zurückdrücken und den Schloßzylinder herausziehen. Sitz reinigen und neuen Zylinder einsetzen.

Kombi-Instrument/Tachometer und Tachowelle ausbauen am Beispiel PX: Neuere Vespa-Modelle besitzen ein Kombi-Instrument, das Tachometer, Zusatzinstrumente wie die Benzinuhr und die Kontrollampen für Ladestrom, Blinker und Fernlicht enthält. Ausbauen läßt sich das Zentralinstrument nur bei **abgenommener oberer Lenkerverkleidung.** Dazu sind - wie bereits im Kapitel 8000-km-Inspektion ausgeführt (dort auch Detailfotos) - einige Vorarbeiten nötig.
Zuerst **Seilzug für die Vorderradbremse** unten an der Ankerplatte aushängen; entweder Einsteller entsichern, eindrehen und Seilzug vom Bremshebel abklemmen oder Rändelmutter lösen und Seilzug von der Ankerplatte abziehen. Anschließend die **Tachowellenverschraubung** unten an der Ankerplatte lösen: Schraube SW 8 des Halteblechs lockern und Welle abziehen. Jetzt die vier Befestigungsschrauben der oberen **Lenkerverkleidung** lösen (je zwei vorn und hinten, alle von unten zugänglich). Verkleidung mit Tachometer jetzt nicht mit Gewalt nach oben reißen, sondern von unten zunächst Tachowelle und Bremszug etwas in das Steuerrohr hineinschieben. Anderenfalls können die Seilzughüllen beschädigt werden. Denn die Bohrungen im Steuerrohr sind ziemlich scharfkantig.
Tip: Müssen die Seilzüge einmal ganz ausgebaut werden, sollten die Bohrungen im Rohr sorgfältig entgratet und geglättet werden.
Lenkerverkleidung nun soweit anheben, daß bequem von unten am **Kombi-Instrument** gearbeitet werden kann. Die **Tachowelle** ist mit einer Rändelmutter (ältere Modelle) oder einem Klemmverschluß aus Kunststoff am Tachometer befestigt.

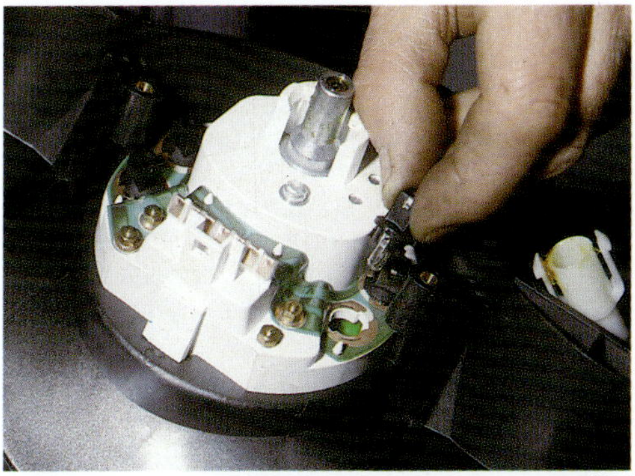

274

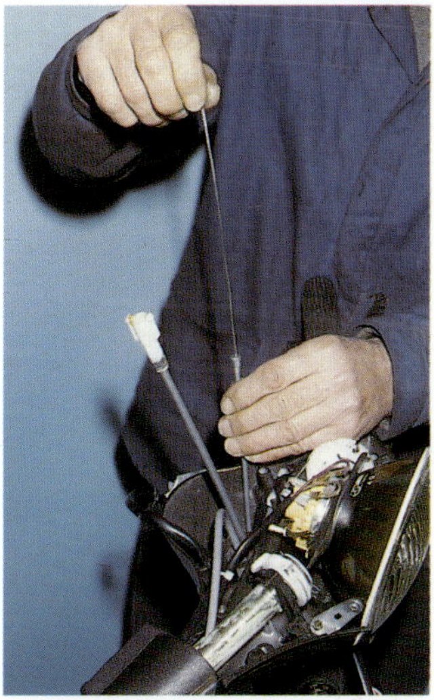

275

Abb. 274 - 276
Bild links oben: Defekte Kontrollampen werden zusammen mit den Fassungen aus dem Kombiinstrument gezogen. Bild rechts oben: So wird der Kupplungs-Innenzug einer Vespa PX ausgewechselt. Bild darunter: Mit der Spitzzange werden die Schaltzüge von der Rolle abgenommen; vorher Nippel aus dem Schaltsegment am Motor aushängen.

277

278

Abb. 277, 278
Wechseln Gas-Innenzug: vergaserseitigen Nippel abzwicken; neuen Nippel anlöten, anschrauben. Oberes Gaszugende mit der Spitzzange von der Rolle nehmen.

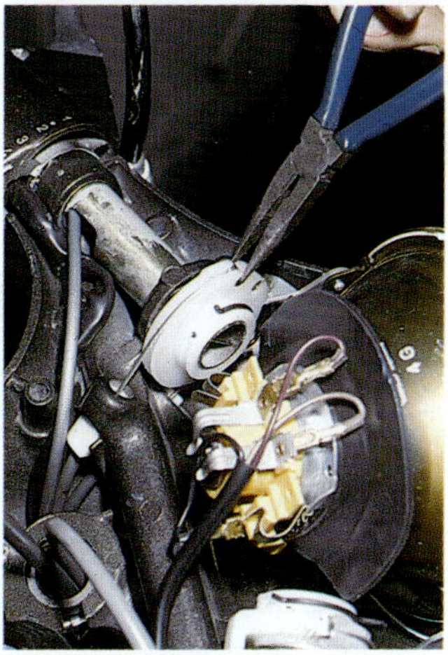

276

Mit Daumen und Zeigefinger die Laschen zusammendrücken und Tachowelle abnehmen (Fotos im 8000-km-Kapitel). Zum Ausbau des Zentralinstruments den Multistecker abziehen (Abb. 272). Das Kombi-Instrument wird von der Lenkerverkleidung getrennt, indem man die beiden Klemmlaschen rechts und links nach innen drückt (Abb. 273). Vor dem Einsetzen die **Dichtung** kontrollieren, notfalls austauschen.

Kontrollampen im Kombi-Instrument auswechseln PX: Die Kontrollampen sind in die Rückwand des Kombiinstruments eingelassen. Sie sitzen in Fassungen aus schwarzem Kunststoff. Fassungen um 90 Grad drehen und zusammen mit den Lampen aus dem Instrument herausnehmen (Abb. 274). Die einzelnen Lampen dann einfach aus den Fassungen herausziehen und auswechseln.

Bowdenzüge - Innenzüge auswechseln alle Modelle: Die Seilzüge, über die Motor, Getriebe und Bremsen bedient werden, müssen nur in den seltensten Fällen komplett ausgewechselt werden. In der Regel genügt es, nur die Innenzüge auszutauschen.

Das funktioniert problemlos bei allen Zügen mit Schraubnippeln am hinteren Ende. Lediglich Tachowelle und Vorderradbremszug müssen komplett gewechselt werden. Zum Auswechseln der **Innenzüge von Kupplung, Schaltung und Gas** die obere Instrumentenverkleidung komplett abnehmen wie im vorausgegangenen Abschnitt und im Abschnitt Bowdenzugpflege eingehend beschrieben.

Innenzug der Kupplung am Ausrückhebel vom Schraubnippel lösen, Ende sorgfältig glätten. Dann Kupplungshebel lösen und Seilzug aushängen wie weiter vorn gezeigt. Jetzt den Innenzug ganz aus der Hülle ziehen (Abb. 275). Neuen Zug leicht einölen und von oben in die Hülle schieben. Unten Nippel befestigen und Kupplung einstellen wie vorn beschrieben.

Zum Auswechseln der **Schaltungs-Innenzüge** den Deckel des Schaltsegments am Getriebeblock öffnen (s. weiter vorn). Nippel abschrauben und Innenzüge durch die Einsteller schieben. Dann Lötnippel an der Schaltrolle aushängen (Abb. 276) und Züge ganz aus den Hüllen ziehen. Neue Züge einölen und in die Hüllen schieben. Schraubnippel befestigen und einhängen, Schaltung einstellen (s. vorn).

Der **Gas-Innenzug** kann nur durchgezogen werden, wenn der Nippel am Vergaser abgetrennt wird (Abb. 277). Das Anlöten eines neuen Nippels macht auf jeden Fall weniger Arbeit als der Austausch des kompletten Seilzugs.Innenzug von der Rolle am Gasdrehgriff abhängen (Abb. 278), aus der Hülle ziehen und durch einen neuen Zug ersetzen. Lötnippel und Seilzüge als Meterware sind im Zubehörhandel für wenig Geld erhältlich. Gaszug nach dem Einfädeln mit einem Seitenschneider auf passende Länge schneiden und neuen Nippel anlöten. Notfalls kann auch ein kleiner Schraubnippel verwendet werden.

Abb. 279 - 281 Zum Abnehmen der Kaskade bei den PX-Modellen das Piaggio-Sigent abhebeln und die dahinterliegende Kreuzschlitzschraube ausdrehen; dann das Gepäckfach öffnen und die beiden rückwärtigen Halteschrauben lösen. Bei abgenommener Kaskade liegt auch das Klemmbrett des Kabelbaums frei (ganz rechts).

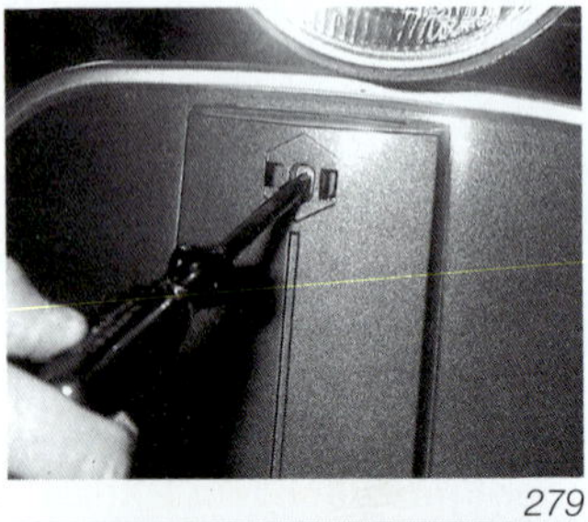

279

280

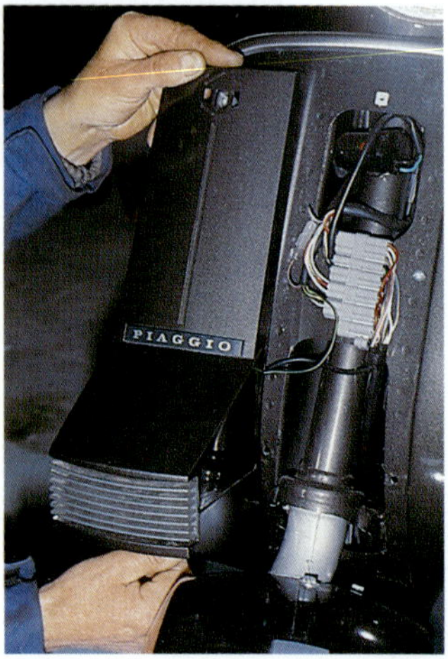

281

Bowdenzüge - Komplettaustausch alle Modelle, Vorarbeiten: Sind die Außenhüllen der Seilzüge beschädigt, müssen die Bowdenzüge komplett ausgewechselt werden. Dazu sind unterschiedliche Vorarbeiten erforderlich. Wir behandeln die Züge daher einzeln.

Ausgangssituation bei PX und Cosa für das Auswechseln von Bowdenzügen, die vom Lenker nach hinten führen: obere Lenkerverkleidung sowie Tank und Sitzbank ausgebaut wie beschrieben. Bei den PK-Modellen sind entsprechende Vorarbeiten nicht notwendig.

Bei PX-Modellen ab Baujahr 1978 sowie bei der Cosa muß zusätzlich die **Steuerrohrverkleidung** vorn am Beinschild abmontiert werden. Dazu mit einem kleinen Schraubendreher die Piaggio-Plakette oben an der Kaskade abhebeln. Dahinter kommt eine Kreuzschlitzschraube zum Vorschein, die gelöst werden muß (Abb. 279). Anschließend den Gepäckkasten öffnen und die beiden Kreuzschlitzschrauben lösen, mit denen die Kaskade von hinten befestigt ist (Abb. 280). Kaskade abnehmen (Abb. 281) und die beiden Kabel abziehen, die zur Hupe führen.

Bowdenzüge - Komplettaustausch, Besonderheiten: Bei den PK-Modellen treten die Züge für Kupplung, Schaltung und Hinterradbremse in einer Gummitülle gemeinsam unterhalb des Motorraums aus dem Mittelschacht. Der Tank muß daher nicht ausgebaut werden.

Für die **PX-Modelle** gilt Folgendes: Die Züge für Kupplung, Schaltung, Gas und Hinterradbremse laufen vom Mitteltunnel in den Hohlraum unter der Sitzbank und werden von da aus durch spezielle Öffnungen zu den einzelnen Aggregaten geführt. Im Bereich des Tankraums sind sie allerdings durch eine Plastikwanne abgedeckt. Bei den Grundmodellen der PX-Reihe kann die Wanne einfach nach oben herausgenommen werden.

Bei den **Lusso-Modellen** allerdings sind die Gestänge für die Haubenverriegelung im Wege. Die beiden

Abb. 282, 283 Seilzüge lassen sich mit einem Stück Kabel herausziehen; das Kabel bleibt im Tunnel und dient als Manövrierhilfe.

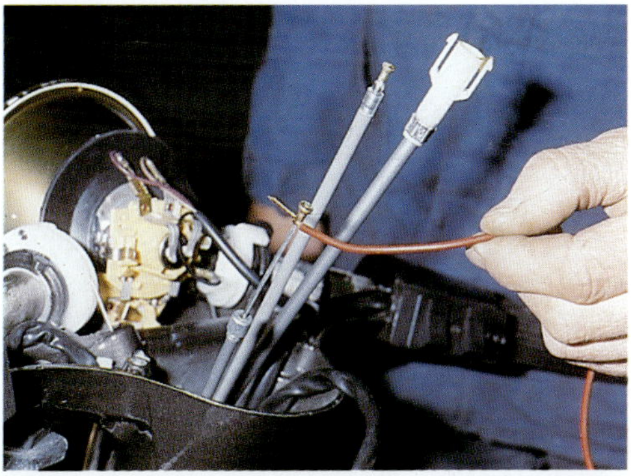

282

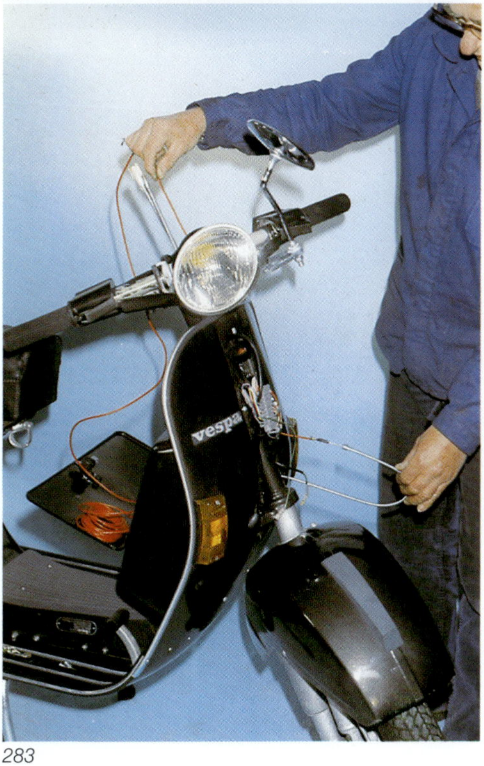

283

Gestänge laufen jeweils durch einen Stahlblechsockel, der mit zwei Kreuzschlitzschrauben an der Karosserie festgemacht ist. Die beiden Sockel lösen (Abb. 284) und Gestänge so verlegen, daß die Plastikwanne herausgenommen werden kann. Nun liegen die Züge frei. Das Durchziehen kann beginnen.

Abb. 284
Ausbau Seilzüge im Chassisbereich: Verriegelungsgestänge (nur Lusso) abschrauben und die Plastikschale entfernen.

Abb. 285
Austausch des Gaszugs bei einer Vespa PX; zuvor muß der Tank ausgebaut werden.

Abb. 286
Nach Lösen des Hebels und Abnehmen des Nippels läßt sich der Kupplungszug vom Lenker abziehen.

284

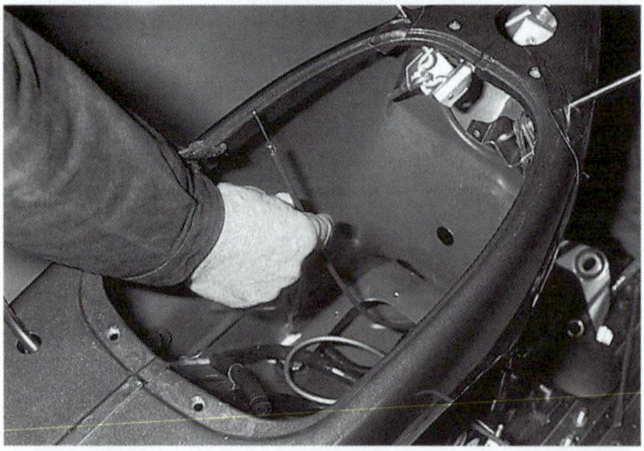
285

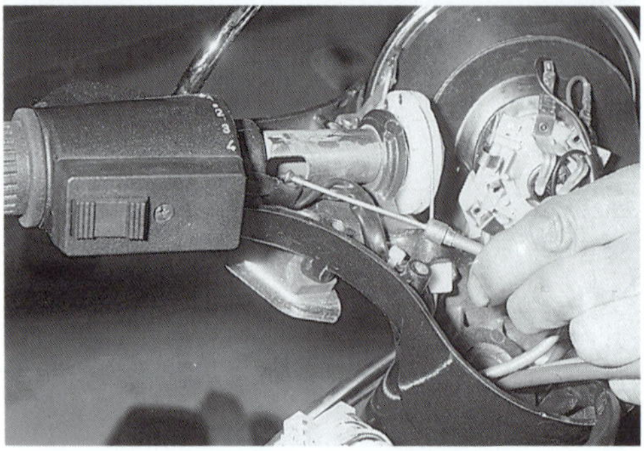
286

Bowdenzüge - durch die Karosserie ziehen, alle Modelle: Es gibt verschiedene Methoden, um die Züge durch den Rahmentunnel zu manövrieren. **Achtung:** Auf keinen Fall den alten Zug voreilig aus dem Tunnel ziehen, ohne Maßnahmen zum Einfädeln des neuen Zuges getroffen zu haben!

Einfädel-Methode 1: betreffenden Seilzug am Lenker aushängen, am Nippel das freigelegte Ende eines mindestens zwei Meter langen Elektrokabels festzwirbeln (Abb. 282) und Zug von hinten durch den Rahmentunnel ziehen. Das Kabel bleibt im Tunnel. Am Kabelende nun den Nippel des neuen Seilzugs befestigen und den Bowdenzug mit Hilfe des Kabels durch den Tunnel bis zum Lenker ziehen (Abb. 283). Statt des Elektrokabels kann auch ein flexibler Stahldraht mit dem Seilzugende verbunden werden.

Einfädel-Methode 2: betreffenden Seilzug an beiden Enden aushängen und Innenzug aus der Hülle ziehen. Hülle bleibt zunächst noch im Fahrgestell. Eine kleine Blechschraube nehmen, den Kopf abzwicken und das Ende mittels Zange in das obere Ende der alten Hülle drehen. Dann die neue Hülle auf das andere Ende der Schraube drehen. Nun die alte Hülle von hinten aus dem Chassis ziehen und die neue Hülle von vorn nachschieben. Auf zuverlässige Verbindung achten, wenn die Hüllen sich trennen, gibt's Probleme.

Bleibt eine Hülle mitten im Tunnel stecken, versuchen, das Ende von der Öffnung neben dem Steuerrohr aus mit einem Stahldraht herauszuangeln. Dann vom Steuerrohr einen

Draht nach unten schieben und das Drahtende mit dem Hüllenende verbinden; Hülle mit dem Stahldraht bis zum Lenker hochziehen.
Bei beiden Verfahren durch Hineingreifen in die Tankhöhlung und den Hohlraum beiderseits des Steuerrohrs so weit wie möglich nachhelfen; keine Gewalt anwenden, die Züge dürfen nicht geknickt, die Hüllen nicht beschädigt werden. Besondere Vorsicht ist beim Einführen der Züge in die Aussparungen am Karosserieboden und in der Tankhöhlung angebracht.

Gaszug komplett auswechseln, alle Modelle: obere Lenkerverkleidung und Kaskade abnehmen, Tank und darunterliegende Plastikwanne ausbauen (nicht bei PK-Modellen); Luftfilter demontieren und Gaszug vom Vergaser abhängen; vorderen Seilzugnippel von der Drehgriffrolle nehmen. Gummitüllen von der Karosserie nehmen; Gaszug mit einer der oben beschriebenen Methoden durch den Tunnel ziehen und auswechseln (Abb. 285).

Kupplungszug komplett auswechseln, alle Modelle: obere Lenkerverkleidung und Kaskade abnehmen; Tank und darunter liegende Plastikwanne ausbauen (nicht bei Pk-Modellen); Schraubnippel am Ausrückhebel lösen und Zug aus dem Einsteller herausziehen; Gummitülle an der Karosserieunterseite abziehen (das Hinterradbremsseil wird durch die gleiche Tülle geführt); Kupplungshebel am Lenker abschrauben, Nippel des Seilzugs aushängen und abnehmen (Abb. 286); Zug vom Lenker abziehen; Ende mit Draht verknüpfen und samt Hülle von hinten aus dem Tunnel ziehen.

Schaltzüge komplett auswechseln, alle Modelle: obere Lenkerverkleidung und Kaskade abnehmen; Tank und darunter liegende Plastikwanne ausbauen (nicht bei PK-Modellen); beide Züge müssen stets zusammen ausgewechselt werden, sie sind in einem flexiblen Rohr zusammengefaßt. Zuerst das Schaltsegment öffnen und die bei-

Abb. 287 - 289 Ausbau Bremspedalbock, Hinterradbremszug PX: Schrauben lösen. Pedalbock absenken, Splint abziehen; Einbau: Gelenk mit Holz verkeilen.

287

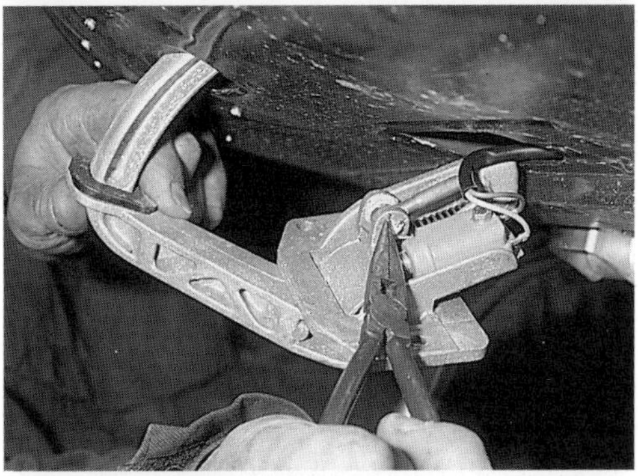

288

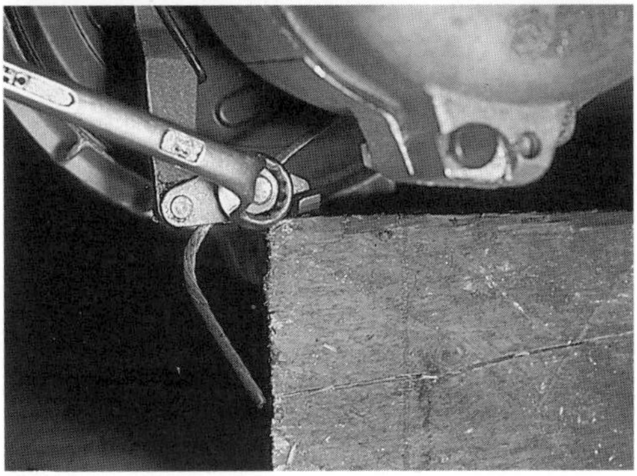

289

Abb. 290
Der Starterzug ist bei den PX-Modellen mit Klammern gesichert; eine Spitzzange ist beim Ausbau hilfreich.

Abb. 291
Eine Federklammer hält die Gaszugrolle am rechten Lenkerstummel fest.

Abb. 292
Die Rückspiegel sind mit Muttern SW 13 an speziellen Haltern befestigt.

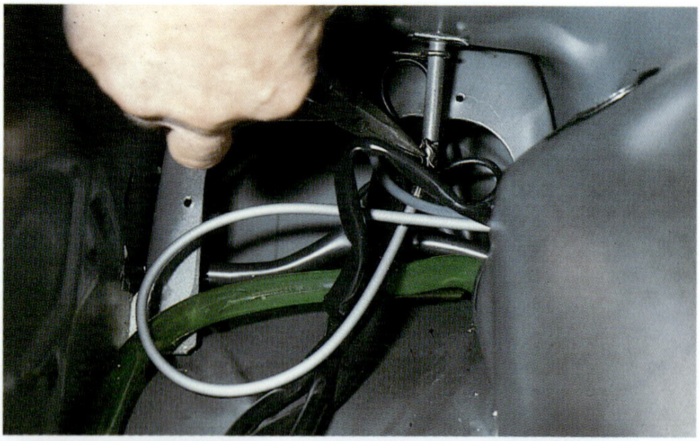
290

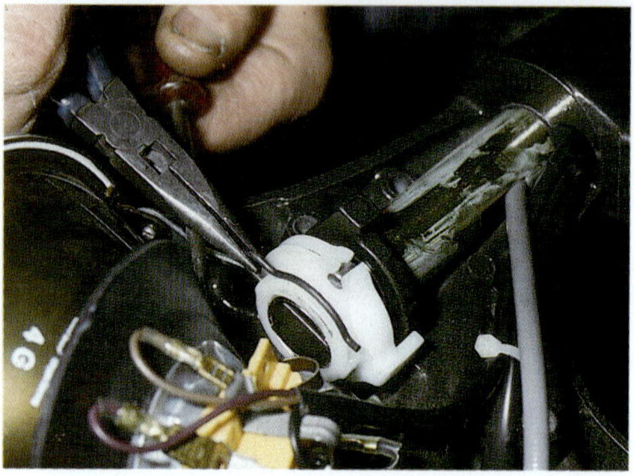
291

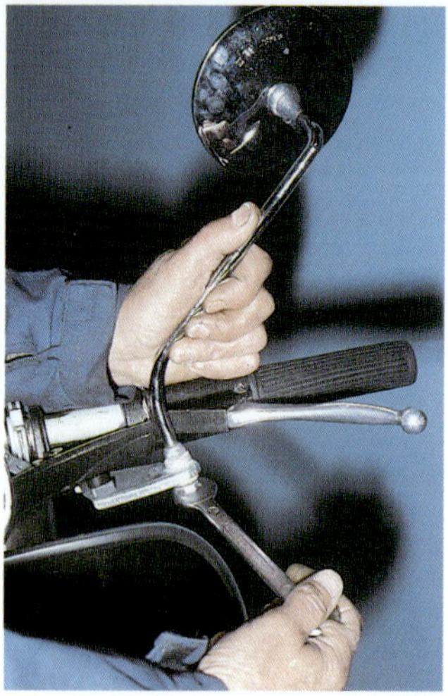
292

den Schraubnippel lösen; Züge aus den Einstellern ziehen; Nippel oben an der Schaltrolle aushängen und beide Führungshülsen am linken Lenkerende ziehen; jetzt eine der beschriebenen Methoden anwenden und beide Züge aus dem Tunnel ziehen. Neue Züge beim Einbau nicht verwechseln.

Hinterrad-Bremszug komplett auswechseln - PK, PX: Mit einem Schlüssel SW 13 die Klemmschraube lösen, die den Seilzug am Bremsgelenk festhält, Seilzug aus dem Einsteller ziehen; den **Bremspedalbock abschrauben:** Er ist rechts mit zwei durchgehenden Schrauben SW 10 nebst Muttern SW 10 (Abb. 287) und links mit einer nur von unten zugänglichen Schraube SW 10 befestigt. Pedalbock nach unten drücken und soweit vorziehen, bis der Innenseilzug ausgehängt werden kann; er wird von einem versplinteten Bolzen gehalten; Bolzen entsplinten und vom Bock abziehen (Abb. 288), Tülle aus der Karosserie ziehen und Seilzug nach einer der beschriebenen Methoden auswechseln. Am besten den Zug von vorn durchziehen. Beim **Einbau des neuen Zug**s den Bolzen am Pedalbock durch einen neuen Splint sichern. Bock nach oben drücken und festschrauben. Seilzug durch den Einsteller am Getriebegehäuse schieben und darauf achten, daß er sich sauber anpaßt. Das Ende des Innenseils zwischen die beiden Laschen am Bremshebelgelenk schieben; Bremshebel von Hand vordrücken, bis sich am Pedal ein Spiel von 20 bis 25 mm ergibt (zwischen Nullstellung und Vollbremsung); nun mit dem Schlüssel SW 13 die Mutter anziehen und Seilzugende festklemmen; das Bremshebelgelenk am Wegdrehen nach unten hindern - ein Trick: Holzklotz unterlegen (Abb. 289).

Starterzug komplett auswechseln - PK, PX: Bei den PK-Modellen muß nur die Sitzbank hochgeklappt und die Werkzeugschale herausgenommen werden; der Chokezug ist dann frei zugänglich; er wird einfach vom Vergaser abgehängt. Bei den PK-Modellen Tank ausbauen wie beschrieben. Dann die beiden Klammern lösen, die den Starterzug mit dem Starterknopf verbinden; die kleine Klammer hält den Außenzug fest (Abb. 290), die große Klammer den Innenzug. Luftfilter ausbauen und Starterzug vom Vergaser abhängen. Der Zug kann ohne weitere Hilfsmittel durch die Karosserie gezogen werden.

Vorderrad-Bremszug komplett auswechseln - PK, PX: Bremsseil vom Bremshebel trennen wie beschrieben. Tachowelle lösen und obere Lenkerverkleidung abnehmen; Handbremshebel lösen, Nippel aushängen und wegnehmen, damit er nicht ins Steuerrohr fällt; Zug aus dem Lenkerende nehmen; schließlich Seilzug komplett von unten aus dem Steuerrohr ziehen; Kabel oder Stahldraht zum Einziehen des neuen Zugs nicht vergessen. Nach Einbau des neuen Zugs Vorderradbremse einstellen.

Tachowelle auswechseln, alle Modelle: Die Vorarbeiten wurden bereits beschrieben - Tachowelle unten abklemmen, dann Lenkerverkleidung abnehmen und Welle vom Tachometer abnehmen. Jetzt unteres Wellenende mit Stahldraht oder Elektrokabel verknüpfen und Welle von oben aus dem Steuerrohr zie-

Abb. 293, 294 Zündschloß-Ausbau: Siegellack entfernen; Madenschraube ausdrehen, Zündschloß vom Steuerrohr, Kabelstrang vom Klemmbrett abziehen.

293

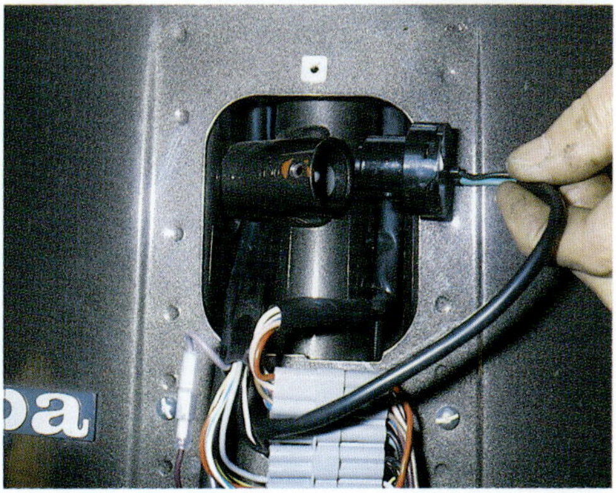

294

hen. Neue Welle in umgekehrter Richtung einfädeln.

Gasdrehgriff zerlegen, alle Modelle: Der Gasdrehgriff kann bei einem Unfall oder Umkipper rasch beschädigt werden. Der Ausbau erfordert nur wenige Handgriffe: Obere Lenkerverkleidung abschrauben wie gezeigt. Gaszug aushängen. Die Feder entfernen, durch die der Drehgriff gesichert ist (Abb. 291). Führungsrolle für den Gaszug sowie die Unterlegscheibe und die Federscheibe abnehmen. Anschließend läßt sich der Drehgriff komplett abnehmen.

Rückspiegel auswechseln, alle Modelle: Serienmäßig ist die Vespa mit einem oder zwei Rückspiegeln ausgerüstet. Sie sind an Haltern aus Stahlblech befestigt und von unten durch Muttern SW 13 gesichert. Mutter lösen und Spiegel abnehmen (Abb. 292). Für ältere Fahrzeuge ist der Kauf eines zweiten Rückspiegels empfehlenswert. Den passenden Halter hat der Vespa-Händler. Halter an der entsprechend vorbereiteten Stelle der Lenkerverkleidung anbringen und Spiegel befestigen.

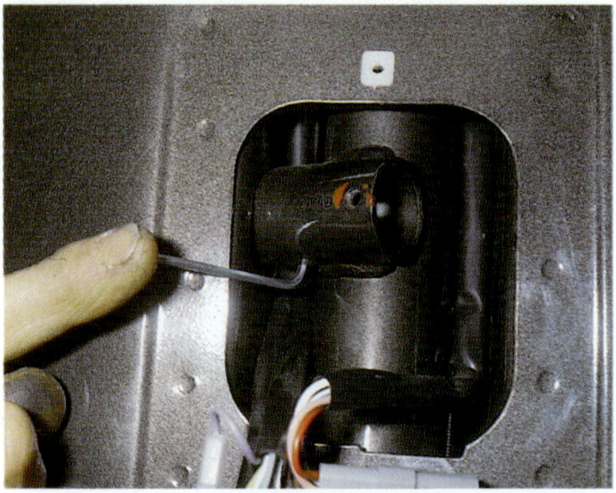

295

296

Abb. 295, 296 Ausbau des Schließzylinders: zuerst mit dem Innensechskantschlüssel SW 2,5 von unten in die kleine Bohrung fahren und Sperrklinke hochdrücken; dann Schließzylinder zusammen mit Zündschlüssel vom Steuerrohr abziehen.

Zündschloß aus- und einbauen PX, Cosa: Während sich das Zündschloß recht einfach ausbauen läßt, ist für die Demontage des Schließzylinder bei den Vespa-Modellen ab 1978 sowie bei der Cosa viel Fingerspitzengefühl erforderlich.
Zunächst der Zündschloß-Ausbau: Die Piaggio-Plakette mit einem Schraubendreher abhebeln. Dann die Steuerrohrverkleidung ausbauen wie vorn beschrieben: eine Kreuzschlitzschraube vorn, zwei Schrauben hinten im Gepäckkasten lösen, Kaskade abnehmen.
Das Zündschloß wird lediglich von einer **Madenschraube** mit der Innensechskantgröße SW 2,5 gehalten. Bei Neufahrzeugen ist sie mit Lack versiegelt. Bevor der Schlüssel eingesetzt werden kann, muß der Siegellack entfernt werden. Schraube herausdrehen und Zündschloß vom Steuerrohr abziehen (Abb. 293, 294). Kabelbaum vom Klemmbrett abziehen. Das Zündschloß trägt keine Seriennummer und ist als normales Vespa-Ersatzteil erhältlich. Einbau in umgekehrter Reihenfolge.

Schließzylinder ausbauen PX, Cosa: Je nachdem, ob sich das Schloß in „Lock"- oder „Off"-Stellung befindet, sind zwei verschiedene Verfahren anzuwenden. Falls die Schlüssel verloren wurden und sich das kombinierte Zünd-/Lenkerschloß in **Stellung „Lock"** befindet,

muß der Schließzylinder wohl oder übel mit einem hochwertigen Stahlbohrer 8 mm bis zu einer Tiefe von exakt 30 mm aufgebohrt werden. Auf diese Weise wird die Vorrichtung, die den Zylinder und den äußeren Schloßkörper zusammenhält, zerstört. Anschließend läßt sich der Zylinder mühelos herausziehen und durch ein Neuteil ersetzen. Der äußere Schloßkörper muß nicht ersetzt werden.
Befindet sich der Schlüssel in **Stellung „Off"**, zunächst ebenfalls die Frontkaskade ausbauen. Unten am Zylinderrohr ist versteckt eine Bohrung angebracht, durch die ein Innensechskantschlüssel SW 2,5 gesteckt werden kann. Mit dem Schlüssel von unten die **Sperrklinke** am Schließzylinder hochdrücken (Abb. 295). Gleichzeitig den Zündschlüssel in Stellung „On" drehen. Wenn die Klinke ausrastet, läßt sich der Schließzylinder zusammen mit dem Zündschlüssel aus dem Zylinderrohr ziehen (Abb. 296). Dabei auf die kleine Blattfeder achten.
Achtung: Die Steuerrohrverriegelung - eine massive Stahlscheibe mit doppelter Anschrägung - möglichst nicht nachträglich verdrehen; sie bleibt im Steuerrohr und kann nur zusammen mit diesem ausgebaut werden. Daß Unbefugte die Kaskade abnehmen, das Zündschloß ausbauen und dann die Zündung kurzschließen, wird zumindest erschwert, wenn der Gepäckkasten stets sorgfältig abgeschlossen ist.

Schließzylinder einbauen PX, Cosa: Wieder einbauen läßt sich der Schließzylinder nur unter Beachtung folgender Punkte: Zunächst kontrollieren, ob die Verriegelungsplatte das Steuerrohr freigibt - sie muß in „On"-Stellung stehen; d.h. die untere Schräge muß parallel zum Steuerrohr laufen. Jetzt das Zündschloß aufsetzen; die Aus-

Abb. 297, 298
Kontrolle der Steuerkopflager (oben); Demontage des Steuerrohrs: zuerst mit Schlüssel SW 13 Lenkerbefestigung lösen.

297

298

sparung muß mit dem Nut an der Verriegelung übereinstimmen. Zündschloß einsetzen, aber noch nicht befestigen. Anschließend Schließzylinder samt Zündschlüssel einführen; Zündung muß eingeschaltet sein („On").
Blattfeder aufsetzen und Schließzylinder bis zum Anschlag in das Zylinderrohr schieben; Zündschloß und Verriegelung müssen sauber passen. Damit die Sperrklinke am Schließzylinder einrastet, ein wenig von rechts auf das Zündschloß drücken. Danach erst die Madenschraube einsetzen und anziehen. Kabelverbindung herstellen, Kaskade befestigen.

Lenkrohrlager prüfen, alle Modelle: Wie bei allen Motorzweirädern wird auch bei der Vespa das Fahrverhalten in entscheidendem Maße dadurch beeinflußt, ob das Lenkkopf- oder Lenkrohrlager in Ordnung und korrekt eingestellt ist. Unzulässiges Spiel im oberen und unteren Lenkrohrlager der Vespa führt zu unangenehmen Pendelerscheinungen. Geradeauslauf und Spurtreue werden negativ beeinflußt. Deshalb sollten die Lager in regelmäßigen Abständen, mindestens aber einmal im Jahr überprüft und, falls nötig, neu eingestellt oder erneuert werden.
Zur Überprüfung Fahrzeug aufbocken; die **Vorderradaufhängung muß ganz entlastet** sein. Nun mit der linken Hand die Radführung, mit der rechten die Abdeckkappe an der Bremstrommel ergreifen und versuchen, das Lenkrohr samt Radführung durch ruckartiges Ziehen und Drücken längs zur Fahrtrichtung hin- und herzubewegen (Abb. 297). Dabei darf sich keinerlei Spiel zeigen.

299

300

Abb. 299, 300 Oberes Steuerkopflager freigelegt zur Einstellung oder Demonatge; die einzelnen Teile (Bild links): obere Nutmutter, Gleitscheibe, untere Nutmutter als obere Lagerschale, Kugelkäfig, untere Lagerschale. Bild rechts: Nach dem Aushängen von Vorderradbremszug und Tachowelle läßt sich der Lenker nach hinten klappen.

Lenkrohrlager einstellen, alle Modelle: Hat das Lenkrohr Spiel, müssen die Lager wie folgt nachgestellt werden: zunächst Tachowelle und Vorderradbremszug abnehmen wie weiter vorn beschrieben. Dann obere Lenkerverkleidung ausbauen, Bremszug vom Handhebel lösen und Tachowelle abnehmen. Nun Tachowelle so weit von unten aus dem Lenkrohr ziehen, bis sie oben fast im Rohr verschwindet. Mit dem Bremszug ebenso verfahren.
Anschließend mit einem Steckschlüssel SW 13 die Schraube der **Lenkerbefestigung lösen** und ganz herausnehmen (Abb. 298); auf die Vierkantschraube am anderen Ende der Schraube achten. Lenkkörper nach oben vom Lenkrohr abziehen und an den verbliebenen Bowdenzügen hinten herunterhängen lassen (Abb. 300).
Die **Verschraubung des oberen Lenkrohrlagers** ist nun frei zugänglich. Im einzelnen handelt es sich um folgende Elemente (von oben nach unten): obere Nutmutter, Gleitscheibe mit Sicherungsnase, untere Nutmutter als obere Lagerschale, Kugellager, untere Lagerschale (Abb. 299).
Zum Einstellen des Spiels sind zwei passende **Hakenschlüssel** erforderlich. Mit dem ersten Schlüssel die untere Nutmutter festhalten, mit dem zweiten die obere Nutmutter lösen. Dann untere Nutmutter so weit anziehen, bis kein Spiel mehr vorhanden ist. Drehmoment: 50-60 Nm. Danach Mutter wieder um 90° gegen dem Uhrzeigersinn drehen, also etwas lockern; dabei darf allerdings kein Spiel entstehen.
Die **obere Nutmutter** darf ebenfalls nicht zu fest angezogen werden. Bei richtig eingestellten Lagern muß der Lenker (bei aufgebocktem Fahrzeug und frei hängendem Vorderrad) gerade noch bis zum rechten und linken Anschlag durchfallen.
Werden die Nutmuttern zu fest angeknallt, geraten die Lager unter Druck und verschleißen dementsprechend schnell. Außerdem wird das Fahrverhalten negativ beeinträchtigt.
Zuletzt die oben liegende Nutmutter festziehen, Drehmoment: 130 Nm; dazu die untere Mutter mit dem zweiten Hakenschlüssel festhalten - sie dreht sich sonst mit und klemmt die Lager fest. Nach dem Einstellen Lenkkörper wieder aufsetzen und Befestigungsschraube SW 13 nebst Vierkantmutter einsetzen. Schraube zunächst lose anziehen und Lenker genau im Winkel von 90° zum Vorderrad ausrichten. Dann erst Schraube festziehen (Drehmoment maximal 44 Nm). Tachowelle und Vorderradbremszug anschließen, obere Lenkerverkleidung aufsetzen wie weiter vorne beschrieben.

Lenkrohr und Kotflügel aus- und einbauen, alle Modelle: Das Lenk- oder Steuerrohr muß ausgebaut werden, wenn die Lager verschlissen sind oder der Vorderradkotflügel ausgewechselt werden muß. Der Kotflügel ist nicht wie bei Motorrädern einach an die Gabel geschraubt, sondern über das Rohr gestülpt - eine etwas unglückliche Lösung, die im Schadensfall einen unverhältnismäßig hohen, kostspieli-

Abb. 301
Der vordere Kotflügel kann nur bei ausgebautem Steuerrohr abgenommen werden; er wird von drei Sechskantschrauben und einer Kreuzschlitzschraube gehalten.

301

gen Arbeitsaufwand erfordert. Zum Ausbau des Lenkrohrs zunächst genauso verfahren wie im vorigen Abschnitt erläutert: Tachowelle und Bremszug aushängen, Lenkerverkleidung abnehmen, Lenkkörper abklappen. Dann mit Hakenschlüsseln die Ringmuttern am oberen Lager lösen. Beide Gewinderinge sowie den Gleitring und das obere Kugellager abnehmen. Dann die seitlichen Hauben abnehmen (PX, Cosa). Ist der Tank noch ziemlich voll, Benzin ablassen. Batterie ausbauen, sonst läuft Säure aus. Nun **Fahrzeug auf die Seite legen** und mit Holzklötzen unter Sitzbank und Beinschild abfangen. Das Abkippen erübrigt sich, wenn eine Montagebühne zur Verfügung steht.

Schließlich Steuerrohr zusammen mit Vorderradmechanik und Kotflügel aus dem Fahrzeug herausziehen. Der **Kotflügel** wird oben von drei Schrauben SW 10 (Abb. 301) und seitlich von einer Schlitzschraube gehalten. Schrauben lösen und Kotflügel nach oben vom Lenkrohr abziehen.

Vor dem Wiedereinbau von Lenkrohr und Kotflügel die **Lagerschalen der beiden Kugellager prüfen.** Sie dürfen keine Laufspuren, keinen Rostansatz zeigen. Schadhafte Lager auswechseln, intakte Lager vom alten Fett befreien und mit frischem Universalfett schmieren. Einbau der einzelnen Elemente in umgekehrter Reihenfolge. Einstellung und Festziehen der Lager wie oben beschrieben.

Lenkrohrlager ausbauen, alle Modelle: Wie zum Ausbau des Steuerrohrs (s.o.) Nutmutter A herausschrauben, Lenker anheben und nach hinten kippen; Lenkerführungsscheibe B abziehen (Abb. 304). Jetzt **Nutmutter 4 des oberen Lenkrohrlagers** ausdrehen, Sicherungsscheibe 3 herausziehen, oberen Laufring 2 ausschrauben und Kugelkäfig 1 abziehen (Abb. 305). **Unteren Laufring des oberen Lagers** mit einem Schlagdorn austreiben; dazu Dorn von unten ins innere Rohr des Lenksäulenholms stecken, am Laufring ansetzen und mit Hammerschlägen den Laufring auspressen (Abb. 302).

Der **obere Laufring des unteren Lenkrohrlagers** wird sinngemäß auf die gleiche Weise mit einem langen Schlagdorn oder Rohr ausgetrieben (Abb. 303). Der **untere Laufring des unteren Lagers** wird

Abb. 302, 303 Ausbau der im Chassis verbliebenen Lagerschalen; Bild links: Die obere Schale LO des oberen Lenkrohrlagers wird mit einem passenden Schlagdorn von unten ausgetrieben; Bild rechts: Austreiben der unteren Lagerschale LU mit Dorn von oben.

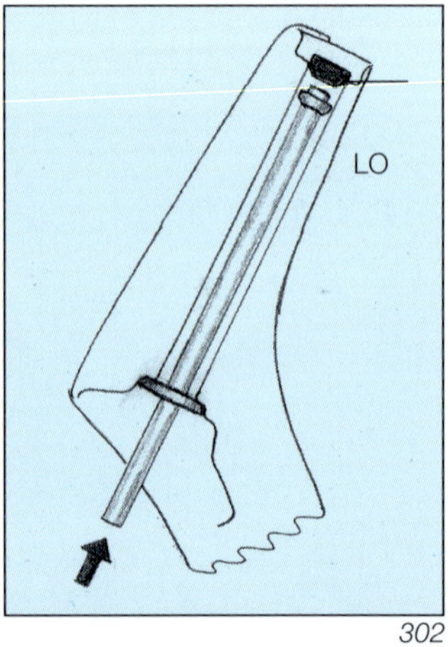

302

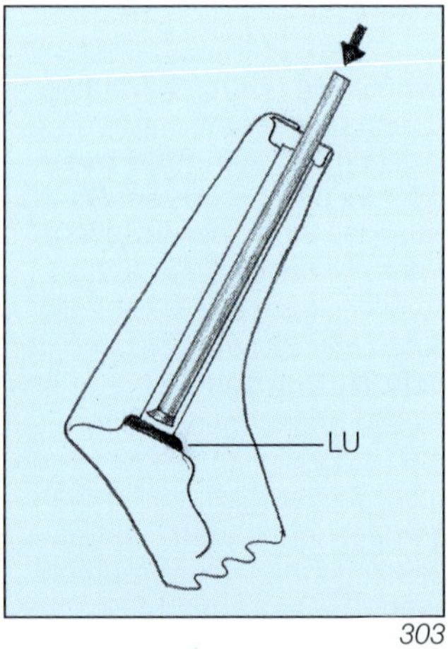

303

samt Kugelkäfig mit einem Schraubendreher abgehoben.

Lenkrohrlager einbauen, alle Modelle: Zuerst Staubschutz und Laufring des unteren Steuerrohrlagers auf das Lenkrohr aufstecken und mit Hammer und Schlagrohr, Innendurchmesser 35 mm, bis zum Anschlag pressen. Schlagrohr herausziehen und den sorgfältig eingefetteten **Kugelkäfig** aufsetzen. Dann den **oberen Laufring des unteren Lagers** (Position LU in Abb. 306) und den **unteren Laufring des oberen Lagers** (Position LO Abb. 306) mit geeignetem Werkzeug in die Sitze pressen. Die Vespa-Werkstatt verwendet eine Gewindestange mit Druckscheiben und Muttern, die so weit angezogen werden, bis die einzelnen Laufringe fest anliegen (Abb. 306).
Jetzt das **obere Lager komplettieren:** Steuerrohr auf Mitte halten und den gefetteten **Kugelkäfig 1** einsetzen. Die **Lagerschale 2** von Hand aufschrauben, bis sie mit den Kugeln Kontakt hat. Anschließend mit einem Anzugsmoment 50 bis 60 Nm festziehen, dann gegen den Uhrzeigersinn um ca. 90 Grad (1/4 Umdrehung) zurückdrehen (s.a. Abschnitt Lenkrohrlager einstellen). Zum Abschluß die Zahnscheibe 3 aufstecken und die **Nutmutter 4** mit Hakenschlüssel und einem Anzugsmoment von 130 bis 140 Nm festziehen (Abb. 305). **Achtung:** Kontrollieren, ob das Steuerrohr kein Spiel hat, sich aber trotzdem frei drehen kann; ansonsten droht schlechtes Fahrverhalten.
Nur **Cosa:** Zum Lenkereinbau Führungsscheibe B aufstecken, Lenker positionieren, Nutmutter A aufschrauben und mit 100 bis 110 Nm festziehen. Dann die oben liegende Konter-Nutmutter aufschrauben und mit 130 bis 140 Nm festziehen (Abb. 304).

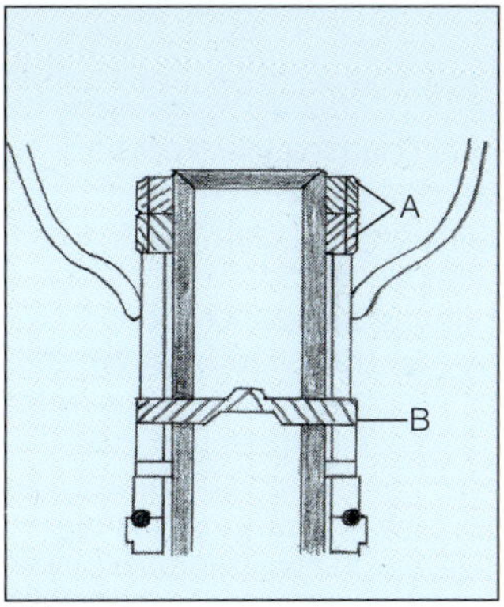

304

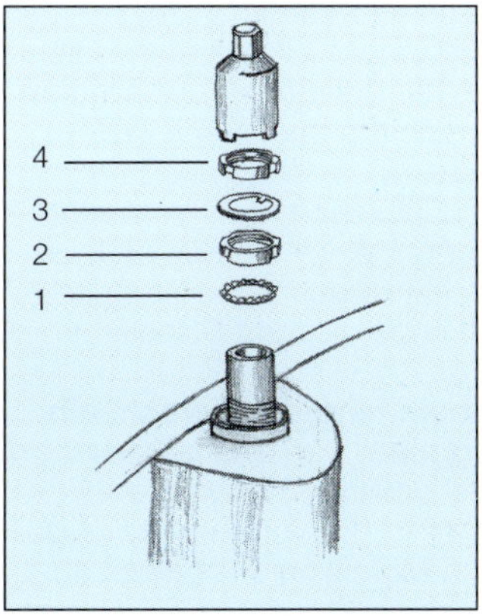

305

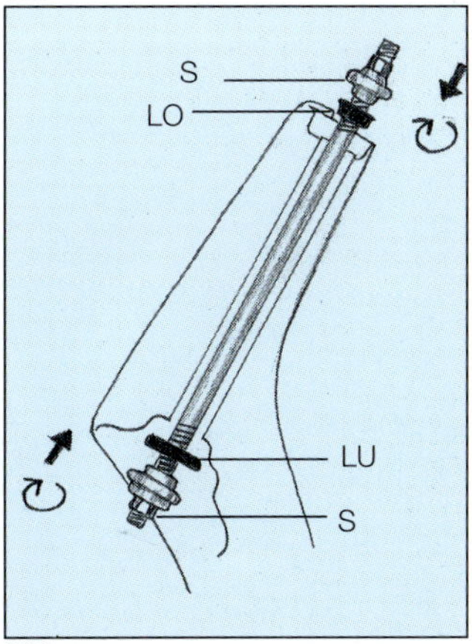

306

Abb. 304
Montage von Lenker und oberem Lenkrohrlager am Beispiel Cosa: Führungsscheibe B aufstecken und Lenker positionieren; die beiden Nutmuttern A aufsetzen und nacheinander mit dem vorgeschriebenen Drehmoment anziehen.

Abb. 305
Schematischer Aufbau des oberen Steuerrohrlagers bei der PX: 1 = Kugelkäfig, 2 = untere Nutmutter als Lagerschale, 3 = Innenzahnscheibe, 4 = obere Nutmutter

Abb. 306
Einbau der inneren Steuerrohr-Lagerschalen in die Karosserie: Die Schalen LO und LU werden mit einem Einziehwerkzeug, das man sich aus einer Gewindestange, passenden Druckscheiben und Muttern selbst herstellen kann, in ihre Sitze gepreßt. Die Muttern S dienen dem Beiziehen.

Federbein vorn auswechseln, alle Modelle: Poltergeräusche in der Vorderradaufhängung und eine Verschlechterung der Fahreigenschaften können damit zusammenhängen, daß das vordere Federbein ausgeschlagen ist. Es besteht aus einer gekapselten Schraubenfeder und einem hydraulischen Stoßdämpfer. Die Befestigung ist bei den neueren Vespa-Modellen einheitlich: Unten ist das Federbein mit zwei Schrauben SW 13 an der Bremsankerplatte festgemacht, die auf der Rückseite durch zwei Muttern SW 13 gesichert sind (Abb. 307). Oben am Steuerrohr sorgen je zwei Schrauben SW 13 für festen Halt (Abb. 308). Schrauben und Muttern lassen sich am besten mit Umschaltknarre, Verlängerung und Stecknuß lösen; notfalls Vorderrad ausbauen. Bei vor Herbst 1978 gebauten Fahrzeugen sind Stoßdämpfer und Feder separat befestigt.

Federbein hinten auswechseln, PK-Modelle: Das hintere Federbein muß die gesamte Karosserie einschließlich Fahrer und Sozius gegen den Motor-/Getriebeblock abstützen. Kein Wunder, daß sich da nach einiger Zeit Verschleiß bemerkbar macht. Auch das hintere Federbein besteht aus einer Schraubenfeder und einem innenliegenden Stoßdämpfer. Bei der Vespa PK zunächst **Fahrzeugheck abstützen;** das Hinterrad muß frei sein. Dann die untere Federbeinbefestigung lösen; Bolzen mit einem Schlüssel SW 14 von rechts festhalten, Mutter von links mit einem Schlüssel SW 13 abschrauben (s.a. Abb. weiter vorn). Motorblock mit der einen Hand abfangen, mit der anderen Bolzen herausziehen; Motorblock ablassen. Zum Lösen der oberen Federbeinbefestigung zuerst Tank ausbauen; dazu vier Schrauben SW 13 unter der Sitzbank lösen. Das obere Federbeinende ist in der Karosserie mit einer Spezialschraube SW 13 befestigt. Schraube lösen und Federbein abnehmen (Abb. 309). Beim Wiedereinbau Drehmoment beachten (s. Anhang).

Federbein hinten auswechseln, PX und Cosa: Die untere Befesti-

Abb. 307, 308 Ausbau vorderes Federbein PX, Cosa: untere Befestigung lösen - zwei Muttern SW 13, zwei Bolzen SW 13 (gegenhalten, Bild links); obere Befestigung lösen - Platte und zwei Muttern SW 13 (rechts).

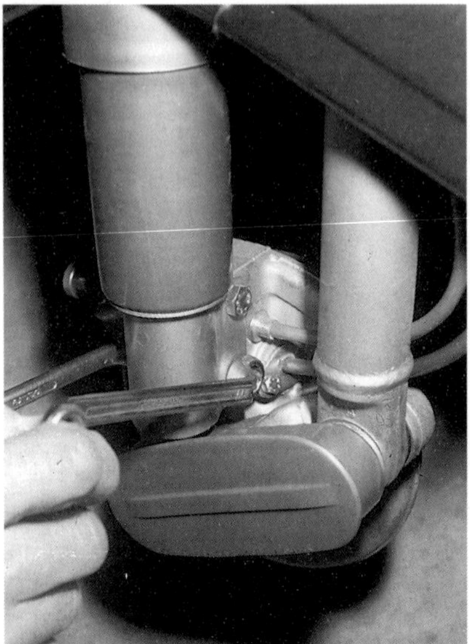

307

308

gung wird ebenso gelöst wie bei der PK-Reihe: Bolzen SW 14, Mutter SW 13. Oben stützt sich das Federbein über einen Sechskantbolzen gegen ein Gummielement ab. Der Sechskant wird mit einem Gabelschlüssel SW 14 gelöst (Abb. 310). Danach kann das Federbein ausgetauscht werden. Beim Wiedereinbau Drehmomentwerte beachten (siehe Anhang).

Abb. 309, 310 Ausbau hinteres Federbein PK, PX.

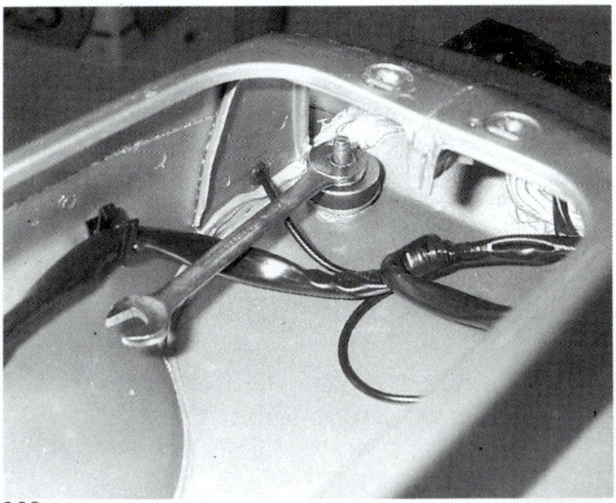

309

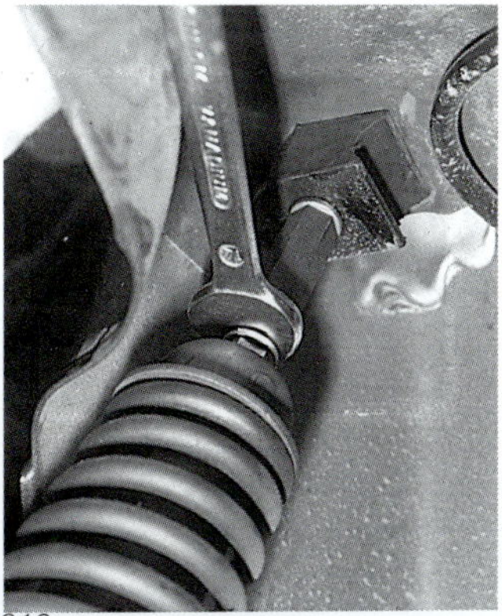

310

Traversenlagerung prüfen, alle Modelle: Der Motor-/Getriebeblock der Vespa ist über Gummilager und eine Traversenachse mit der Karosserie verbunden. Sind die Gummilager in der Traverse ausgeschlagen, verschlechtert sich das Fahrverhalten drastisch. Zur Prüfung der Lagerung Maschine auf den Mittelständer stellen und Heck so abstützen, daß sich das Hinterrad frei drehen kann. Nun mit der linken Hand das Fahrzeug festhalten und mit der rechten das untere Federbeinende ergreifen.
Dann versuchen, den Motorblock quer zur Fahrtrichtung hin- und herzubewegen (Abb. 311). Dabei wird die Gummilagerung in beiden Richtungen etwas nachgeben. Es darf aber kein freies Spiel vorhanden sein (ruckartiges Anschlagen der Traverse zur Seite hin). Defekte Gummilager müssen in der Werkstatt ausgewechselt werden; es sind komplizierte Spezialwerkzeuge erforderlich.

Radlagerspiel prüfen, alle Modelle: Die Radlager sind bei der

Abb. 311 Überprüfung der Schwingenlagerung: Fahrzeugheck abstützen, Antriebseinheit quer zur Fahrtrichtung hin und herbewegen.

311

Vespa keinem allzu hohen Verschleiß ausgesetzt, weil es sich teilweise um Rollenlager mit breiter Aufstandsfläche handelt. Trotzdem kann eine gelegentliche Überprüfung nicht schaden.

Vorderrad: Maschine auf den Mittelständer stellen, das Rad hängt dann frei in der Luft. Von der linken Fahrzeugseite her den Reifen ergreifen, eine Hand oben, die andere unten. Nun versuchen, das Rad quer zur Vertikalen ruckartig hin- und herzukippen. Dabei darf sich keinerlei Spiel zeigen (Abb. 312).

Abb. 312 Prüfung des Radlagerspiels vorn: Maschine auf den Mittelständer stellen und das frei hängende Rad quer zur Achse hin- und herbewegen wie gezeigt.

Abb. 313 Prüfung des Radlagerspiels hinten: Rad erfassen und versuchen, es quer zur Achse hin- und herzuziehen.

312

313

Hinterrad: Maschine aufbocken und Heck so abstützen, daß sich das Rad frei drehen kann. Dann von der linken Fahrzeugseite her Rad rechts und links mit beiden Händen ergreifen und versuchen, es quer zur Achse hin- und herzubewegen (Abb. 313). Auch hierbei darf sich keinerlei Spiel zeigen (Ausbau von Lagern und Achse s. Kapitel Motor-Reparaturen).

Radlager und Bremsankerplatte vorn - Ausbau PX, Cosa: Nach Demontage der Bremstrommel können Bremsankerplatte und Radlager ausgebaut werden. Zum Ausbau der Bremsankerplatte zunächst **Bremsseilzug und Tachowelle** aushängen wie bereits gezeigt. Außerdem bei der Cosa die hydraulische **Bremsleitung** sowie bei Fahrzeugen mit EBC den Raddrehzahlsensor abnehmen; Bremsflüssigkeit auffangen (s. Cosa-Bremskapitel). Anschließend die beiden Befestigungsbolzen des **Federbeins** lösen und mit einer Spezialzange den Sicherungsring vom Achsstummel entfernen. **Bremsankerplatte** komplett abnehmen.

Die beiden **Nadellager** auf der Bremsankerplatte werden wie folgt ausgebaut: Mit einem Schraubendreher den Dichtring (Position 8 auf der Graphik) aushebeln, dann mit einem außen 27 mm messenden Rohrstück und leichten Gummihammerschlägen die beiden Nadellager austreiben (Abb. 315). In der **Bremstrommel** sitzen ein **weiteres Nadellager** und ein Kugellager. Zunächst mit einem Schraubendreher den Dichtring (Position 1 auf der Graphik) aushebeln. Dann mit einer geeigneten Spezialzange den Sicherungsring 2 herausnehmen. Ein Rohrstück mit Außendurchmesser 18 mm durch den Nadelkäfig stecken und unter leichten Hammerschlägen das **Kugellager 3**

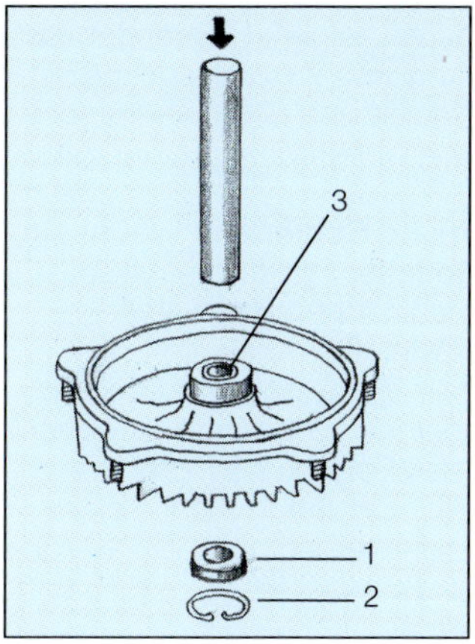

314

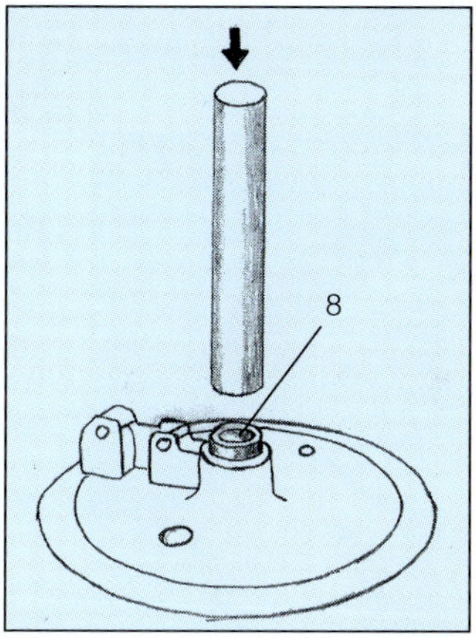

315

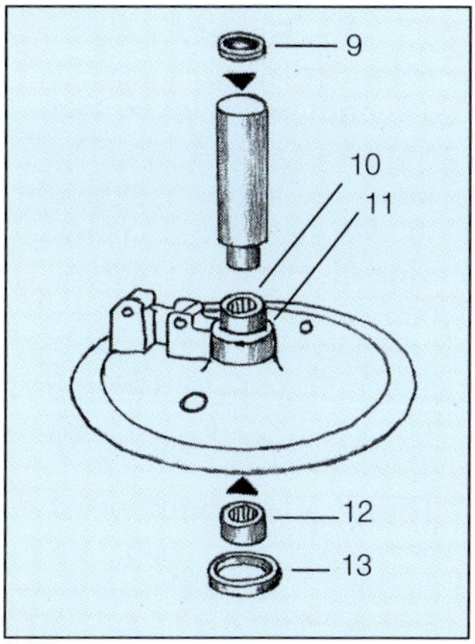

316

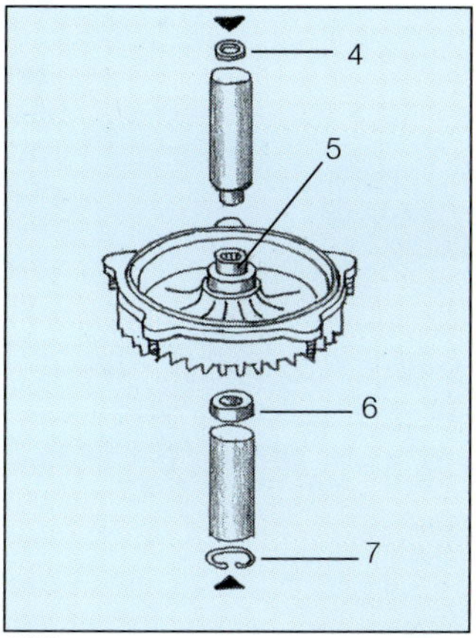

317

Abb. 314
Aufbau Vorderrad-Bremstrommel PX, Cosa, Ausbau Lager: 1 = Dichtring, 2 = Sicherungsring, 3 = Kugellager; Lager mit Dorn von 18 mm Durchmesser herausschlagen; der Nadelkäfig (nicht im Bild) wird mit einem Dorn 25 mm herausgestoßen.

Abb. 315
Lager-Ausbau vordere Bremsankerplatte PX, Cosa: nach Entfernen des Dichtrings 8 werden die beiden Nadelkäfige mit einem Dorn 27 mm ausgetrieben.

Abb. 316
Einbau neuer Lager in die vordere Bremsankerplatte PX, Cosa: mit einem Dorn die Nadelhülse 10 in die zuvor erwärmte Platte schlagen; die Nadelhülse 12 von der anderen Seite einbauen; die beiden Dichtringe 9 und 13 einsetzen; zuletzt den Staubschutzring 11 auflegen.

Abb. 317
Einbau neuer Lager in die vordere Bremstrommel PX, Cosa: Nadelkäfig 5 und Lager 6 mit passenden Schlagstiften einpressen; Dichtring 4 und Sicherungsring 7 einbauen.

ausstoßen. Von der anderen Seite das Nadellager austreiben; dazu ein glattes, 25 mm dickes Rohr verwenden (Abb. 314).

Radlager und Bremsankerplatte vorn - Einbau PX, Cosa: Zunächst muß die Bremsankerplatte **erwärmt** werden; die nötige Hitze liefert zuverlässig ein elektrischer Heißlufterzeuger. Die **Nadelhülse 10** (Abb. 316) mit einem Schlagstift von der äußeren Seite her in die Ankerplatte einschlagen. Die **Nadelhülse 12** wird von der anderen Seite in die erwärmte Platte gepreßt. Abschließend die beiden Dichtringe 9 und 13 einsetzen und inneren Raum der Bremsankerplatte mit Lagerfett (z.B. Fiat Z 2) füllen. Vor Montage der Ankerplatte auf der Radachse den Staubschutzring 11 auflegen.
Die **Bremstrommel** muß für den Einbau der Lager nicht erwärmt werden. Den **Nadelkäfig 5** (Abb. 317) mit einem passenden Schlagstift einpressen, dann Dichtring 4 auflegen. Das **Kugellager 6** wird von außen mit einem Schlagrohr, Außendurchmesser 34 mm, in die Trommel geschlagen. Die abgeschmierte Flanke des Lagers muß

Abb. 318 - 320
Wechsel von Reifen und Schläuchen: Luft ablassen, Muttern der Felgenringe lösen, Reifen lostreten.

318

319

320

nach außen zeigen. Dichtring 4 und Sicherungsring 7 mit Seegeringzange einsetzen und den Innenraum der Nabe einfetten.

Reifen und Schläuche wechseln, alle Modelle: Praktischerweise ist die Vespa mit geteilten Stahlfelgen ausgerüstet. Das erleichtert das Wechseln von Schläuchen und Reifen ungemein. Von Vorteil ist dabei auch, daß Felgen und Reifen beim Wechsel nicht durch Montiereisen strapaziert werden. Benötigt werden lediglich Steckschlüssel SW 13 und Luftpumpe.

Alle neueren Vespa-Modelle haben serienmäßig eine **Reserveradhalterung** unter der linken Haube. (Das Reserverad selbst war meist nur gegen Aufpreis erhältlich.) Der Kauf ist auch deshalb eine sinnvolle Investition, weil das Rad den Gewichtsausgleich zwischen rechter und linker Fahrzeugseite verbessert. Bei einigen klassischen Vespa-Modellen stand das Reserverad im Durchstieg oder hing dekorativ hinter dem Beinschild.

Wie die **Räder ausgebaut** werden, ist bereits weiter vorn gezeigt worden. Hinzugefügt sei, daß die Räder älterer Modelle nicht mit einer Zentralmutter, sondern vier Bolzen an der Nabe befestigt sind; da ist der Radausbau dann so einfach wie beim Auto.

Zum **Reifen- und Schlauchwechsel** zuerst die Luft ablassen (Abb. 318). Dann mit einem Ring- oder Steckschlüssel SW 13 die fünf Muttern lösen, mit denen die beiden Felgenringe verbunden sind (Abb. 319). Rad so auf den Boden legen, daß das Ventil nach oben zeigt. Mit den Füßen die Reifenschultern so weit wie möglich von den Felgenhälften lostreten (Abb. 320). Felgen trennen, Schlauch und Reifen herausnehmen (Abb. 321). Beim **Zusammenbau** zuerst Schlauch in den Reifen legen und schwach aufpumpen. Dadurch wird verhindert, daß der Schlauch eingeklemmt wird. Felgenhälften aufsetzen und zusammenschrauben (Drehmoment maximal 27 Nm). Muttern über Kreuz in mehreren Stufen anziehen. Zuletzt den Schlauch ganz aufpumpen und Ventilkappen aufsetzen. Für die einzelnen Typen gelten folgende **Luftdruckwerte:** PK 50/S und PK 80/S vorn 1,25, hinten 1,60 bzw. 1,75 bar; PK 125/S vorn 1,50, hinten 1,75 bar; beim Fahren zu zweit Druck hinten auf 2,90 bis 3,00 bar erhöhen; PX-Modelle alle Hubraumklassen vorn 1,20, hinten 1,75 bar; beim Fahren zu zweit hinten 2,50 bar; Cosa alle Modelle vorn 1,5, hinten 2,0 bar; zu zweit hinten mindestens 2,5 bar.

Mittelständer abbauen, alle Modelle: Zum Ausbau des Mittelständers muß die Maschine auf die Seite gelegt werden. Dazu Motorhaube abnehmen, Benzin und Öl soweit erforderlich ablassen und Batterie ausbauen. Dann Fahrzeug unter dem Beinschild und unter dem Heck mit Holzklötzen abfangen. Zuerst mit einer kräftigen Spitzzange die beiden **Rückholfedern** am Mittelständer aushängen. Dann die Verschraubung lösen: Der Ständer ist rechts und links mit je zwei durchgehenden Schrauben und Muttern SW 10 befestigt (Abb. 322). Muttern lösen und Schrauben von der anderen Seite gegenhalten. Ständer abnehmen.

Abb. 321
Das Prinzip, nach dem die Vespa-Räder konstruiert sind, ist genial und einmalig: Reifen und Schläuche lassen sich nach dem Trennen und Abnehmen der Felgenringe ohne Kraftaufwand und Spezialwerkzeug auswechseln. Vor dem Zusammenbau Felgeninnenringe - falls nötig - entrosten und mit Zinkstaubfarbe behandeln.

321

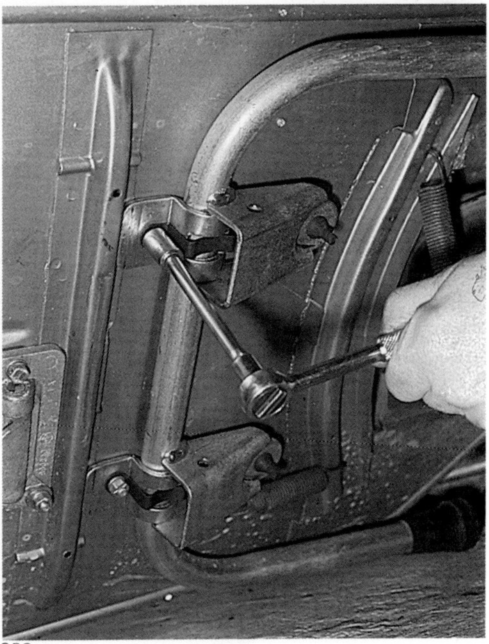

322

Abb. 322
Ausbau des Mittelständers bei einer Vespa PX: Tank entleeren, Batterie ausbauen, Polster unterlegen und Maschine auf die Seite legen; dann die Verschraubung lösen.

REPARATUR- UND AUSTAUSCHARBEITEN TEIL 3: KAROSSERIE-ELEKTRIK, TEILE MOTOR-ELEKTRIK

Zum Roller-Alltag gehören unweigerlich kleine Probleme mit der Bordelektrik. Wie sich die meisten Defekte mit wenigen Handgriffen beseitigen lassen, zeigen wir auf den folgenden Seiten. Behandelt werden - als Ergänzung zu den Ausführungen in den vorangegangenen Kapiteln - auch einige spezifische Eigenheiten der Motorelektrik. Es schliessen sich einige Tips zur Fehlersuche an. Detaillierte Hinweise zur Cosa-Elektrik finden sich weiter hinten im Buch.

323

Abb. 323
Ausbau Scheinwerfer-Glühlampe PX: die Klammern, die den Sockel halten, auseinanderdrücken; alle Kontaktflächen prüfen, notfalls säubern.

Abb. 324
Neue Glühlampe nicht mit bloßen Händen berühren, sondern Papiertaschentuch o.ä. verwenden. Von der Haut werden Fettstoffe übertragen, die verdampfen, wenn die Lampe brennt; davon wird dann der Reflektor trüb.

Scheinwerfer-Glühlampe, Standlichtlampe wechseln - PK, PX: Scheinwerferlampen und Reflektor sind nur zugänglich, wenn (wie bereits gezeigt) zunächst die obere Lenkerverkleidung abgenommen wird (vier Schrauben lösen, Tachowelle und Vorderradbremszug von der Radnabe abnehmen). Scheinwerferglühlampe und Standlichtlampe (soweit vorhanden) sitzen gemeinsam in einer **Kunststoffassung** auf der Rückseite des Reflektors. Die Fassung ist durch zwei Metallklammern rechts und links fixiert. Die Klammern mit einem Schraubendreher abhebeln (Abb. 323) und Sockel zusammen mit den Lampen vorziehen. Glühlampe und Standlichtlampe um 90° nach links drehen und aus der Fassung ziehen (Abb. 324).

Dabei unbedingt beachten: Neue Glühlampe nicht mit bloßen Händen berühren. Fett und Feuchtigkeit bleiben auf dem Glaskörper haften, verdampfen, wenn die Lampe brennt und schlagen sicht dann auf dem Reflektor nieder. Der Reflektor wird dadurch blind, die Lichtausbeute nimmt deutlich ab. Auch darauf achten,

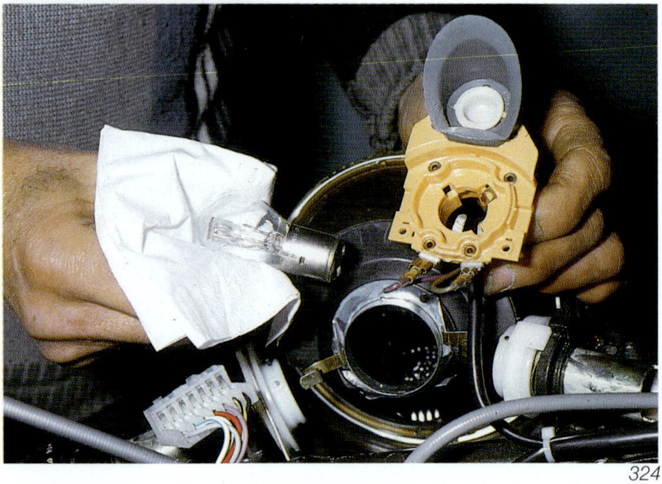

324

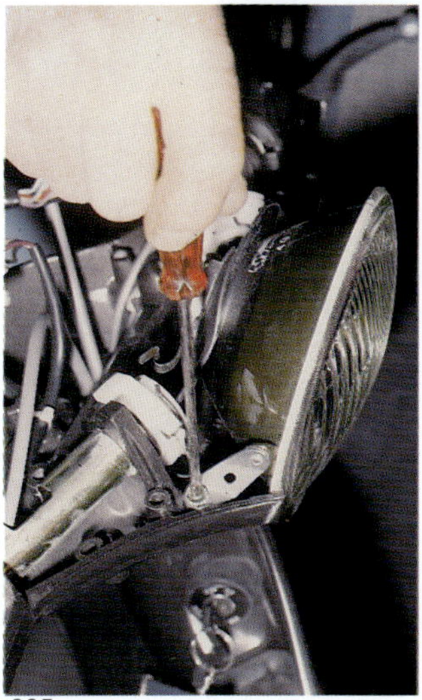
325

326

Abb. 325, 326
Der Reflektor ist mit zwei Haltern an der unteren Lenkerverkleidung festgeschraubt (links); wenn der Reflektor ausgebaut werden soll, muß auch die unten angebrachte Schraube entfernt werden, die der Höheneinstellung des Scheinwerfers dient.

ob das Scheinwerferglas sauber ist; Öl-, Fett- und Insektenreste mit Spiritus oder Alkohol entfernen. Nach dem Einsetzen der neuen Lampen und des Reflektors alle **Kabelverbindungen auf festen Sitz prüfen.** Korrodierte Klemmen und Kabel auswechseln. Die Scheinwerfer-Glühlampe hat 12 Volt, 25/25 Watt (Lusso-Modelle: 12 V, 35/35 Watt); die Standlichtlampe weist 12 Volt, 5 Watt auf.

Scheinwerfer-Reflektor auswechseln - PK, PX: Der Reflektor muß ausgewechselt werden, wenn die Verspiegelung blind geworden ist oder das aufgeklebte Glas gesprungen ist. Dazu - wie am Beispiel der PX 200 E gezeigt - die beiden Schlitzschrauben an den Haltern lösen, mit denen der Reflektor an der unteren Lenker (Abb. 325). Außerdem mit einem Schlüssel SW 7 die Scheinwerfereinstellschraube vorne unter dem Reflektor lösen (Abb. 326). Jetzt läßt sich der Reflektor auswechseln. Anschließend muß er neu eingestellt werden.

Scheinwerfer einstellen - alle Modelle: Die Scheinwerfereinstellung sollte in regelmäßigen Abständen überprüft und gegebenenfalls korrigiert werden. Zunächst den Reifenluftdruck prüfen und falls nötig korrigieren. Nun das Fahrzeug in einer Entfernung von 10 m vor eine senkrechte, möglichst helle und ebene Wand stellen. Der Boden sollte möglichst eben sein. Das **Fahrzeug nicht belasten,** aber auch nicht auf den Mittelständer stellen. Stattdessen sollte ein Helfer die Maschine halten, und zwar so gerade wie möglich.
Auf der Wand wird nun eine **waagerechte Linie** eingezeichnet. Der Abstand der Linie vom Erdboden errechnet sich aus dem **Abstand des Scheinwerfermittelpunktes vom Boden** (PK: 99 cm, PX, Cosa: 104 cm) multipliziert mit 0,9. Das ergibt einen Wert von circa 89 cm bei den PK- und einen Wert von etwa 94 cm bei den PX- und Cosa-Modellen. Wird die Messung in einem Abstand von nur 5 m zur Wand durchgeführt, muß die Höhe des

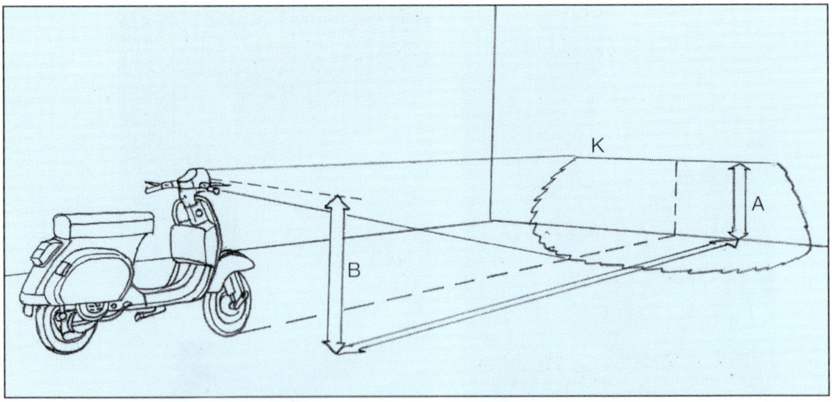

Abb. 327
Scheinwerfereinstellung: Abstand des Rollers von der Wand = 10 m; A = Abstand Scheinwerfermittelpunkt vom Boden multipliziert mit 0,9; B = Abstand Scheinwerfermittelpunkt vom Boden; K = Obergrenze Lichtkegel Abblendlicht

Abb. 328
Demontage des Heckleuchtenglases; vor dem Aufsetzen Dichtung kontrollieren - sie darf nicht spröde sein.

328

Scheinwerfermittelpunktes mit 0,95 multipliziert werden (Abb. 327). Nach dem Einschalten des Abblendlichtes muß die **Hell-/Dunkelgrenze** auf der Wand genau auf der Linie an der Wand, keinesfalls aber darüber liegen. Ist dies nicht der Fall, mit einem Schlüssel SW 7 die **Einstellschraube** unter dem Scheinwerfer lösen und den Scheinwerfer so neigen, daß die Linie auf der Wand und Hell-Dunkelgrenze sich decken (s.a. Abb. 326).

Lampen und Reflektor Heckleuchte ersetzen (Bremslicht, Schlußlicht PK, PX): Die Heckleuchtengläser sind zwar unterschiedlich geformt, doch einheitlich befestigt - mit (meist zwei) Kreuzschlitzschrauben. Schrauben lösen und Glas abnehmen (Abb. 328). Reflektor und **Kugellampen für Brems- und Schlußlicht** sind nun frei zugänglich. Leicht gegen die defekte Lampe drücken, Lampe nach links drehen und herausnehmen.
Auf Korrosion achten: Fassung und Reflektor dürfen nicht weiß angelaufen sein. Ist der **Reflektor** durch Streusalz- und Nässeeinwirkung blind geworden, muß er ausgewechselt werden. Er ist von der Kotflügelunterseite mit je zwei Schrauben SW 10 befestigt. Zum Lösen der Schrauben am besten Umschaltknarre mit Verlängerung und Stecknuß SW 10 verwenden. Vor dem Aufsetzen des Heckleuchtenglases die **Gummidichtung kontrollieren**. Sie darf nicht rissig oder beschädigt sein. Befestigungsschrauben mit Gefühl anziehen, bei Gewaltanwendung reißt leicht das Plexiglas.

Blinklampen und -Reflektoren wechseln PK-Modelle: Je nach Modellreihe sind die Vespa-Roller mit unterschiedlich konstruierten Blinkanlagen ausgerüstet. Bei Fahr-

zeugen vor Baujahr 1978 gibt es nur zwei Blinker, entweder an den Lenkerenden oder auf den Hauben. Die vorderen Blinkleuchten der PK-Modelle werden auseinandergenommen, indem man die beiden Kreuzschlitzschrauben löst, mit denen die Blinkergläser vorne am Beinschild befestigt sind. Die Reflektoren sind ebenfalls mit diesen Schrauben an der Karosserie befestigt. Gläser abnehmen und Kugellampen durch Linksdrehen aus den Fassungen nehmen. Darauf achten, daß die Flektoren frei von Korrosion und anderen Schäden sind. Rissige Gläser und spröde Dichtungen ersetzen.
Der Ausbau der **hinteren Binkleuchten** ist bei den 50er und 80er PK-Typen etwas komplizierter. Die Leuchtengläser sind mit je zwei Kreuzschlitzschrauben befestigt. Nach Abheben der Gläser können die Kugellampen ausgewechselt werden (Abb. 329). Die Reflektoren sind mit je zwei Muttern SW 7 an den Hauben befestigt. Haubenklappen öffnen und Muttern von innen lösen. Reflektoren abnehmen und Kabel abziehen.

Blinklampen und -Reflektoren wechseln PX-Modelle: Die Lampen der vorderen Blinker werden auf denkbar einfache Weise ausgetauscht: Gepäckkasten öffnen und die gummigeschützten Lampenfassungen leicht nach links drehen. Anschließend Lampen aus den Fassungen nehmen (Abb 330). Um die Gläser und Reflektoren abzunehmen, müssen je zwei Kreuzschlitzschrauben ausgedreht werden. Dabei vom Gepäckkasten her mit einem Schlüssel SW 7 die Muttern auf der Rückseite festhalten (Abb. 331). Beim Zusammenbau auf die Massekabel achten. Sie werden zusammen mit den Reflektoren festgeklemmt.

329

330

Zum Auswechseln der **hinteren Blinklampen** müssen die Hauben abgenommen werden. Dann die Kreuzschlitzschrauben lösen, mit denen Gläser und Reflektoren befestigt sind (Abb. 332). Von hinten mit einem Gabelschlüssel SW 7 die Muttern festhalten. Beim Wiedereinbau der Reflektoren und Streuscheiben Schrauben nicht zu fest anziehen - Bruchgefahr.

Blinkgeber austauschen - alle Modelle: Versagt die Binkanlage, ist meist ein defekter Blinkgeber dafür verantwortlich. Korrodierte oder lockere Kabelverbindungen (darunter vor allem mangelhafte Masseanschlüsse) können ebenfalls die Ursache sein. Der Blinkgeber befindet sich bei allen Vespa-Model-

Abb. 329
Ausbau rückwärtige Blinker PK-Modelle: Die Gläser sind mit Schrauben, die Reflektoren mit Muttern befestigt. Dichtung kontrollieren, trübe Reflektoren austauschen.

Abb. 330
Ausbau vordere Blinker PX-Modelle: Bei geöffnetem Gepäckfach läßt sich die Fassung nach einer Drehung leicht herausnehmen.

Abb. 331 - 333 Bild oben: Ausbau der vorderen PX-Blinker. Mitte: Auswechseln der rückwärtigen Blinklampen. unten: Blinkgeber (hier PK 80 S).

331

332

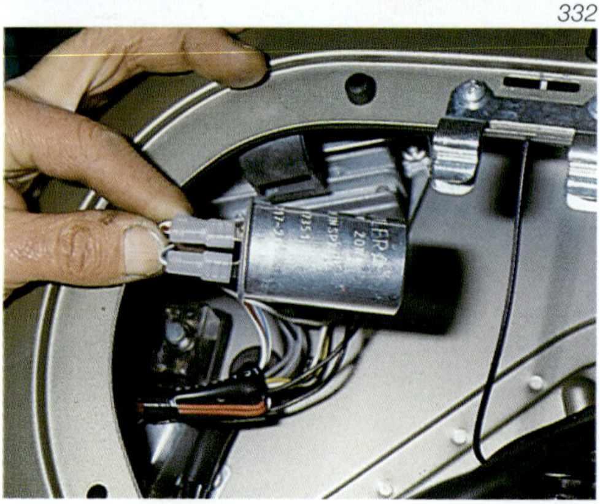

333

len unter der linken Haube. Zumindest bei neueren Fahrzeugen ist der Blinkgeber stoßfrei in einer Gummischlaufe aufgehängt. Zum Austausch wird er einfach aus der Schlaufe gezogen (Abb. 333).
Bei Fahrzeugen mit elektronischer Zündung den Geber wie andere spannungsführende Teile auf keinen Fall bei laufendem Motor berühren - Hochspannung! Am besten Massekabel der Batterie abklemmen. Beim Einbau eines neuen Gebers Kabel nicht vertauschen.

Anlasserrelais wechseln - alle Modelle: Bei den Modellen mit elektrischem Anlasser befindet sich das Anlaßrelais ebenfalls unter der linken Haube. Es handelt sich um das verzinkte Kästchen links unten (Abb. 336). Versagt der Anlasser, kann ein Defekt im Relais die Ursache sein. Dann Massekabel von der Batterie abklemmen, Kabel vom Anlaßrelais abziehen und Relais abschrauben. Es ist mit zwei Muttern SW 10 befestigt. Gegebenenfalls mit einem Stromprüfer Funktion kontrollieren; auf einwandfreie Kabelverbindungen und guten Masseanschluß achten.

Hupe ausbauen - PK, PX: Die Vespa-Hupe ist seit Herbst 1978 einheitlich unter der vorderen Steuerrohrverkleidung („Kaskade") untergebracht (bei älteren Modellen ist sie von außen aufgeschraubt). Zum Ausbau sind folgende Handgriffe erforderlich: Mit einem Schraubendreher die Piaggio-Plakette abhebeln und die darunter liegende Kreuzschlitzschraube lösen. Dann Gepäckkasten öffnen und die beiden Kreuzschlitzschrauben ausdrehen, mit denen die Kaskade von hinten befestigt ist. Anschließend Kaskade komplett mit Hupe abnehmen (s.a. Abb. weiter vorn). Die beiden Kabel von der Hupe abziehen. Dann die beiden Kreuzschlitzschrauben lösen, mit denen die Hupe an der Kaskade befestigt ist. Stromfluß, Kabelverbindungen und Masseanschluß prüfen; auch hier kann die Fehlerursache liegen.

Sicherung wechseln - alle Modelle: Oft ist eine defekte Sicherung schuld, wenn ein Stromverbraucher seinen Dienst quittiert. Die Vespa-Modelle mit elektrischem Anlasser besitzen jeweils eine einzige Zentralsicherung im Stromkreis Zündschloß-Anlaßrelais-Schwungradmagnetzünder. Die Sicherung ist in einem transparenten Gehäuse untergebracht und befindet sich unter der linken Haube über dem Anlaßrelais (Abb. 336). Gehäuse öffnen und Sicherung auswechseln. Dies darf nur bei abgeschaltetem Triebwerk geschehen. Eine durchgebrannte Sicherung ist am durchgeschmolzenen Metallfaden zu erkennen. Beim Auswechseln auf die **Ampèrezahl** achten, sie steht auf der Sicherung. Der Metallfaden muß nach vorne zeigen, die Federklemmen müssen sauber und korrosionsfrei sein. **Achtung:** Niemals eine defekte Sicherung durch ein Stück Draht oder einen Stanniolstreifen überbrücken. Das kann zu schweren Schäden an der elektrischen Anlage oder einem Kabelbrand führen. Wenn die neue Sicherung nach kurzer Zeit wieder durchbrennt, liegt ein Defekt in den Stromverbrauchern vor, die abgesichert sind. Dann muß mit Ohmmeter oder anderen Stromprüfern erst dort nach der Ursache gesucht werden. Stets Reservesicherung mitführen!

Bremslichtschalter wechseln PK, PX: Der Bremslichtschalter ist in den Pedalbock für die Fußbremse integriert. Der Bock wird ausgebaut, indem die drei Halteschrauben SW 10 vom Trittbrett gelöst werden - zwei Schrauben rechts mit Gegenmuttern SW 10, eine Schraube links unter dem Mitteltunnel (s.a. Abb. weiter vorn). **Pedalbock** so weit nach unten ziehen, bis der Bremslichtschalter zugänglich ist. Er ist mit einer SW 8 Schraube am Pedal-

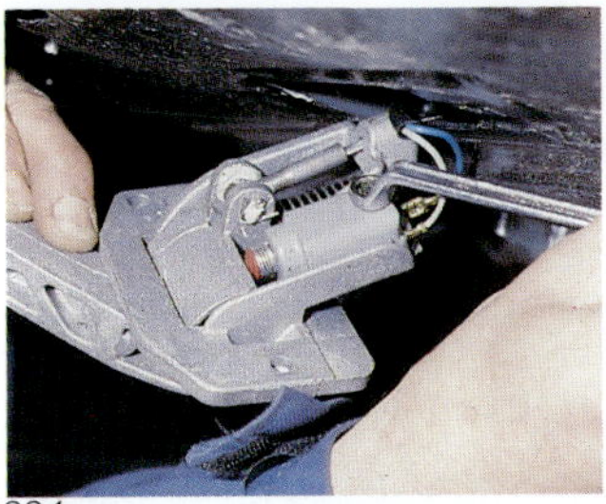
334

Abb. 334
Zum Ausbau des Bremslichtschalters Pedalbock abschrauben und herunterziehen.

Abb. 335
Gelötete Kabel an den Schaltarmaturen.

Abb. 336
Unter der linken Haube liegendes Anlasser-Relais einer PK 80 S.

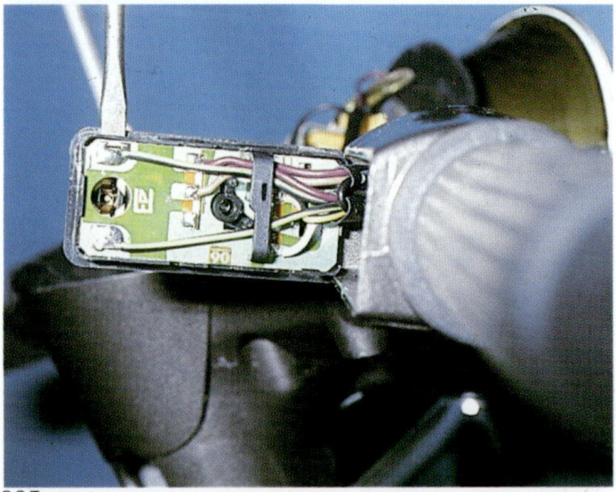
335

336

bock befestigt und kann nach Lösen des Kabels ausgewechselt werden (Abb. 334). Oft ist aber auch nur eine defekte Kabelverbindung die Ursache für den Ausfall. Notfalls Kabel neu abisolieren und Kabelschuhe erneuern.

Schalter am Lenker wechseln PK, PX: Über die Kombischalter an den Lenkerenden werden die Blinker (linke Lenkerseite) sowie Licht, Hupe und Anlasser (rechte Seite) betätigt. Die Schalter sind bei den Modellen ab Herbst 1978 mit je einer Kreuzschlitzschraube befestigt. Schrauben lösen und Schalter zur Seite klappen (Abb. 335). Alle Kabel sind verlötet und in **Teil-Kabelbäumen** zusammengefaßt; sie müssen daher zusammen mit dem jeweiligen Schalter vom Lenker abgenommen werden.
Zum Lösen des Kabelbaums die Kaskade vom Steuerrohr abnehmen wie beschrieben und betreffenden Kabelstecker vom **Klemmbrett** abziehen (Abb. 337. Kabelbaum von oben aus dem Lenker ziehen und zusammen mit dem Schalter abnehmen. Haben sich lediglich Lötverbindungen gelöst, kann der Schaden mit dem Lötkolben wieder behoben werden. Anderenfalls Schalter komplett mit Kabelbaum auswechseln.

Elektronikzentrale auswechseln - alle modernen Modelle: Da, wo bei den Modellen mit konkaktgesteuerter Zündung die Zündspule sitzt, befindet sich bei den modernen Vespa-Modellen mit elektronischer Zündung die Elektronikzentrale. Bei Zünddefekten, die eindeutig von der Elektronik ausgehen, muß dieses Element komplett ausgewechselt werden. Eine Reparatur ist nicht möglich. **Achtung:** Immer zuerst Massekabel der Batterie abklemmen!
Bei den **PK-Modellen** zuerst Zündkabel von der Zündkerze abziehen. Dann die Muttern SW 10 lösen, mit denen die Elektronikzentrale am Getriebegehäuse befestigt ist. Massekabel lösen. Element vorziehen, Stecker des Kabelbaums abziehen.

Abb. 337 Klemmbrett hinter der Steuerrohr-Verkleidung: Hier laufen alle Kabelstränge zusammen. Wackelkontakte oder Korrosion führen schnell zu Pannen.

Abb. 338 Die elektronische Zündbox neuerer Modelle ist mit gummigelagerten Schrauben hinten am Motorgehäuse befestigt; sie kann nicht repariert, sondern nur komplett ausgetauscht werden.

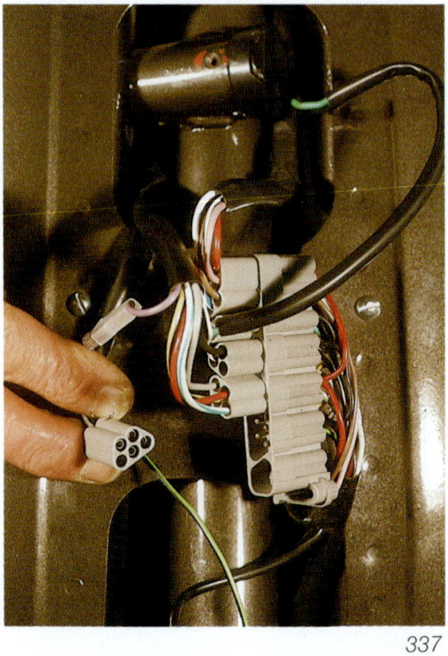
337

3

Bei den **PX-Modellen** ist die Elektronik-Zentrale mit zwei Schlitzschrauben befestigt, die einfach ausgedreht werden. Bei der Cosa sorgen zwei Schrauben SW 10 mit Muttern und Gummilagern für vibrationsgeschützten Sitz. Um an die Muttern zu kommen, muß die Gebläseabdeckung abgenommen werden. Bei allen Typen Kerzenstecker, Massekabel und Stecker des Kabelbaums abziehen, Element auswechseln (Abb. 338) oder in der Fachwerkstatt durchprüfen lassen.

Zündspule prüfen, auswechseln - ältere PK- und PX-Modelle: Fahrzeuge mit kontaktgesteuerter Zündung sind mit einer Zündspule ausgerüstet. Sie ist hinten am Getriebegehäuse befestigt und nach Öffnen der Motorhaube leicht zugänglich. Zuerst kontrollieren, ob das **Zündkabel** gute Verbindung hat, unbeschädigt und nicht korrodiert ist. Zur Prüfung der Spule den Kerzenstecker vom Zündkabel abschrauben und Kabelende unter Verwendung einer isolierten Kombizange oder Wäscheklammer gegen Masse halten. Zündung einschalten und Kickstarter betätigen. Es muß ein kräftiger Funke zwischen Kabelende und Masse überspringen. Ist dies nicht der Fall, Kabelverbindungen zur Zündspule lösen, abschrauben und Spule auswechseln.

Spannungsregler auswechseln - alle modernen Modelle: Vespa-Modelle mit 12-Volt-Blinkanlage sind mit einem elektronischen Spannungsregler ausgerüstet, der die Aufgabe hat, für gleichbleibende Spannung an allen Warn- und Beleuchtungsvorrichtungen auch bei wechselnder Motordrehzahl und unterschiedlicher Belastung des Bordnetzes zu sorgen. Die 12-V-Spannung steht schon bei niedrigsten Drehzahlen zur Verfügung. Bei dem Spannungsregler handelt es sich um das zur Kühlung **verrippte Aluminiumgehäuse,** das unter den linken Haube sitzt. Zum Austausch unbedingt das Massekabel der Batterie abklemmen. Der Regler ist bei den **PK-Modellen** von der Tankrauminnenseite her mit zwei Schrauben SW 10 befestigt. Es ist also nötig, den Tank auszubauen (siehe weiter vorn). Bei den **PX- und Cosa-Modellen** kann der Regler nach Abnehmen der Haube abgeschraubt werden (zwei Kreuzschlitzschrauben; Abb. 339).

Elektrik - häufige Störungen und deren Ursachen: Bestimmte Mängel oder Schäden an der Elektrik haben auch bei der Vespa relativ leicht zu ortende Ursachen. Zwar gibt es in Abhängigkeit von Baureihen und elektrischer Ausrüstung ge-

Abb. 339
Ein zentrales Element der Bordelektrik ist der geschützt angeordnete und mit Kühlrippen versehene Spannungsregler. Die Kontakte stromführender Leitungen und der Masseanschluß sollten regelmäßig überprüft werden.

339

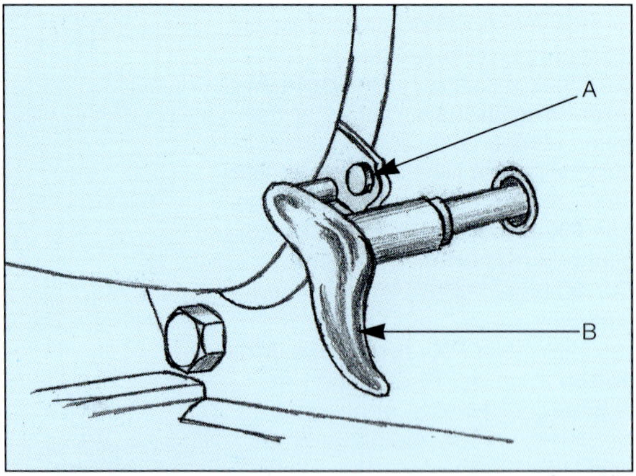

340

Abb. 340 Vespa-Spezialität: Wenn die Masseverbindung A zu den Haubenhaken B nicht gut ist, funktionieren die Blinker nicht.

wisse Unterschiede, doch lassen sich die wichtigsten Zusammenhänge einheitlich darstellen. Und das sind die häufigsten Pannen:

Fall 1 - alle Verbraucher versagen: Mögliche Ursachen sind Kurzschluß oder Stromunterbrechung in den Niederspannungsspulen des Lichtmaschinenstators. Rotor ausbauen und Stator in der Werkstatt mit einem Ohmmeter durchprüfen lassen. Schuld am Totalausfall können auch ein Kurzschluß im Spannungsregler oder ein defekter Masseanschluß zwischen Spannungsregler und Karosserie sein. Seltener Sonderfall: Huptaste schließt den Stromkreis nicht einwandfrei (Hupe tönt ununterbrochen); Hupe ist defekt und muß ausgetauscht werden.

Fall 2 - Lampen brennen schnell durch: Ursache ist ausschließlich ein defekter Spannungsregler. Erforderlich sind dann Austausch oder Überprüfung in Fachwerkstatt mit Voltmeter für Wechselstrom, induktionsfreiem Widerstand 3,3 Ohm/300 Watt und Drehzahlmesser. Im Detail sieht die Prüfung so aus: Der defekte Regler wird in ein Fahrzeug mit einwandfreiem Regler eingebaut (bei ausgebautem intaktem Regler). Graues und grünes Kabel werden nicht verbunden, damit die Lampen nicht durchbrennen. Die werden die Enden des Widerstandes mit Fahrzeugmasse und dem mittleren, freien Flachstecker des Reglers verbunden. Schließlich legt man an die Enden des Widerstandes das Voltmeter an und läßt den Motor mit 5000 U/min laufen. Der Regler ist nur dann in Ordnung, wenn die Spannung zwischen 12,5 und 15 Volt liegt. Anderenfalls muß der Regler ersetzt werden.

Fall 3 - Blinker funktionieren nicht einwandfrei: Leuchtet die Blinkerkontrolle am Lenker nicht oder nur mit veränderter Frequenz, hat eine Blinklampe mangelhaften Kontakt (Korrosion, lockere Kabel) oder ist durchgebrannt; Austausch wie oben beschrieben.

Fall 4 - Blinker funktionieren überhaupt nicht: zuerst alle Kabelverbindungen überprüfen, besonders die vorne am Klemmbrett hinter der Kaskade (Demontage wie beschrieben). Sind die Verbindungen in Ordnung, kommen folgende Ursachen in Frage: Blinkerschalter defekt, Blinklampensockel oder -fassungen korrodiert, Blinkgeber defekt, Masseverbindungen nicht korrekt (Massekabel vorne, Direktkontakt hinten, bzw. Kontakt über Haubengriffe).

Allgemeine Tips: Die wichtigsten Hilfsmittel bei der Fehlersuche sind Prüflampe, Ohmmeter und Schaltplan. Bevor Bauteile ausgewechselt werden, immer zuerst prüfen, ob (bei eingeschalteter Zündung) überhaupt **Strom** ankommt. Das setzt natürlich voraus, daß die **Batterie** (falls vorhanden) in Ordnung ist: Ist sie geladen? Haben die Kabel feste Verbindung? Sind die Pole blank? **Vorsicht** bei Fahrzeugen ohne Batterie: Stromüberprüfungen nur mit isoliertem Werkzeug vornehmen und dies auch nur dann, wenn das Fahrzeug keine elektronische Zündanlage hat. Auf drehende Motorteile achten (Lüfterrad)! Stets alle **Steck- und Kabelverbindungen** überprüfen. Lockere Stecker mit der Flachzange zusammendrücken, korrodierte Stecker auswechseln. Kontaktspray hilft nur vorübergehend.

Batterie laden: Wenn der Roller über einen längeren Zeitraum stillgelegt wird (Winter z.B.), muß in regelmäßigen Abständen geladen werden - am besten **einmal im Monat** (s.a. Kapitel vorn).
Achtung: Zum Laden den Akku unbedingt abklemmen und aus dem Fahrzeug herausnehmen.
Beim Laden entwickeln sich aggressive und korrosionsfördernde Säuredämpfe. Nach dem Ausbau wird die Batterie an ein handelsübliches Ladegerät angeschlossen. Zunächst alle **Verschlußstopfen abnehmen** und **Säurestand mit destilliertem Wasser** bis zur Maximalmarke **auffüllen**. Batterie niemals laden, ohne die Verschlußstopfen abzunehmen - Explosionsgefahr! Minuskabel des Ladegeräts an Batterie-Minuspol, Pluskabel an Pluspol klemmen. Prüfen, ob am Ladegerät die **richtige Spannung** eingestellt ist (6 Volt bei älteren, 12 Volt bei neueren Modellen ab 70er Jahre); erst dann Gerät einschalten.
Der **Ladestrom** sollte 0,8 Ampère über eine Zeit von 4 bis 8 Stunden betragen (je nach Gerät und Batterie). Am Ende des Ladevorgangs muß die Spannung je Batteriezelle 2,6 bis 2,8 Volt betragen. Der untere Grenzwert bei entladener Batterie beträgt 1,8 Volt je Zelle. **Achtung:** Wegen der sich entwickelnden giftigen Dämpfe Batterie **nur in einem gut belüfteten Raum laden**.
Nach Ladeschluß mit einem Säureheber das **spezifische Gewicht der Säure prüfen:** Es muß zwischen 1,24 und 1,30 liegen. Hat die Spannung nach spätestens 8 Stunden nicht den erforderlichen Wert erreicht oder steigen beim Laden keine Gasblasen in den Zellen hoch, ist die Batterie kaputt. Sie muß auch ersetzt werden, wenn sich weiße Ablagerungen an den Batterieplatten zeigen (Sulfatierung) und wenn sich korrodiertes Material von den Platten gelöst und am Boden abgesetzt hat. **Defekte Batterien** gehören zum **Sondermüll**.

Batterie einbauen, Pole pflegen: Beim Einbau einer neuen Batterie darauf achten, daß die **V- und Ah-Werte** mit dem übereinstimmen, was für den Rollertyp zugelassen ist. Stets auf den Entlüftungsschlauch achten: Er muß angeschlossen und durch das eigens dafür vorgesehene Loch am Batterieträger ins Freie geführt werden. Vor dem Einbau einer gebrauchten Batterie **Pole sorgfältig reinigen**, dabei Staub nicht einatmen. Den stumpf-grauen Belag aus korrodiertem Blei und Sulfat mit Drahtbürste und Schmirgelleinen entfernen. Pole und Anschlußklemmen an den Kabeln müssen immer blank und sauber sein. Korrosion wird zuverlässig verhindert, wenn Pole und Klemmen **nach dem Festziehen der Schrauben** mit säurefestem Fett bestrichen werden. Beim Einbau nicht die Kabel verwechseln: **Rot an Plus, Schwarz an Minus**.

Abb. 341
Die Batterie sollte bei längeren Standzeiten alle vier bis sechs Wochen ausgebaut und nachgeladen werden; vorher Zellen prüfen und destilliertes Wasser auffüllen.

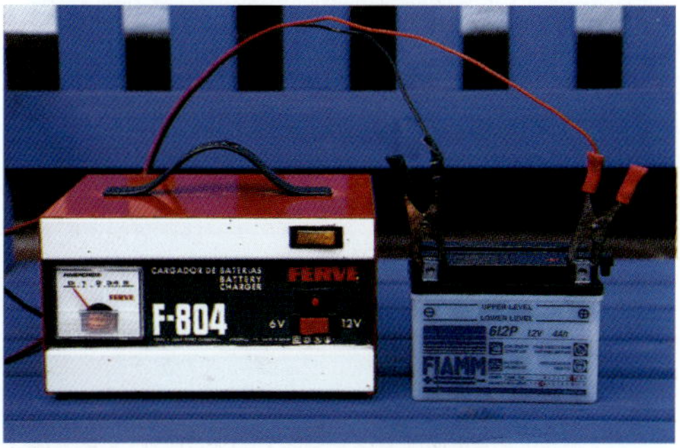

341

COSA: DESIGN AUS DEM WINDKANAL, MODERNE BREMS- UND FAHRWERKSTECHNIK

Die von 1988 bis Ende 1995 auf dem deutschen Markt verkauften Cosa-Modelle haben sich auch als Zweithand-Fahrzeuge einen festen Platz neben den klassischen PX-Modellen gesichert. Was sofort ins Auge fällt: die vom Windkanal geprägte Optik. Die Cosa wirkt moderner, windschlüpfiger, glatter als die vertraute PX. Von größerer Bedeutung als die geänderte Optik sind die technischen Modifikationen: Integral-Hydraulikbremse (auf Wunsch sogar mit Anti-Blockiersystem fürs Vorderrad), Kombi-Instrument mit Tachometer, Drehzahlmesser und zahlreichen Kontrollampen, Helmfach unter der abschließbaren, komfortablen Sitzbank. Ansonsten ist die Cosa technisch mit der Vespa PX weitgehend identisch. Wir können uns daher im Cosa-Teil dieses Buches im wesentlichen auf die Abweichungen beschränken.

Abb. 342 Ein ideales Stadt- und Alltaggefährt ist die bis 1995 produzierte Cosa, hier in der 10-PS-Version mit E-Starter von 1991. Gepflegte Exemplare aus zweiter Hand sind sehr gefragt.

Überzeugend: die Cosa im Test

Montag morgen in der Vorstadt. Grauer Himmel, graue Straßen, graue Gesichter. Vor allem die Autofahrer sehen alt aus. Erst haben sie eine Stunde im Stau gestanden, und dann finden sie keinen Parkplatz. Der Berufsverkehr macht sie alle fertig, Leistung spielt keine Rolle bei Tempo zehn im Stop and Go. Zu den wenigen Menschen, die fröhlich sind an diesem Tag, gehört Lilian Schupp. Die Pädagogik-Studentin hat gut geschlafen und gut gefrühstückt. Und in wenigen Minuten wird sie auch gut fahren. Denn unten vor der Tür steht die Cosa. Kompakt, wendig, genügsam.
Die Collegemappe wird einfach an den Haken unter der Sitzbank gehängt. Und der Beutel mit Banane, Müsli und Käsebrötchen paßt bequem in das Staufach hinter dem breiten Windschild. Flink wie ein Wiesel sucht sich der weiße Blitz seinen Weg durchs Gewühl, erreicht nach 20 Minuten sein Ziel, findet direkt neben dem Uni-Eingang Platz. Aufbocken, Schlüssel abziehen, Lenkschloß einrasten lassen - das ist alles.

342

Die Cosa ist zwar in allen Details moderner als die klassische Vespa, doch am Prinzip hat sich kaum etwas geändert: selbsttragende Stahlblechkarosserie mit Wetterschutz, gekapselter Zweitakt-Heckmotor mit Gebläsekühlung, Trittbretter und Drehgriffschaltung. Trotzdem dauerte es einige Zeit, bis sich die auf traditionelle Vespa-Merkmale eingeschworene Klientel von den Vorzügen der Cosa überzeugen ließ: zupackende Hydraulik-Integralbremse, Elektrostarter, moderne Armaturen, glattflächige Karosserie. Wer die Cosa im Alltag auch bei Wind und Wetter, bergauf und bergab, auf Kurz- oder sogar Langstrecken bewegt, merkt schnell, was diesen Roller so faszinierend macht.

Karosserie: gute Aerodynamik
Sehen wir uns den klar und übersichtlich gezeichneten Aufbau an: Weil die Karosserie keine überflüssigen Schnörkel hat, setzt sie dem Wind relativ wenig Widerstand entgegen. Gegenüber den Vespa-Modellen der PX-Baureihe wurden die Kanten des - aus Kunststoff hergestellten - Windschutzes konsequent gerundet. Schwellerähnliche Kunststoffprofile unter den Trittbrettern sorgen dafür, daß der Fahrtwind nicht so stark wie bei der Vespa im zerklüfteten Motor- und Antriebsbereich verwirbeln kann.
Was die aerodynamischen Verbesserungen wirklich bringen, zeigt sich vor allem bei starkem Seitenwind: Die Cosa zieht - ganz im Gegensatz zur Vespa alter Art - fast völlig unbeirrt ihre Bahn, läßt sich auch durch heftige Böen kaum aus der Spur bringen. Das gibt ein sicheres Gefühl und schafft Vertrauen. Auf den Verbrauch hingegen wirken sich die Maßnahmen nicht ganz so positiv aus wie erhofft. Denn die von uns getestete Cosa 200 E mit 10 PS genehmigte sich auf 100 Kilometer

343

344

durchschnittlich 4,5 Liter bleifreies Normalbenzin zuzüglich 0,16 Liter Zweitaktöl, zusammen also 4,66 l/-100 km. Gemessen an Hubraum und Leistung ist das eine Menge. Absolut gesehen gehört die Vespa Cosa jedoch immer noch zu den sparsamsten Motorzweirädern. Störend für Unbeteiligte und schädlich für die Umwelt ist lediglich der hohe, zweitaktübliche Ausstoß an unverbrannten Kohlenwasserstoffen. Eine blaugraue Abgasfahne macht sich allerdings nur nach dem Kaltstart bemerkbar; sie verschwindet, sobald der Motor betriebswarm ist - nach zwei bis drei Kilometern.

Verbrauch, Gewicht zu hoch
Leider ist die gut ausgestattete Cosa 200 E mit einem Leergewicht von 130 kg (vollgetankt) nicht so leicht, wie vielleicht zu vermuten wä-

Abb. 343, 344 Der Cosa-Karosserie sieht man sofort an, daß sie im Windkanal geformt wurde. Der glattflächige Aufbau reduziert Luftwiderstand und Seitenwindempfindlichkeit spürbar.

Abb. 345
Italienisches Flair wird spürbar, wenn die Cosa auftaucht. Junge Leute lieben den Piaggio-Klassiker auch deshalb, weil er sich auch zu zweit super fährt.

345

re. Und so muß sie schon ziemlich voll (und damit wenig verbrauchsorientiert) gefahren werden, wenn man einigermaßen zügig vom Fleck kommen will. Die Höchstgeschwindigkeit liegt im Solobetrieb bei 99 km/h. Auf Landstraßen genügt das, um sich im Rahmen des geltenden Tempolimits zu bewegen. Auf Autobahnen würde man sich vielleicht ein bißchen mehr Power wünschen. Gut ist das Durchzugsvermögen. Ab 3000 Touren zieht der 7,3 kW (10 PS) starke Einzylinder-Drehschiebermotor kräftig los. Der Drehmomentverlauf ist so günstig, daß selbst noch im dritten Gang scharfe Kehren umrundet werden können. Bei 5000 Umdrehungen ist die Maximalleistung erreicht. Doch dreht der Motor mühelos bis 6.500 Umdrehungen weiter. Erfreulich: Auch beim Fahren mit zwei Personen ist noch genügend Dampf vorhanden - auch wenn die objektiven Meßwerte keinen Eintrag ins Guinness-Buch der Rekorde zulassen. Die altertümliche Drehgriffschaltung (vier Gänge) ist sicher nicht der Weisheit letzter Schluß. Sie ist so hakelig wie eh und je und rastet auch nicht immer präzise. Doch immerhin ist die Cosa mit einer Leerlaufanzeige ausgerüstet. Bei Sonnenschein ist das hin-

Abb. 346
Topmodell der Cosa-Baureihe war die 200 GS mit 12 PS und elektronischem Brems-Antiblockiersystem EBC.

346

ter spiegelndem Glas versteckte Lämpchen allerdings kaum zu erkennen. Dies gilt auch für die übrigen Kontrolleuchten (Benzinreserve, Bremsflüssigkeit, Fern- und Abblendlicht, Blinker): Sie sind am Tage kaum ablesbar.

Fortschrittlich: Startautomatik, Integralbremse

Die Benzinuhr funktioniert genau: Wenn der Zeiger nach etwa 110 Kilometern (und damit sehr früh) den Rand des roten Feldes erreicht, befinden sich noch ca. 2,5 Liter Treibstoff im Tank. Einen Choke sucht man bei der Cosa vergeblich; sie hat eine Startautomatik, die sehr zuverlässig arbeitet. Neben dem elektrischen Anlasser gibt es noch den althergebrachten Kickstarter.
Umständlich und keineswegs zeitgemäß ist das Nachfüllen des Frischöls in den Extratank unter der Sitzbank: Ohne Trichter wird unweigerlich gekleckert. Unangenehm fällt auch die ergonomisch ungünstige Plazierung des Blinkschalters auf.
Zu den Highlights der Cosa gehören Fahrwerk und Bremsanlage. Trotz der kleinen Zehn-Zoll-Räder ist der Fahrkomfort so gut wie bei manch großem Motorrad. Nickschwingungen auf schlechten Straßen bleiben bei dem kurzen Radstand von 1.270 mm natürlich nicht aus. In puncto Handlichkeit macht der Vespa hingegen niemand etwas vor: Auch die Cosa ist ein richtiger Eckenflitzer.
Überzeugend die nur bei den Cosa-Modellen vorhandene hydraulische Integralbremsanlage: Ein Druck aufs Pedal genügt, um die Kraft wohldosiert auf Vorder- und Hinterrad zu verteilen. Die mechanische Zusatzbremse für vorn wird nur in Härtefällen benötigt. Das gegen Aufpreis lieferbare Brems-Antiblockiersystem "EBC" verbessert die Sicherheit zusätzlich. Fazit: Die Vespa Cosa ist ein empfehlenswertes Stadt- und Kurzstreckenfahrzeug mit hohen Langzeitqualitäten und großer Wartungsfreundlichkeit. Schade, daß sie Ende 1995 schon wieder aus dem Programm genommen wurde.

347

Abb. 347
Ein Doppelinstrument mit Tachometer und Drehzahlmesser informiert den Fahrer. Die Kontrollampen sind funktional, lassen sich bei Sonnenschein aber schlecht ablesen.

348

349

Abb. 348, 349
Wie bei der Vespa sind auch bei Cosa Antriebsblock und Batterie bestens zugänglich. Das bei der Cosa serienmäßige Reserverad wirkt der Rechtslastigkeit des Rollers entgegen.

COSA: ARBEITEN AN DER HYDRAULISCHEN INTEGRALBREMSE; AUFBAU, FUNKTION, BESONDERHEITEN

In einem ganz wesentlichen Punkt unterscheidet sich die Cosa von den übrigen Vespa-Modellen: Sie hat eine hydraulische Integralbremsanlage (Aufbau s. Abb. 357). Das bedeutet: bessere und gleichmäßigere Verzögerung, geringere Bedienkräfte, mehr Sicherheit und weniger Wartung. Während bei den meisten Rollern die Bremskreise für Vorder- und Hinterrad getrennt sind und ein entsprechend gefühlvolles Bremsen erforderlich ist, genügt bei der Cosa ein Druck aufs Pedal, um die Bremskraft im richtigen Verhältnis von etwa 70:30 Prozent auf Vorder- und Hinterrad zu verteilen. Zusätzlich - und das ist eine weitere Besonderheit - kann das Vorderrad über Handhebel und Seilzug verzögert werden. Unserer Erfahrung nach wird die gewohnte "Handbremse" bei der Cosa nur in Härtefällen benötigt. Der Clou ist das elektronisch gesteuerte ABS (von Piaggio EBC=Electronic Brake Control getauft), das als Extra für die Cosa lieferbar war. Mit Hilfe eines Radsensors und eines Minicomputers verhindert die Anlage ein Überbremsen und Blockieren des Vorderrads. Vor allem auf nassem, sandigem oder verschneitem Untergrund ist dies so etwas wie eine Lebensversicherung.

Abb. 350
Sinkt der Pegel unter die Minimum-Marke, muß Bremsflüssigkeit nachgefüllt werden.

Abb. 351
Beim Ausbau des Tanks kann die Spritleitung leicht abrutschen.

Abb. 352
Entlüftungsventil des vorderen Radbremszylinders.

350

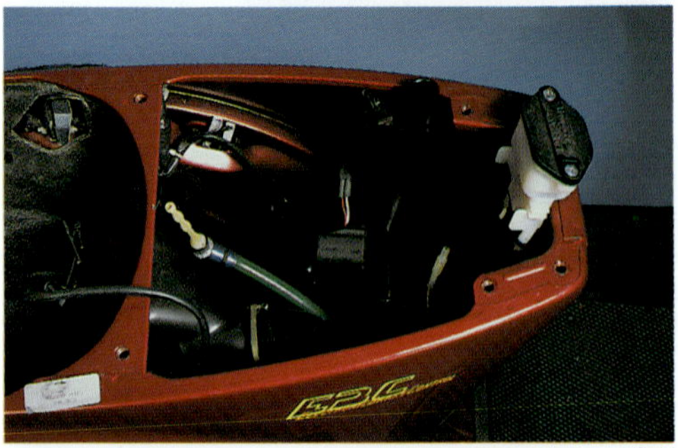

351

352
3

Hydraulikbremse: Funktion und allgemeine Tips: Wartungs- und besonders Reparaturarbeiten an einer hydraulischen Bremsanlage setzen technisches Wissen und handwerkliches Können voraus. Im wesentlichen beschränken wir uns auf Punkte, die ein Laie selbst ausführen kann. Zunächst einige Vorbemerkungen. Die Cosa ist mit einer hydraulisch betätigten Trommelbremsanlage ausgerüstet. Der am Pedal ausgeübte Druck wird in den **Hauptbremszylinder** geleitet, der geschützt unter der Bodenabdeckung angebracht ist. Bremsleitung und Bremsschlauch führen zum **Radbremszylinder** am Vorderrad. In die hintere Bremsleitung ist ein **Druckregler** integriert, der ein Überbremsen des Hinterrades verhindern soll; er sitzt neben dem Hauptbremszylinder auf der Grundplatte. Auch das Hinterrad verfügt über einen **Radbremszylinder**. Die beiden Radbremszylinder pressen die Bremsbacken gegen die **Bremstrommeln**. Der Hauptbremszylinder ist über eine Leitung mit einem Vorratsbehälter für die **Bremsflüssigkeit** verbunden; er befindet sich vorn unter der Sitzbank.

Praktisch bei der Cosa: Sie hat eine **Kontrollampe**, die aufleuchtet, wenn der Bremsflüssigkeitsstand bis zur Minimum-Marke abgesunken ist. Selbst die Lampe läßt sich testen: Sie leuchtet auf, solange - bei eingeschalteter Zündung - der Anlasserknopf gedrückt wird; erst nach Loslassen des Knopfes erlischt sie. Leuchtet die Kontrolleuchte während der Fahrt auf, ist **Gefahr** im Verzug: Es droht **Bremsversagen infolge Bremsflüssigkeitsmangels!** Da sich auf offener Straße die Ursache in der Regel nicht so einfach ermitteln läßt, ist es ratsam, das Fahrzeug per Transporter nach Hause in die Garage oder in die Werkstatt zu bringen.

Bremsflüssigkeit kontrollieren, nachfüllen: Der Bremsflüssigkeitspegel darf **nie unter die Minimum-Marke** absinken. Ist dies der Fall, besteht die Gefahr, daß beim Bremsen Luft angesaugt wird - die Bremswirkung läßt dramatisch nach. Die beiden **Markierungen "Min" und "Max"** auf dem transparenten Behälter unter der Sitzbank erleichtern die Kontrolle, die einmal pro Monat durchgeführt werden sollte.

Bei starkem **Flüssigkeitsverlust** ist es mit dem Nachfüllen nicht getan: Die Ursache muß gefunden werden. In Frage kommen **undichte Schraubverbindungen** an den Leitungen, **poröse oder beschädigte Bremsschläuche, undichte Manschetten** an Haupt- und Radbremszylinder. Bei Bedarf darf nur Bremsflüssigkeit der Qualitätsklasse **DOT 3** nachgefüllt werden (Abb. 350). **Achtung:** Werden andere Flüssigkeiten (Motoröl zum Beispiel) eingefüllt werden, lösen sich die Gummidichtungen der Bremsanlage auf, die Bremse fällt aus. Darauf achten, daß kein Wasser in den Vorratsbehälter gelangt. Deckel also nie im Freien bei Regen öffnen.

Zum **Nachfüllen von Bremsflüssigkeit** Fahrzeug auf ebenem Untergrund aufbocken, Sitzbank hochklappen, die beiden Deckelschrauben am Behälter lösen und Deckel mit Membrane abnehmen. Beim Einfüllen darauf achten, daß keine Flüssigkeit auf lackierte Teile oder

353

Abb. 353 Bremsenentlüften bei der Cosa: ein Glas mit Bremsflüssigkeit füllen, einen Schlauch vom Ventil ins Glas führen und das Ventil öffnen; ein Helfer betätigt den Bremshebel und befördert so die Luftbläschen aus der Leitung.

Abb. 354, 355 Nach dem Entfernen des Bodenbelags liegen die Schrauben frei, mit denen die Bodenverkleidung befestigt ist; Schrauben lösen und Verkleidung nach unten wegziehen.

Teile aus Kunststoff tropft. Geht trotzdem etwas daneben, den betroffenen Bereich mit viel klarem Wasser abspülen. **Achtung:** Weil Bremsflüssigkeit die fatale Eigenschaft hat, Wasser aus der Luft aufzunehmen und damit an Wirkung zu verlieren, muß sie spätestens **alle zwei Jahre oder alle 20.000 Kilometer ausgetauscht** werden.

Abb. 356 Zur Kontrolle und zum Ausbau der Bremsträgerplatte muß das Fahrzeug auf die Seite gelegt werden. Im Bild: Abnehmen und Prüfen der elektrischen Verbindungen des Bremslichtschalters.

354

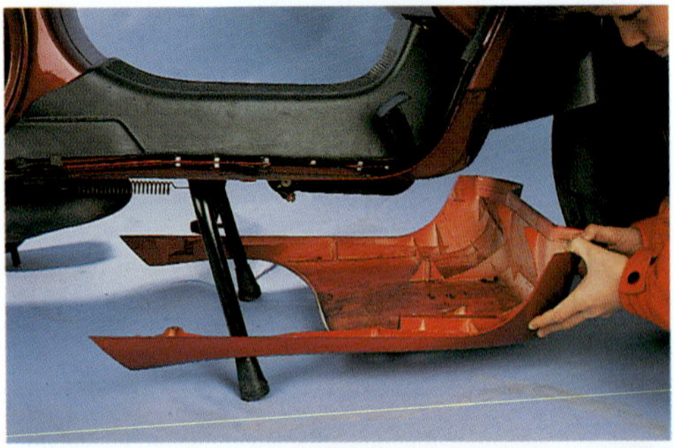

355

356

Bremsanlage entlüften: Wenn die Bremse sich schwammig anfühlt und erst nach mehrmaligem Betätigen des Pedals richtig Wirkung zeigt, befindet sich Luft im System. Zunächst **prüfen** wir, ob die Anlage **keine Leckagen** hat; dazu müssen die Bodenverkleidung und die Räder mit den Bremstommeln abgenommen werden (s. weiter hinten). Bevor die Bremsanlage entlüftet werden kann, müssen eventuelle Undichtigkeiten beseitigt werden (s. Graphik Rad- und Hauptbremszylinder auf den folgenden Seiten).
Zum **Entlüften** benötigt man eine Dose mit 500 cm^3 Bremsflüssigkeit DOT 3, einen durchsichtigen Plastikschlauch mit 3,0 mm Innendurchmesser, einen Gabelschlüssel SW 8, ein gut gespültes Haushaltsglas und einen Helfer.
Zunächst Sitzbank hochklappen und **Deckel des Bremsflüssigkeitsbehälters** abnehmen. Dann ungefähr 100 cm^3 Bremsflüssigkeit in das Glas füllen. Gummikappe von der **Entlüftungsschraube des vorderen Radbremszylinders** (Abb. 351) abnehmen und den Plastikschlauch aufschieben; er muß luftdicht abschließen. Das andere Ende des Schlauchs in das mit Bremsflüssigkeit gefüllte Glas halten. Entlüftungsschraube mit dem Gabelschlüssel eine halbe Umdrehung öffnen.
Dann tritt der Helfer das **Bremspedal** rasch bis zum Anschlag durch und läßt es langsam wieder zurück. Die **mit Luft durchsetzte Bremsflüssigkeit entweicht** über die Leitung ins Glas; Entlüftungsschraube schließen und Hebel loslassen. Vorgang so lange wiederholen, bis keine Luftbläschen mehr austreten und sich ein fühlbarer Gegendruck aufbaut (Abb. 353). **Achtung:** Der Schlauch darf nicht aus der Bremsflüssigkeit herausrutschen; die Arbeit ist dann umsonst gewesen.

Während des Entlüftens immer so viel Bremsflüssigkeit nachfüllen, daß der Pegel im Vorratsbehälter nicht unter "Min" sinkt.
Tritt keine Luft mehr aus, Pedal bis zum Anschlag durchgetreten lassen und gleichzeitig **Entlüftungsschraube schließen**. Erst dann Pedal loslassen. Anschließend **Hinterradbremse** sinngemäß ebenso entlüften. Zum Abschluß Bremse mehrmals kräftig betätigen; es muß ein gleichmäßig deutlicher Druckpunkt zu spüren sein.

Bremsanlage prüfen, Bremsschläuche auswechseln: Wenn immer wieder Luftblasen aus dem Schlauch austreten, müssen alle **Anschlüsse der Bremsanlage** überprüft werden; sind sie nicht einwandfrei, dringt Luft über fehlerhafte Dichtungen an Haupt- und Radbremszylinder ins System ein. Zeigen sich an den Bremsschläuchen Risse oder Beschädigungen, muß das betreffende Teil unverzüglich ausgetauscht werden. Aufgequollene Schläuche müssen ebenfalls sofort ersetzt werden.
Dazu zunächst **Bremsanlage ganz entleeren**, Bremsflüssigkeit in einem Behälter auffangen und später zum Sondermüll geben; Bremsflüssigkeit ist giftig und darf nicht ins Grundwasser gelangen! Nach Einbau neuer Leitungen oder Schläuche Anlage mit neuer Bremsflüssigkeit DOT 3 befüllen und entlüften wie oben beschrieben. Aus Sicherheitsgründen sollten **Bremsschläuche spätestens nach vier Jahren** auch dann erneuert werden, wenn sie keine sichtbaren Schäden aufweisen. Beim Einbau neuer Leitungen und Schläuche darauf achten, daß sie sich nirgends reiben können. Mit Schellen an den zugehörigen Haltebügeln dafür sorgen, daß Vibrationen und Bewegungen unterbunden werden - Bruchgefahr!

Hauptbremszylinder Aus- und Einbau: Arbeiten am Hauptbremszylinder sollte man möglichst der Fachwerkstatt überlassen. Geübten

Abb. 357 Schematische Darstellung der Cosa-Hydraulikbremse (ohne EBC): A = Vorderradbremse mit Radbremszylinder, B = Hauptbremszylinder, C = Druckregler, D = Bremsflüssigkeitsbehälter, E = Hinterradbremse mit Radbremszylinder

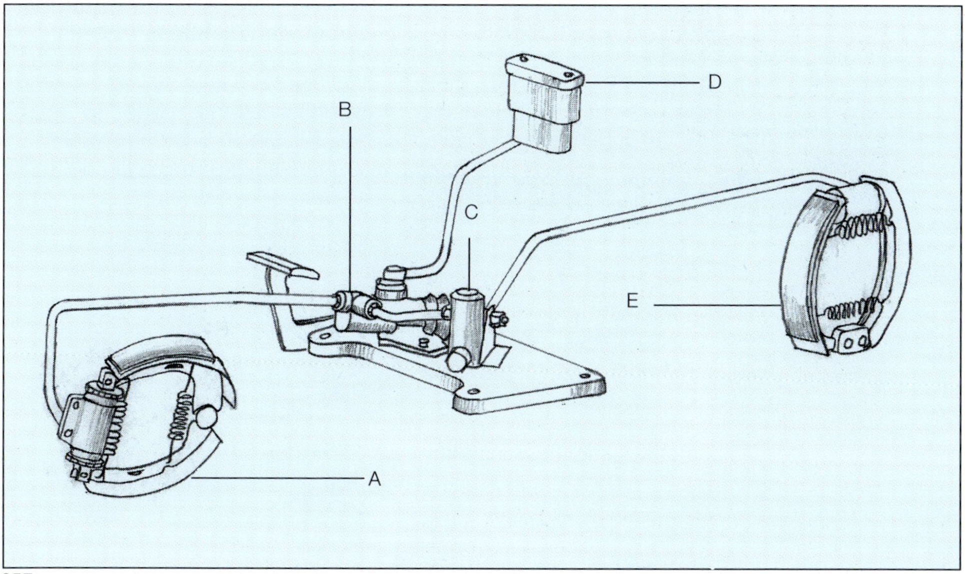

357

Schraubern wollen wir trotzdem nicht vorenthalten, wie dieses wichtige Element aus- und eingebaut wird. Zunächst ist die **Kunststoff-Bodenabdeckung** des Fahrzeugs abzunehmen (Abb. 354). An die Halteschrauben kommt man nur heran, wenn der Bodenbelag entfernt ist: Stopfen abnehmen und die Plastikklammern entsichern; dazu mit einem Dorn die Sicherungsstifte nach unten schlagen. Die Bodenplatte ist mit Kreuzschlitzschrauben befestigt und läßt sich entsprechend leicht demontieren (Abb. 355).
Jetzt das Fahrzeug auf die Seite legen; dazu die rückwärtigen Hauben abnehmen und ein geeignetes Polster unterlegen, um Beschädigungen zu vermeiden; zuvor möglichst Tank entleeren und Batterie ausbauen. Zuerst muß das Bremspedal abgezogen werden; es ist durch eine Klemmschraube gesichert. Dann die Steckverbindung des Kabels lösen, das zum **Bremslichtschalter** führt (Abb. 356).
Anschließend mit einem Gabelschlüssel die vordere **Bremsleitung abschließen;** auslaufende Bremsflüssigkeit auffangen. Jetzt die sechs Muttern lösen, mit denen die Halteplatte am Boden befestigt ist. Die Platte vorsichtig absenken, damit keine Leitungen geknickt werden. Befestigungsschelle der Verbindungsleitung zum Bremsflüssigkeitsbehälter lösen und Leitung abziehen. **Flüssigkeit auffangen**. Die **rückwärtige Bremsleitung** abschrauben und Platte komplett abnehmen. **Hauptbremszylinder** und **Druckregler** sind jetzt für Revisionen unterschiedlicher Art frei zugänglich.
Wiedereinbau in umgekehrter Reihenfolge; Leitung zum Vorratsbehälter unbedingt mit einer neuen Schelle sichern. Die Muttern der **Halteplatte** mit einem Drehmoment von 10 Nm anziehen. **Achtung:** Nach jedem Eingriff in die Anlage und nach dem Lösen von Bremsleitungen muß das System entlüftet werden wie oben beschrieben!

Hauptbremszylinder-Revision:
Nach Ausbau der Halteplatte den Hauptbremszylinder (Abb. 358), von Bremspedal und Druckregler trennen sowie die vier Befestigungsschrauben lösen. Gehäuse in Schraubstock spannen, Aluminiumplatten zwischen die Backen legen. Vor dem Zerlegen **Entfernung der Gabel vom Gehäuse** messen; idealer Wert: 52 mm. Gegenmutter "16" mit Schlüssel SW 10 lösen und Staubschutzmanschette "15" abziehen. Mit einem Schraubendreher

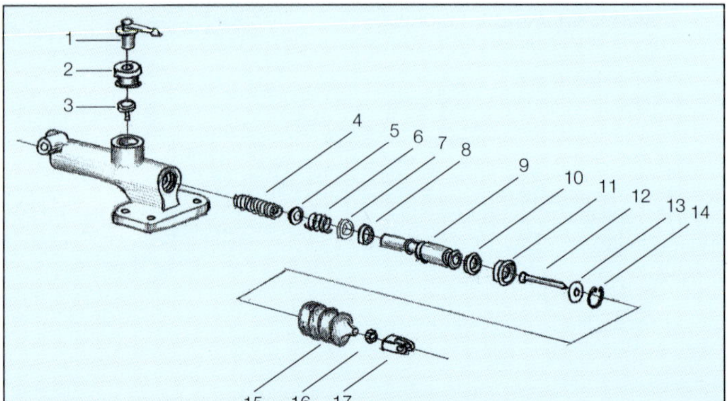

358

Abb. 358
Aufbau des Cosa-Hauptbremszylinders: 1 = Leitungsanschluß, 2 = Stopfen, 3 = Anschlagstift/Kolben, 4 = Feder, 5 = Teller, 6 = Feder, 7 = Dichtung, 8 = Distanzhülse Ventilführung, 9 = Kolben, 10= Dichtring, 11 = Balgbefestigungsring, 12 = Schaft, 13 = Scheibe, 14 = Sicherungsring, 15 = Balg, 16 = Mutter, 17 = Gabel

den Balgbefestigungsring "11" entfernen, dann Anschlag "1" und Stopfen "2" abbauen. **Schaft "12"** so verschieben, daß **Sicherungsring "14"** und **Anschlagstift "3"** ausgebaut werden können. Druck auf Schaft verringern und Kolben auf Druck der Feder "4" aus Gehäuse "9" ausstoßen. Anschließend alle Teile in Alkohol waschen und mit Druckluft sorgfältig trocken;

359

Benzin oder Petroleum greifen die Gummiteile an.
Jetzt die Elemente auf Beschädigung prüfen: **Zylinderlaufbahn und Kolben** dürfen keine Riefen oder korrodierten Stellen aufweisen. Auch darf kein unzulässiges Spiel verhanden sein (Einbaubeispiel: 0,015 bis 0,058 mm). Die Gummiteile dürfen nicht geschwollen oder beschädigt sein, die Rückstellfeder muß zuverlässig wirken. Rückflußund Ausgleichsloch am Stift 3 dürfen nicht verstopft sein.
Zusammenbau in umgekehrter Reihenfolge. Dazu alle Teile leicht mit **Bremszylinder-Paste** (ATE oder Lockheed) bestreichen. Anschließend **Funktion prüfen:** Kolben in den Zylinder drücken und loslassen; er muß schnell zurückgleiten. Montage des Hauptbremszylinders, Leitungsanschluß und Halteplatteneinbau sinngemäß in umgekehrter Reihenfolge wie beschrieben.
Wenn trotz einwandfrei dichter Bremsanlage und korrekter Entlüftung die Hinterradbremse schlecht funktioniert, ist der **Druckregler** schuld. Er ist nach Ausbau der Halteplatte frei zugänglich. Für die Überprüfung sind Spezialwerkzeuge wie Manometer erforderlich - Werkstattsache.

Räder ausbauen, Reifen wechseln: Die Cosa ist mit **Felgenrin-**

Abb. 359, 360 Ausbau Vorderrad Cosa: Zuerst Kunststoffring abhebeln; dann bei blockierter Bremse die Radmuttern lösen.

360

Abb. 361 Das Vorderrad läßt sich ohne weitere Abstützung abnehmen, wenn die Maschine auf dem Hauptständer steht.

Abb. 362 Bevor die Achszapfenmutter gelöst werden kann, ist die Schutzkappe abzuhebeln.

361

362

Abb. 363 Bremstrommelausbau Vorderrad Cosa: mit einem Seitenschneider Splint aufbiegen und entfernen; später neuen Splint verwenden.

gen an den Rädern ausgerüstet. Sie sind mit fünf Klammern befestigt, die mit einem kräftigen Schraubendreher ausgehebelt werden (Abb. 359). Am besten beginnt man in der Nähe des Ventils. Beim Radausbau, beim Trennen der Felgenhälften und bei der Reifenmontage genauso verfahren wie im Reparaturteil PK/PX beschrieben. **Achtung:** Beim Reifenwechsel grundsätzlich immer einen neuen Schlauch montieren; darauf achten, daß der Schlauch nicht eingeklemmt wird. Felgenhälften so verschrauben, daß später bei der Radmontage nur fünf Muttern auf einer Seite sichtbar sind. Sind alle zehn Muttern zu sehen, ist das Rad falsch montiert - auf keinen Fall fahren (Abb. 360)!

363

Abb. 364 Rad mit der Handbremse blockieren und Achszapfenmutter mit einem Steckschlüssel lösen.

Abb. 365 Meist läßt sich die Bremstrommel mit einfacher Hebelkraft - wie hier mit zwei Schraubendrehern - vom Achszapfen trennen.

364

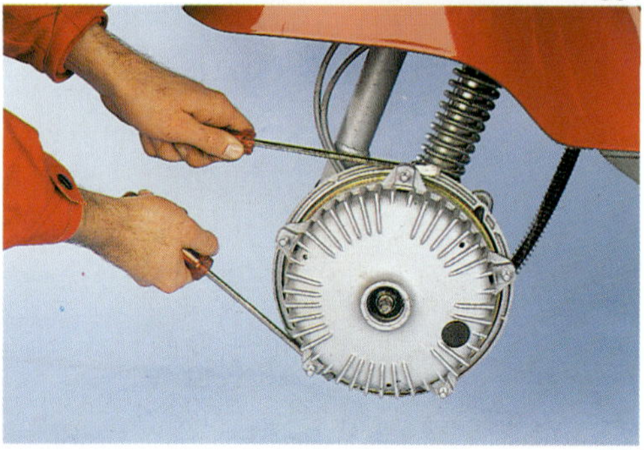

365

Bremstrommeln abziehen: Auch wenn die Bremse der Cosa hydraulisch betätigt wird, sind die Bremstrommeln als bremskraftübertragende Elemente im Prinzip genauso konstruiert wie die der Vespa PX. Augenfälligster Unterschied an der vorderen Bremstrommel ist der Zahnkranz für das elektronische EBC, das seinerzeit auf Wunsch lieferbar war (Abb. 358). In Ergänzung zu dem, was bereits im PX-Reparaturteil gesagt wurde, stichwortartig die einzelnen Schritte fürs Abziehen der Trommeln: Rad und Staubschutzkappe von der Nabe abnehmen (Abb. 361, 362); Splint aufbiegen und entfernen (Abb. 363), dann Kronensicherung entfernen; mit einem Steckschlüssel SW 22 die **Achszapfenmutter** lösen und zusammen mit der Druckscheibe entfernen; ein Helfer betätigt die **mechanische Vorderradbremse**, damit sich die Trommel nicht mitdrehen kann (Abb. 364). Mit zwei starken Schraubendrehern oder zwei Montiereisen läßt sich die Trommel zusammen mit den Radlagern in der Regel leicht von der Achse abziehen (Abb. 365). Nur in Ausnahmefällen dürfte es nötig sein, einen Abzieher zu benutzen (s. weiter vorn).

Bremstrommeln prüfen: Zunächst kontrollieren wir den Zustand der Bremstrommeln (s.a. Vespa PX). Falls sich starke Riefen, Rillen oder andersartige Beschädigungen zeigen, muß die **Trommel** in einem

Fachbetrieb nachgedreht oder komplett ersetzt werden (Abb. 366). Das gilt auch für Trommeln, die unrund sind. Anzeichen dafür ist das schlagende Ansprechen. Das höchstzulässige Übermaß der Trommel beträgt 0,4 mm.

Bremsbacken prüfen und wechseln: Die **Bremsbeläge** sind auf die Backen aufgeklebt. Sie sind auszutauschen, wenn die Mindeststärke von 1,5 mm erreicht ist (Belag ohne Backe), falls sich Riefen oder Beschädigungen zeigen oder wenn die Beläge durch **ausgetretenes Hydrauliköl verunreinigt** sind. Zum Ausbau die **Rückholfedern** mit einer Spezialzange oder gekröpften Spitzzange aushängen. **Achtung** - Verletzungsgefahr; die stärkere Feder befindet sich beim Vorderrad hinten, beim Hinterrad unten (Abb. 369). Die verdeckten **Haltefedern** mit Spezialzange aushängen und Backen abnehmen. Verformte und überdehnte Halte- oder Rückholfedern müssen ersetzt werden. Dabei auf die Farbmarkierungen achten. Einbau in umgekehrter Reihenfolge.

Radbremszylinder - Aus- und Einbau: Die Radbremszylinder können abgenommen werden, wenn die Bremsbacken ausgebaut sind. Zunächst Bremsleitung mit einem Schlüssel lösen und Bremsflüssigkeit auffangen. Dann auf der Rückseite der Ankerplatte die Schrauben SW 10 lösen, mit denen der Bremszylinder befestigt ist (Abb. 372). Bei Fahrzeugen mit EBC sitzt in der Ankerplatte zusätzlich der Sensor für die Erfassung der Raddrehzahl (Abb. 367). **Achtung:** Nach Wiedereinbau des Radbremszylinders und Komplettierung des Systems die Bremsanlage befüllen und entlüften wie beschrieben! Schrauben mit maximal 10 Nm anziehen.

366

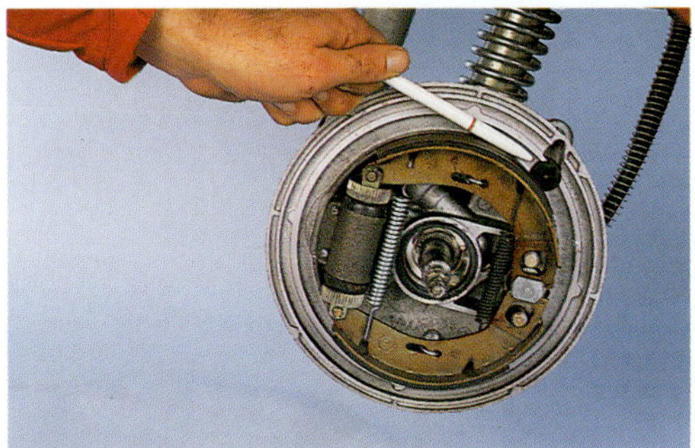
367

368

369

Abb. 366, 367 Bremstrommel, Bremsankerplatte Cosa mit EBC und Sensor für die Raddrehzahl.

Abb. 368, 369 Hydraul. Hinterradbremse Cosa; Zum Auswechseln der Bremsbacken Federn aushängen.

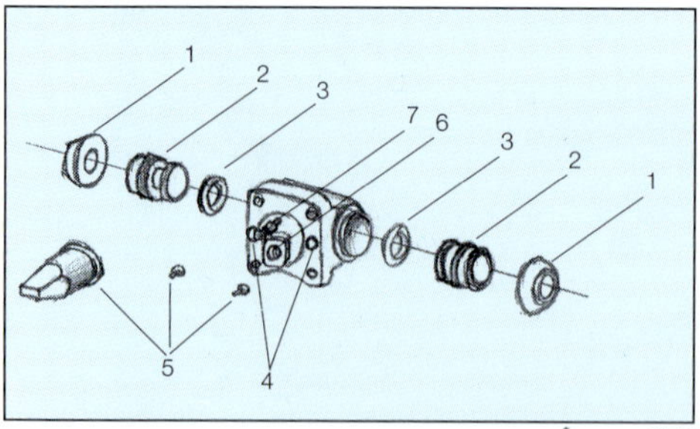

370

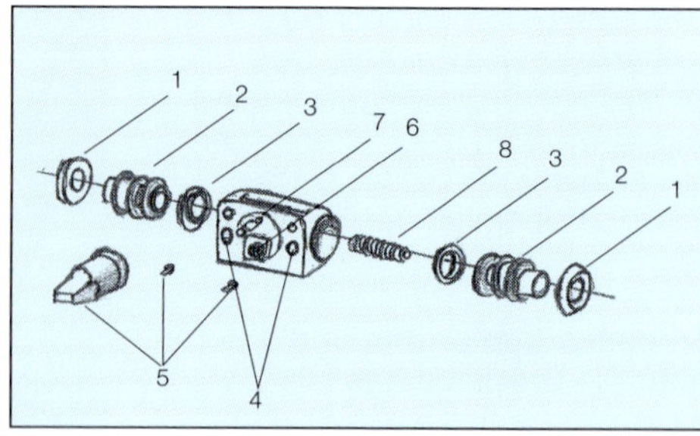

371

Abb. 370, 371 Aufbau der beiden Radbremszylinder - links vorn, rechts hinten: 1 = Staubschutzring, 2 = Kolben, 3 = Dichtung, 4 = Abflußbohrungen, 5 = Zylinderschutzventile, 6 = Eintrittsbohrung, 7 = Entlüftungsschraube, 8 = Feder

372

Abb. 372 Bremsankerplatte Cosa von hinten: links Exzenter zum Nachstellen mit Schlüssel SW 13, rechts Befestigung SW 10 Radbremszylinder und Anschluß für die Hydraulikleitung.

373

Abb. 373 Die Bremsankerplatte ist mit vier Schrauben SW 13 an der Schwinge befestigt; zuerst Bremsbacken und Radbremszylinder ausbauen.

Radbremszylinder-Revision: Für die Zerlegung und Revision der beiden Radbremszylinder gelten im Prinzip die gleichen Grundsätze wie für die Revision des Hauptbremszylinders. Zunächst müssen die Räder und Bremstrommeln demontiert werden wie gezeigt. Dann Radbremszylinder ausbauen und prüfen. Besonders wichtig: Eintrittsloch "6" , Entlüftungsloch "7" und die beiden Abflußöffnungen "4" dürfen nicht **verstopft** sein (Abb. 370, 371); sie sollten daher mit Preßluft durchgeblasen werden. Die Feder im hinteren Radbremszylinder muß die erforderliche Spannung aufweisen. Maximal zulässiges Spiel zwischen Kolben und Zylinder: 0,065 bis 0,15 mm. Beim Einbau der Dichtringe müssen die Lippen so liegen wie auf den Abbildungen gezeigt. Die Zylinderschutzventile sind zu erneuern.

Bremsankerplatte hinten - Aus- und Einbau: Nach Demontage aller Bremselemente läßt sich die hintere Bremsankerplatte problemlos abnehmen. Sie ist mit vier Schrauben SW 13 am Getriebegehäuse befestigt (Abb. 373). Details zum Ausbau von Achse, Lager und Dichtring siehe Motor-Reparaturkapitel. Beim Wiedereinbau der Bremsankerplatte darauf achten, daß die Platte nicht verzogen oder an den Rändern beschädigt ist. Schrauben über Kreuz mit maximal 24 Nm anziehen.

Bremstrommeln montieren: Trommel aufsetzen, Druckscheibe und Mutter ansetzen. **Achtung:** Die Muttern, mit denen die Bremstrommeln auf den Achsen festgehalten werden, müssen mit dem vorgeschriebenen **Drehmoment** angezogen werden: Mutter der Vorderradachse 75 bis 90 Nm, Mutter der Hinterradachse 90 bis 110 Nm. Anschließend Sicherungskappe aufsetzen und neuen Splint anbringen. Die Enden des Splintes müssen vorschriftsmäßig gebogen werden. Zwischen Sicherungskappe und Radachse darf kein Spiel vorhanden sein. Staubschutzkappe nicht vergessen!

Bremsen einstellen: Bevor die Bremsen der Cosa eingestellt werden können, müssen sie bei laufenden Rädern betätigt werden; nur dann liegen die Bremsbacken gleichmäßig an.
Vorderradbremse: Fahrzeug aufbocken und mit einem Schraubendreher durch das Loch in der Bremstrommel die Rändelmutter der oberen Bremsbacke so verdrehen, bis die Bremsbacken an der Trommel anliegen, dann die Mutter um eine halbe Umdrehung zurückdrehen (Abb. 374). Anschließend Rad um 180 Grad weiterdrehen und die gleiche Prozedur an der zweiten Bremstrommel durchführen. Testen, ob sich die Räder bei gelöster Bremse frei drehen; Probefahrt durchführen.
Der Hebelweg der **mechanischen Zusatzbremse** kann zusätzlich eingestellt werden (s.a. Wartung PX). Dazu das Bremspedal niederdrücken, die Rändelmutter oben am Handbremshebel lösen und mit der Einstellschraube das Spiel des Bowdenzugs so regeln, daß sich 1 bis 2 mm Leerweg ergeben.
Hinterradbremse: Das Fahrzeug so aufbocken, daß sich das Hinterrad frei drehen kann. Von einem Helfer das Bremspedal niedertreten lassen, bis die Bremsbacken leicht anliegen. Bremspedal festhalten und die beiden auf der rechten Seite der Ankerplatte sichtbaren Exzenterschrauben mit einem Gabelschlüssel bis zum Anschlag verdrehen (Abb. 372). Anschließend um 1/8 Drehung zurücknehmen. Im Rahmen einer Probefahrt Wirkung überprüfen. **Achtung:** Nach jedem Eingriff in die Bremsanlage müssen die Bremsen neu eingestellt werden.

374

Abb. 374
Vorderradbremse einstellen: Schraubendreher durch die Öffnung in der Trommel stecken und Rändelmutter bis zum Anschlag drehen. Dann wieder um eine halbe Umdrehung zurückdrehen.

Elektronisches Antiblockiersystem EBC - Funktion: Von Eingriffen in das elektronische Antiblockiersystem der Cosa ist dringend abzuraten. Nur Fachwerkstätten verfügen über die nötigen Kontroll- und Einstellgeräte wie Ohmmeter und Diagnoseinstrument sowie über das erforderliche Know how. Die Funktionsweise wollen wir allerdings kurz erläutern. **Das EBC wirkt über das Pedal nur auf das Vorderrad.** Der Vorzug der Anlage besteht darin, daß sie ein Blockieren des Vorderrades bei zu scharfem Bremsen auf kritischem Untergrund verhindert. Aus folgenden Elementen setzt sich das EBC zusammen:
1. Geschwindigkeitsgeber am Vorderrad mit einpoligem Magnetsensor und einer Zahnscheibe, die sich mit der Bremstrommel dreht; der Geber informiert den Computer über die Raddrehzahl (Abb. 367).
2. Elektronische Kontrolleinheit; es handelt sich um einen Mikrocomputer, der geschützt hinter der Steuerrohrabdeckung untergebracht ist. Der Computer verarbeitet die Daten über die Raddrehzahl und steuert je

Abb. 375
Im dichten Stadtverkehr kann die Vespa ihre Vorzüge am besten ausspielen; sie ist handlich, spurtfreudig und paßt in jede Lücke. Im Bild eine Cosa 200 GS mit EBC von 1991.

375

nach Bedarf die Ventile, die ein Blockieren verhindern. Außerdem besitzt er ein Diagnose- und Selbstkontrollsystem, das bei Fehlfunktionen das EBC blitzschnell abschaltet und die normale Bremsbedienung ermöglicht.

3. Kontrollventile mit doppelter Elektromagnetsteuerung; es handelt sich um zwei Hochgeschwindigkeits-Magnetventile, die den Bremsdruck am Vorderradbremskreis in Abhängigkeit von den Impulsen steuert, die der Computer permanent gibt.

4. Kontrolleuchte im Cockpit, die aufleuchtet, wenn etwas im EBC-System nicht funktioniert. Nach dem Anschalten der Zündung leuchtet die Lampe auf. Wenn sie nach ca. zwei Sekunden erlischt, funktioniert die Anlage korrekt.

Achtung: Wer eine Cosa mit EBC besitzt, sollte die Batterie niemals am Fahrzeug aufladen, sondern vorher abklemmen; nie das Massekabel bei laufendem Motor abhängen. Außerdem niemals die Verbindungsstecker zur Kontrolleinheit abziehen, wenn die Zündung eingeschaltet ist. Die Elemente des EBC können nicht repariert, sondern nur komplett in der Vespa-Fachwerkstatt ausgetauscht werden.

Abb. 376
Aufbau der elektronischen Antiblockieranlage EBC für das Vorderrad der Cosa: Ein System von elektromagnetischen Ventilen verhindert in Verbindung mit einem Mikroprozessor, daß das Rad bei Not- und Vollbremsungen blockiert. (Zeichnung Piaggio)

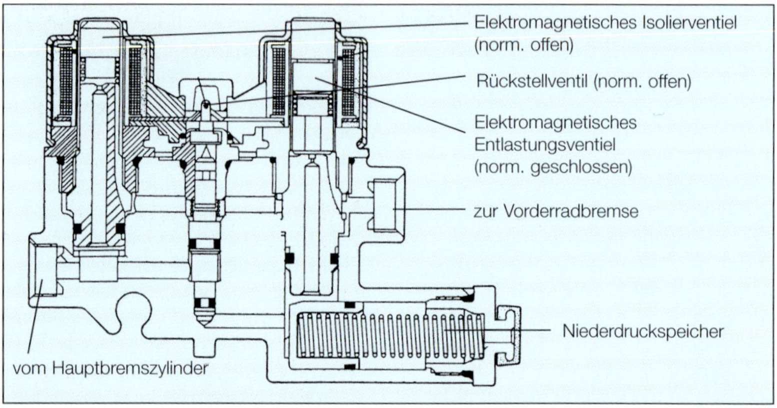

376

COSA: ARBEITEN AN KAROSSERIE, ELEKTRIK, VERGASER, GEMISCHAUFBEREITUNG; DEMONTAGE, PRÜFUNG, WARTUNG

Die Cosa ist wie alle Piaggio-Roller gut verarbeitet und weitgehend wartungsfreundlich konstruiert. Für fällige Arbeiten an Karosserie und Elektrik braucht man lediglich einige handelsübliche Werkzeuge. Schwierig gestaltet sich indes der Ausbau des Benzintanks - hier sind Geduld und Fingerspitzengefühl erforderlich.

Lenkerverkleidung, Rückspiegel demontieren: Die Cosa ist mit einem leistungsstarken H4-Rundscheinwerfer ausgerüstet. Ein Wechsel von Glühlampe oder Scheinwerfereinsatz ist - wie bei allen Vespa-Modellen - nur möglich, wenn die obere Lenkerverkleidung abgenommen wird. Zunächst muß man die beiden **Rückspiegel** abmontieren. Dazu die Abdeckkappen an den Spiegelfüßen entfernen und mit einem Innensechskantschlüssel SW 8 die Verschraubung lösen (Abb. 377); Spiegel abnehmen. Dann mit einem mittelgroßen Schraubendreher die acht Kreuzschlitzschrauben ausdrehen, mit denen das **Verkleidungsoberteil** von unten befestigt ist (Abb. 378, 379). Das Kunststoffelement kann - anders als in der offiziellen Betriebsanleitung dargestellt - nur dann weit genug nach oben gezogen werden, wenn zuvor die **Tachometerwelle** unten am Vorderrad abgeklemmt worden ist; das untere Ende wird von einer Platte fixiert, die von einer Schraube SW 8 gehalten wird (Abb. 380). Jetzt Verkleidung samt Instrumenteneinheit und Tachowelle so weit hochziehen, bis der Scheinwerfer frei ist (Abb. 381).

H4-Lampe und Scheinwerfer ausbauen: Die beiden Federklam-

377

378

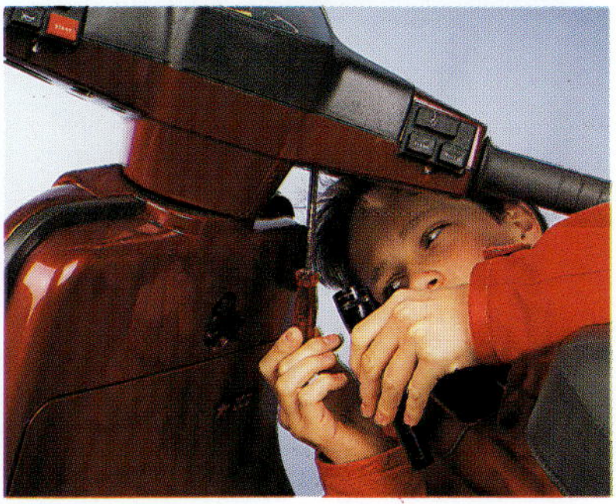

379

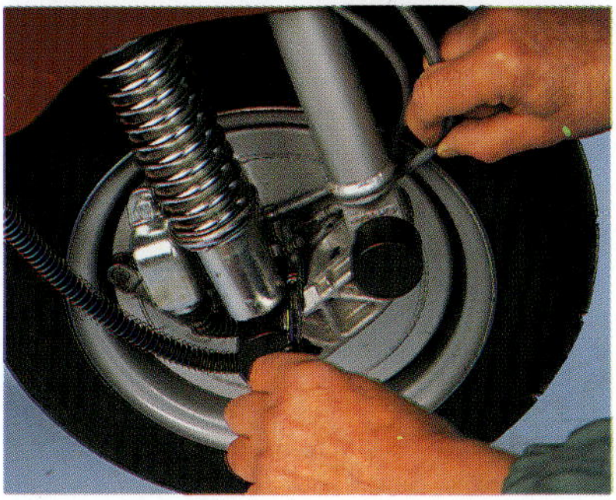

380

Abb. 377 Mit einem Innensechskantschlüssel werden die Verschraubungen der Rückspiegel gelöst.

Abb. 378, 379 Die obere Lenkerverkleidung ist mit acht Kreuzschlitzschrauben befestigt.

Abb. 380 Das untere Ende der Tachowelle kommt frei, wenn die Halteplatte mit einem Steckschlüssel gelöst wird.

mern am Lampenhalter lösen und Halter samt **Lampe** abnehmen (Abb. 382). **Achtung:** Glaskörper der H4-Lampe nicht mit bloßen Händen berühren. Der **Scheinwerfereinsatz** ist mit zwei Kreuzschlitzschrauben rechts und links (Abb. 383) sowie einer Sechskantschraube von unten befestigt, die auch der Scheinwerfereinstellung dient (s.a. PX-Kapitel); nach Lösen der drei Verbindungen kann er herausgenommen und bei Bedarf ausgewechselt werden.

Abb. 381 Bei abgeschraubter Lenkerverkleidung läßt sich das obere Ende der Tachowelle abziehen.

Abb. 382 So wird die H4-Lampe aus dem Scheinwerfergehä use genommen; neue Lampe nicht mit bloßen Fingern anfassen.

Ausbau Instrumente, Kontrollampen, Tachowelle, Schalter: Bei abgenommener Lenkerverkleidung (Abb. 384) lassen sich leicht weitere Arbeiten durchführen: Austauschen der **Kontrollampen** im Instrumententeil, Demontage der komplett verschalteten **Instrumenteneinheit**, Ausbau der **Tachowelle**, Abnehmen der **Schaltereinheiten** für Blinker, Beleuchtung etc; die

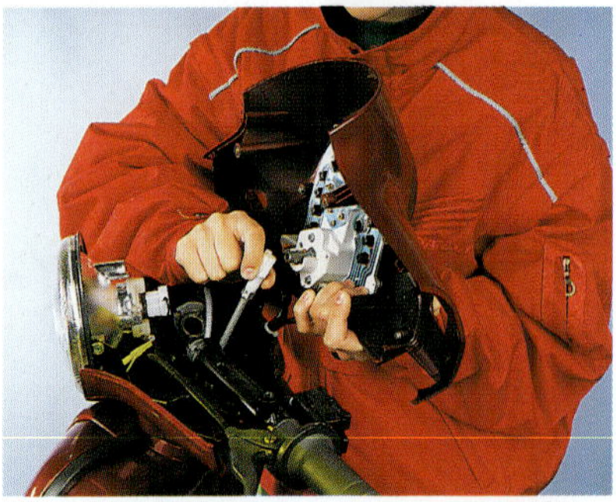

381

Schalter sind von unten mit Kreuzschlitzschrauben fixiert (Abb. 385). Die Tachowelle ist oben mit einem Klemmverschluß gesichert (Abb. 386); zuvor haben wir sie unten vom Rad abgeklemmt. Das Wechseln von **Gasdrehgriff, Schaltdrehgriff und Bowdenzügen** erfolgt nach den gleichen Grundsätzen wie bei den PX-Modellen - beachten Sie die Seiten in den Reparatur-Kapiteln.

Elektrik hinter Lenkrohrabdeckung: Hinter der Lenkrohrabdeckung befinden sich wesentliche Abschnitte des **Kabelbaums**, die **Hupe** und - bei Modellen mit EBC - die **elektronische Steuereinheit**. Auch für den Einbau einer Alarmanlage ist es erforderlich, das Kunststoffelement abzunehmen. Zunächst mit einem kleinen Schraubendreher das Piaggio-Signet abhebeln und die darunterliegende Kreuzschlitzschraube ausdrehen (Abb. 387). Dann die beiden Kreuzschlitzschrauben lösen, mit denen die Abdeckung von unten befestigt ist (Abb. 388).

Einbau einer Alarmanlage: Eine Alarmanlage, wie sie im Zubehörhandel erhältlich ist, läßt sich mit einigem Geschick selbst installieren. Schwierigkeiten gibt es nur bei Fahrzeugen mit EBC: Die Steuereinheit nimmt soviel Platz in Anspruch, daß die Alarmanlage nicht mehr vor

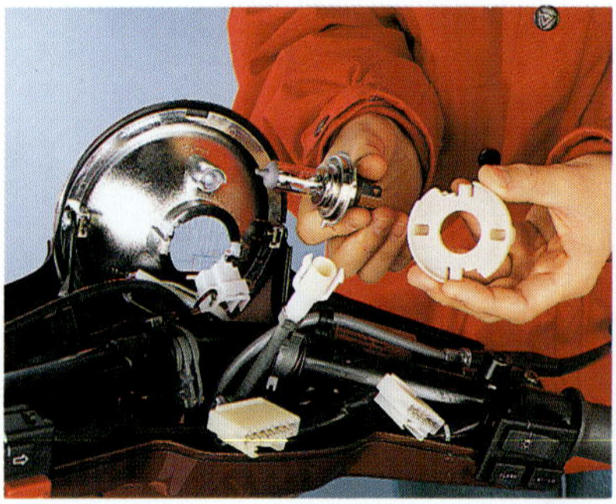

382

das Steuerrohr paßt (Abb. 391). Ansonsten gilt: Batterie abklemmen und Steuerrohrabdeckung abbauen wie gezeigt. Den Montagebereich mit Waschbenzin reinigen. Nun lassen sich Steuereinheit, Batterieteil und Sirene mit den mitgelieferten Klebestreifen fixieren (die Abb. 390 zeigt die Montage am Beispiel des wassergekühlten 50er-Rollers Quartz von Piaggio). Kniffelig ist es,

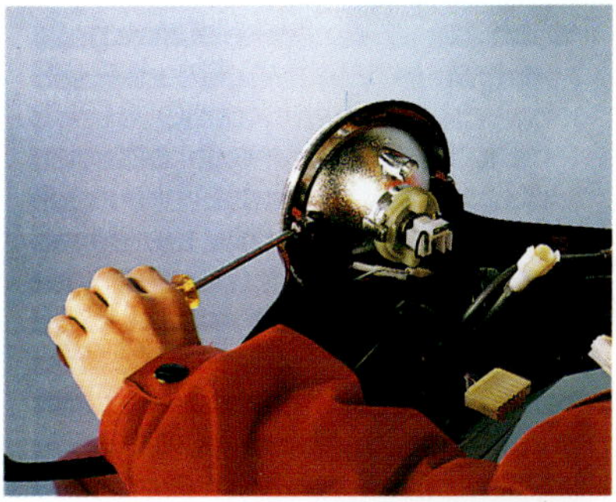

383

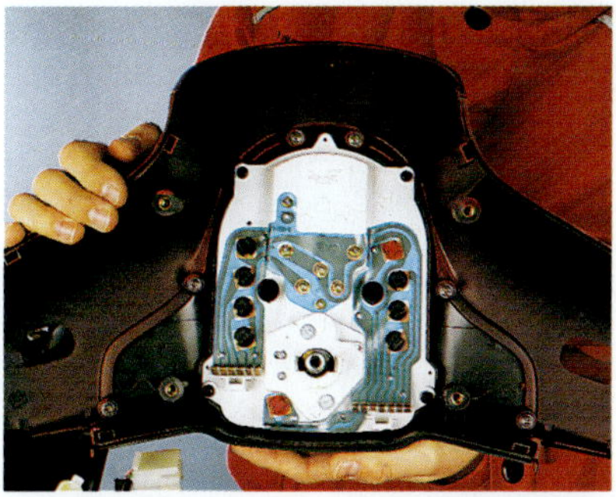

384

385

386

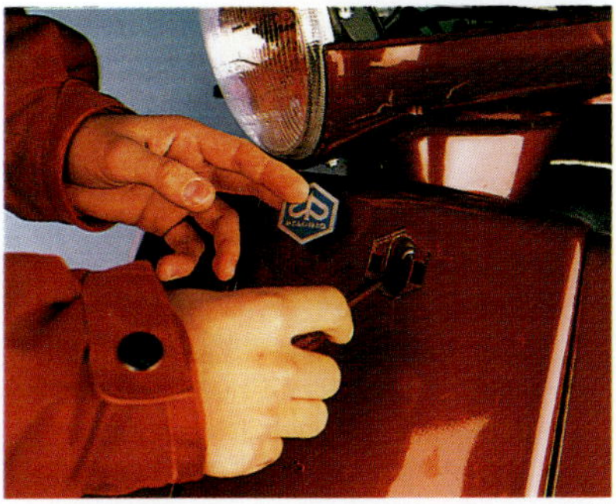

387

388

Abb. 383 Zwei Kreuzschlitzschrauben und die Einstellschraube halten den Scheinwerfer einsatz.

Abb. 384 Instrumenteneinheit und Kontrolllampen sind von unten bestens zugänglich.

Abb. 385 Die Schalterelemente sind mit Kreuzschlitzschrauben befestigt.

Abb. 386 So präsentieren sich Lenker und Elektrik bei abgenommener Verkleidung.

Abb. 387 Die obere Befestigungs schraube der Steuerrohrverkleidung liegt frei, wenn das Piaggio-Signet abgehebelt ist.

Abb. 388 Von unten ist die Steuerrohrverkleidung mit zwei weiteren Schrauben befestigt.

die **Kabel der Steuereinheit mit der Elektrik des Rollers** zu verbinden. Dazu muß der Kabelbaum geöffnet werden, einige Kabel sind zu durchtrennen und mit Kabelverbindern zu versehen. Welche Kabel in Frage kommen, kann nur der beigefügten Montageanleitung entnommen werden; die Elektrik ist nämlich von Roller-Modell zu Roller-Modell verschieden. Das Massekabel wird an der Hupenhalterung befestigt, die Antenne wird mit Klebeband am Beinschild fixiert.

Blinker reparieren: Die **Frontblinker** der Cosa sind leider nicht sonderlich gut zugänglich. Um die Glühlampen auszuwechseln, müssen die großen Gummistopfen innen am Beinschild ausgehebelt werden. Dies gelingt nur mit einem starken Schraubendreher und ziemlichem Kraftaufwand (Abb. 389); **Vorsicht:**

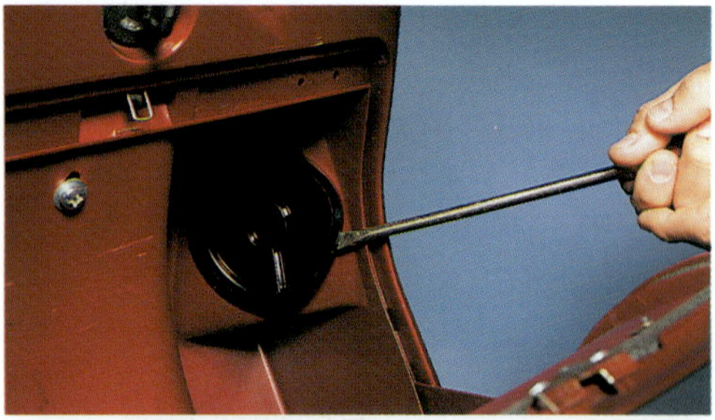

389

390

391

Abb. 389
Die Blinkergehäuse liegen hinter großen Gummistopfen.

Abb. 390
Fertig montierte Alarmanlage bei einem 50er Roller vom Typ Quartz.

Abb. 391
Hupe und elektronische Steuereinheit bei einer Cosa 200 GS mit EBC.

den Lack nicht verkratzen. Die Fassungen der Glühlampen kräftig nach links drehen und mit den Lampen herausnehmen. Lampen eindrücken und nach links drehen (Abb. 392). Glaskolben immer mit einem Lappen anfassen; Feuchtigkeit an den Fingern kann letztlich den Reflektor trüben.
Sind mehrere Lampen auf einmal durchgebrannt, ist der **elektronische Spannungsregler** defekt, zu erkennen an der Verrippung. Er befindet sich unter der linken Heckhaube, ist mit zwei Kreuzschlitzschrauben befestigt und muß bei Schäden komplett ausgewechselt werden. **Achtung:** Vorher unbedingt Massekabel der Batterie abklemmen!
Die **Blinkergläser** sind von innen mit jeweils zwei diagonal angebrachten Muttern SW 8 am Beinschild befestigt; es erfordert Geduld, die Muttern zu lösen. Benötigtes Werkzeug: Umschaltknarre mit Verlängerung und Stecknuß SW 8 (Abb. 393). Die **Blinkleuchten** und zugehörigen Glühlampen hinten sind bei abgenommenen Hauben bestens zugänglich. Auch hier werden Fassungen und Lampen durch leichtes Eindrücken und Linksdrehen abgebaut (Abb. 394). **Achtung:** Die Stromverbindung erfolgt über Kontakte oben an den Haubenrändern. Ab und zu prüfen, ob die Kontaktflächen frei von Korrosion sind.

Heckleuchte mit Brems- und Rücklicht reparieren: Ganz zeitgemäß besitzt die Cosa eine kombinierte Brems-/Rückleuchte. Zum Auswechseln der Glühlampe die beiden Schrauben des Leuchtenglases lösen und Glas abnehmen (Abb. 395). Lampe durch Linksdrehen entnehmen und auswechseln. Der Reflektor muß sauber und trocken sein. Darauf achten, daß das Lampenglas hundertprozentig abdichtet.
Detaillierte Hinweise zu Arbeiten an der **Vespa- und Cosa-Bordelektrik** sowie zum Einstellen des Scheinwerfers finden sich auf den Seiten der vorangegangenen Reparatur-Kapitel. Die zu Batterieausbau und Batteriewartung gegebenen Tips gelten auch für die Cosa.

Sitzbank, Benzintank, Öltank - Aus- und Einbau: Während die PK- und PX-Modelle über Tanks aus Stahlblech verfügen, ist die Cosa mit einem Kunststofftank ausgerü-

stet. Um ihn ausbauen zu können, muß zunächst die **Sitzbank** entfernt werden. Dazu die Bank nach vorne klappen und mit einem Steckschlüssel SW 13 die vier Befestigungsschrauben ausdrehen. Dann die beiden Schrauben SW 13 lösen, die den Tank am hinteren Ende fixieren (Abb. 396).
Die Kabelverbindung zum Geber für die **Benzinuhr** trennen; der Geber selbst wird nach Abheben der Gummischutzkappe zugänglich. Der **Bremsflüssigkeitsbehälter** kommt zusammen mit dem Benzintank frei. Dann wird's schwierig. Denn wer nicht aufpaßt, riskiert, daß sich der gesamte Treibstoff aus dem Tank in das Fahrzeug ergießt. Dies wäre nicht ungefährlich: Das im bleifreien Benzin enthaltene Benzol ist hochgiftig und gilt als krebserregend. Berührungen mit der Haut sowie Einatmen der Dämpfe sind daher tunlichst zu vermeiden!
Doch das ist in unserem Falle leichter gesagt als getan. Falls möglich, den Tank vor dem Ausbau völlig leerfahren. Das Ablassen des Treibstoffs ist schwierig, weil das am Vergaser mündende Ende des Benzinschlauchs extrem schlecht zugänglich ist. Einen mechanischen Benzinhahn wie bei der Vespa PX gibt es nicht mehr, nur noch einen elektrischen. Auf jeden Fall muß der **Benzintank ganz vorsichtig abgehoben** werden, weil sonst der Benzinschlauch mitsamt dem Filter oben am Tank abrutscht. Tank soweit wie möglich anheben und die Schelle am Treibstoffschlauch lockern (Abb. 397); Filter und Schlauch abziehen, mit geeignetem Gefäß restlichen Treibstoff auffangen (s. a. Abb. 351). Erst jetzt kann der Tank abgenommen werden. Der separate **Öltank** ist mit einer Kreuzschlitzschraube befestigt, die vor dem Reserverad unter der linken Haube sitzt - kein Problem.

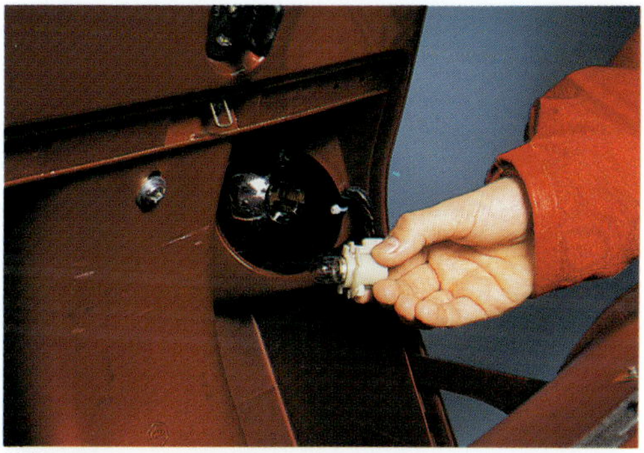
392

393

394

Achtung: Nach Arbeiten an der Kraftstoffanlage und am Öltank darauf achten, daß der Motor beim Starten sofort Öl bekommt: die Leitung darf nicht trockenfallen. Andernfalls drohen Kolbenklemmer und Motorschäden mangels Schmierung. Zur Sicherheit die Kurbelwelle bei ausgeschalteter Zündung etwa

Abb. 392 - 394 Von oben: Blinkerlampe mit Fassung drehen und herausnehmen; Lösen des Blinkergehäuses; Auswechseln der Blinklampe hinten.

zehnmal mit dem Kickstarter durchdrehen. In der Ölleitung dürfen keine Luftblasen mehr sichtbar sein (Gefahr eines Kolbenklemmers). Weitere Hinweise zu diesem Punkt auch weiter unten im Abschnitt "Getrenntschmierung".

Abb. 395
Bei abgenommenem Heckleuchtenglas lassen sich Lampe und Reflektor auswechseln.

Abb. 396
Vier Schrauben halten die Grundplatte der Sitzbank. Auch zum Ausbau von Tank und Bremsflüssigkeitsbehälter müssen diese Schrauben gelöst werden.

Abb. 397
Den Tank so weit herausheben, bis die Schelle des Benzinschlauchs gelöst werden kann.

395

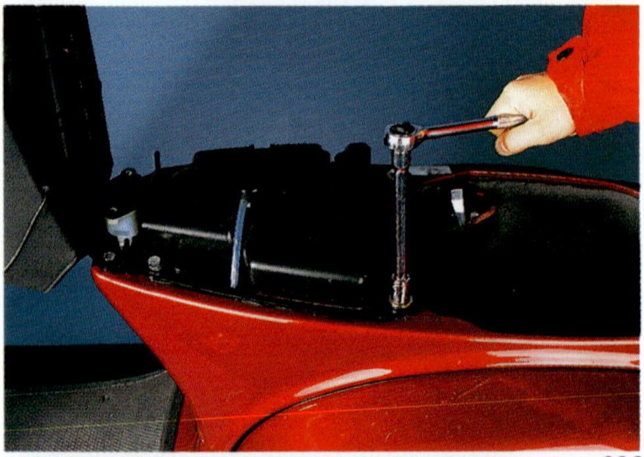
396

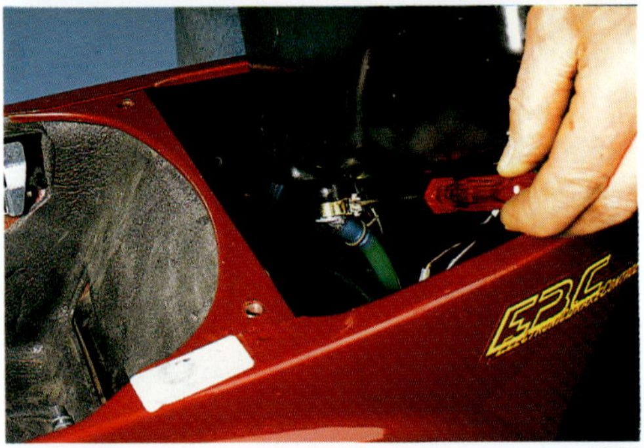
397

Luftfilter ausbauen, reinigen: Zu den regelmäßigen Kontroll- und Wartungsarbeiten gehört die Luftfilter-Pflege. Für den Ausbau und die Reinigung des Hauptluftfilters gilt das Gleiche, was bereits bei der PX gesagt worden ist: Motorhaube und Schutzkappe abnehmen, **Hauptluftfilter** abziehen (Abb. 399). Alle 8000 km muß das mit Stahlwolle gefüllte Element in ungiftigem Kaltreiniger ausgewaschen und mit Druckluft getrocknet werden. Die Cosa hat außerdem einen **Vorluftfilter**, der vom Helmfach unter der Sitzbank aus leicht zugänglich ist. Alle 8000 km - oder bei starker Verschmutzung auch öfter - muß er gewechselt werden (Abb. 400).

Vergaser einstellen: Die Cosa-Motoren sind mit Dell'Orto-Vergasern ausgerüstet, die in wesentlichen Teilen genauso aufgebaut sind wie die Vergaser der PX-Motoren. Einzelheiten gehen aus unserer Graphik hervor (Abb. 398). Die wesentlichen Unterschiede sind der elektrische Benzinhahn (Position 12 auf der Graphik) und die Startautomatik (Position 5, s. a. Abb. 403, 406). Die **Leerlaufdrehzahl** wird - genauso wie bei der Vespa PX - über die **Schieberanschlagschraube** reguliert, die oben aus dem Luftfilter herausragt (Position 3 auf der Graphik). Veränderungen an der **Leerlaufgemisch-Einstellschraube** (Position 16) sollten möglichst unterbleiben, bzw. nur in einer Werkstatt durchgeführt werden, die über die nötigen Diagnose- und Abgasmeßgeräte verfügt. Klarer Hinweis auf eine zu fette Gemischzusammensetzung sind ein unrunder Motorlauf, starkes Qualmen aus dem Auspuff und zu hoher Verbrauch. Bei zu magerer Abstimmung drohen Aussetzer, der Motor neigt zum Klingeln. In Fällen, in denen die Werkstatt nicht helfen kann, müssen **Leer-**

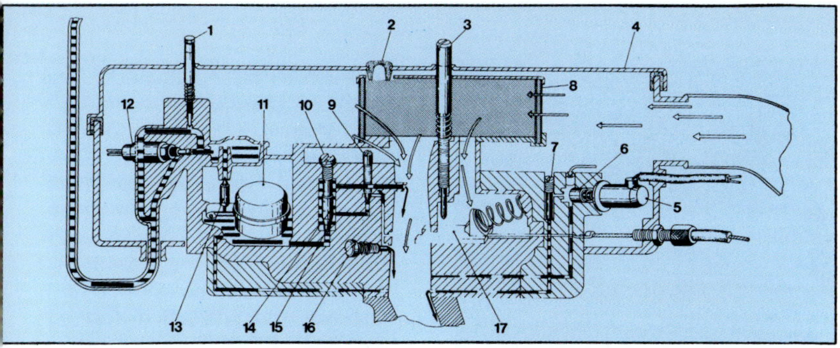

Abb. 398 Aufbau Cosa-Vergaser: 1 = Schraube zur Überbrückung des elektrischen Benzinhahns, 2 = Stopfen, 3 = Leerlaufregulierschraube, 4 = Luftfilterdeckel, 5 = Startautomatik, 6 = Starterventil, 7 = Starterdüse, 8 = Luftfilter, 9 = Leerlaufdüse, 10 = Hauptluftdüse, 11 = Schwimmer, 12 = elektrischer Benzinhahn, 13 = Schwimmernadelventil, 14 = Mischrohr, 15 = Hauptdüse, 16 = Leerlaufgemischschraube, 17 = Gasschieber (Zeichn. Piaggio)

laufgemisch-Regulierschraube und Gasschieber-Anschlagschraube in Grundstellung gebracht werden. Zunächst den Gummistopfen an der rückwärtigen Querwand des Luftfiltergehäuses entfernen und mit einem Schraubendreher die Leerlaufgemisch-Regulierschraube so weit eindrehen, bis sie leicht aufsitzt (neuere Modelle verfügen über eine Sechskantschraube Sw 7 - Abb. 401); der Motor droht abzusterben. Schraube rasch wieder herausdrehen, und zwar um eine halbe Umdrehung. Anschließend die Schieberanschlagschraube so verdrehen, bis der Motor mit Leerlaufdrehzahl 800 bis 1000 U/min dreht.

Vergaser ausbauen, überprüfen: Wie der Vergaserausbau bei den großen Vespa-Motoren vonstatten geht, wird weiter vorn beschrieben. Bei den Cosa-Motoren müssen zusätzlich die Kabel für den elektrischen Benzinhahn (Position 12) und die Startautomatik (Position 5) abgeschlossen werden. Bei Modellen mit Sechskant-Leerlaufgemischschraube muß die Schraube ganz herausgenommen werden. Beim Zerlegen, Überprüfen und Reinigen des Dell'Orto-Vergasers genauso vorgehen und die gleichen Grundsätze beachten wie bei der PX; entsprechende Hinweise im Motor-Reparaturkapitel (s. a. Abb. 404.

Startautomatik prüfen: Eine Cosa-Besonderheit ist die Startautomatik. Sie regelt selbständig die Anreicherung des Benzin-Luftgemischs während der Kaltlaufphase. Herz der Automatik ist ein Wachsfühler mit eingebautem elektrischem Widerstand, der auf die Innentem-

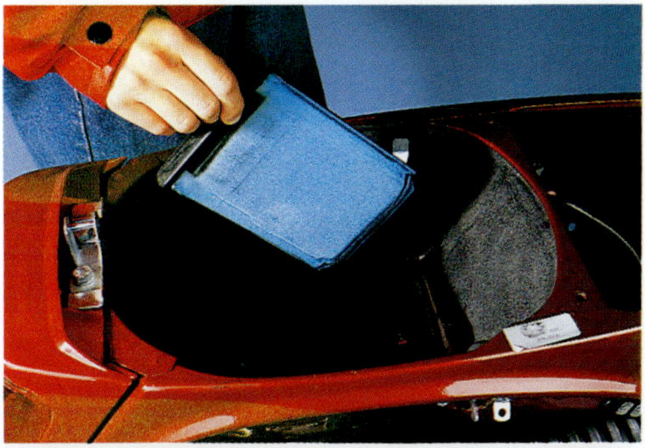

399

400

Abb. 399: Die Cosa verfügt über einen Zusatz Trockenluftfilter.
Abb. 400: Hauptluftfilter der Cosa.

Abb. 401
Mit einem Schlüssel SW 7 wird bei der Cosa die Leerlaufgemischschraube eingestellt; zum Vergaserausbau muß sie ganz abgenommen werden - auf die Feder achten.

Abb. 402
Versagt der elektrische Benzinhahn seinen Dienst, kann die Benzinzufuhr durch Herausdrehen der Überbrückungsschraube wiederhergestellt werden.

Abb. 403
"Gemischfabrik" einer Cosa 200 von 1995 mit elektrischem Benzinhahn und automatischem Choke; links an der Oberseite die Leerlaufeinstellschraube, rechts die Benzinhahn-Überbrückungsschraube.

Abb. 404
Nach Lösen des kleinen Gehäusedeckels kann das Kraftstoffsieb gereinigt werden. Weitere Fotos und Details siehe Vergaser-Kapitel PX.

401

402

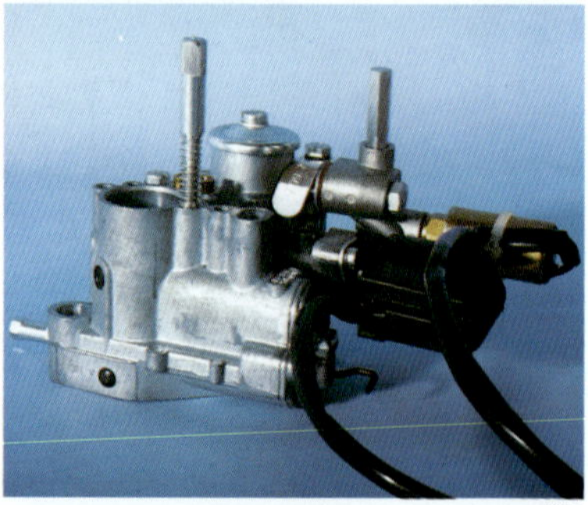
403

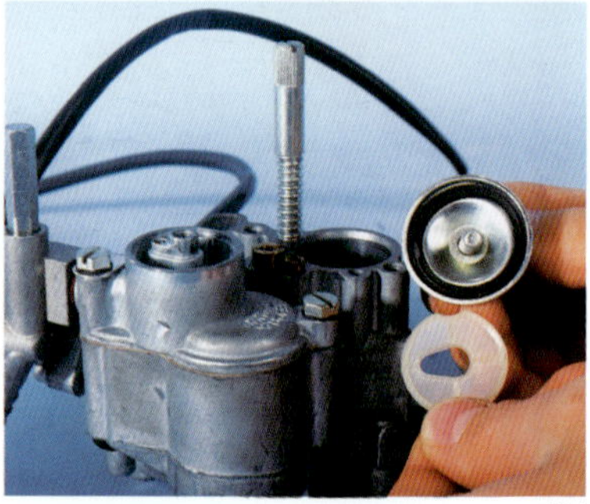
404

peratur des Vergasers anspricht. Bei Verdacht auf einen Defekt bei laufendem Motor kontrollieren, ob an den elektrischen Anschlüssen der Startautomatik Spannung anliegt. Ist dies der Fall, ist die Automatik defekt und muß ersetzt werden. Liegt keine Spannung an, ist die elektische Anlage schuld: defekter Spannungsregler oder schlechter Kontakt an den Anschlüssen.

Elektrischer Benzinhahn - Prüfung, Ausbau: Der elektrische Benzinhahn gibt die Benzinzufuhr vom Tank zum Vergaser frei, sobald die Zündung eingeschaltet ist. Kern ist ein elektromagnetisches Ventil, das sich beim Anlassen des Motors öffnet und sich beim Abstellen schließt.
Beim **Ausfall** des elektrischen Benzinhahns unterwegs (der Motor springt nicht an, obwohl Benzin im Tank ist) läßt sich die Benzinzufuhr auf mechanische Weise herstellen. Dazu müssen zunächst die rechte Haube und der Luftfilterdeckel abgenommen werden. Dann wird mit einem Gabelschlüssel SW 7 die Schraube auf dem Sockel rechts hinter dem Luftfilter (Position 1 auf der Vergaser-Graphik, Abb. 402) um zwei Umdrehungen gelöst. Zum **Ausbau** von Startautomatik und elektrischem Benzinhahn sind lediglich je ein Gabelschlüssel SW 10 und SW 13 sowie ein Schraubendreher erforderlich.

Getrenntschmierung - Funktion, Kontrolle: Der Zweitaktmotor der Cosa wird mit Frischöl aus einem separaten Tank mit Einfüllöffnung unter der Sitzbank geschmiert. Leider fehlt das bei den PX-Modellen übliche Schauglas zur Kontrolle. Stattdessen gibt es eine Kontrollleuchte im Armaturenbrett. Der Benzintank darf nur mit reinem Superbenzin bleifrei ROZ 95, lediglich in

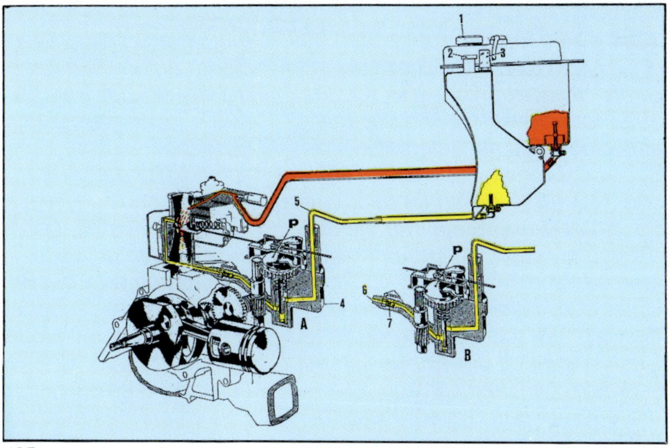

405

Abb. 405
Kraftstoff- und Schmiersystem der Cosa: 1 = Benzintankverschluß, 2 = Öltankverschluß, 3 = Ölstandsanzeiger (nicht alle Modelle), 4 = Ölpumpengehäuse, 5 = Ölzufuhrleitung, 6 = Ölzufuhrkanal zum Vergaser, 7 = Ölzufuhrventil; A = System im Ansaugstadium mit geöffnetem Drehschieber, B = wellengetriebene Ölpumpe im Detail, P = Ölpumpen-Zahnradgetriebe (Zeichn. Piaggio)

Ausnahmefällen mit vorbereitetem Benzin-Ölgemisch befüllt werden. Der Öltank muß mit vollsynthetischen Zweitakt-Ölen wie Castrol TTS, Castrol Biolube XTS oder AGIP 2T Racing aufgefüllt werden. Er faßt 1,3 Liter. Wenn die Kontrollampe im Cockpit aufleuchtet, sind noch 0,35 Liter Öl im Tank. Leuchtet die Ölstandskontrolle beim Starten mit dem Starterknopf (oder beim Drücken des Kontrollknopfs bei Fahrzeugen ohne E-Starter) nicht auf, ist der **Ölstandsanzeiger** defekt; er befindet sich unten am Öltank. Das Öl wird von einem Kolben (Position P, Abb 405) angesaugt, dessen Hub über Gleitschuh und Nockenscheibe von Kurbelwelle und Gaszug aus gesteuert wird (Abb. 405).

Achtung: Nach Arbeiten an Öltank und Ölpumpe sind die Leitungen meist ohne Öl. Schon das Auftreten von Luftblasen kann dem Motor schaden: Die Schmierung reißt ab. Bevor der Motor angelassen wird, kontrollieren, ob die Ölzufuhrleitung ganz mit Öl gefüllt ist. Auch nach längerer Standzeit (Winterpause z.B.) empfiehlt sich eine Kontrolle. Zeigen sich Luftblasen, die Leitung vom Motor abhängen und so lange Öl ablaufen lassen, bis die **Blasen verschwunden** sind; dann Verbindung wieder herstellen. Kurbelwelle mit dem Kickstarter so lange drehen, bis die Ölzufuhr hundertprozentig ist. Zur Sicherheit kann man auch drei Liter Benzin-Öl-Gemisch im Verhältnis 1:50 in den Benzintank füllen, um den Engpaß in der Ölzufuhr zu überbrücken.

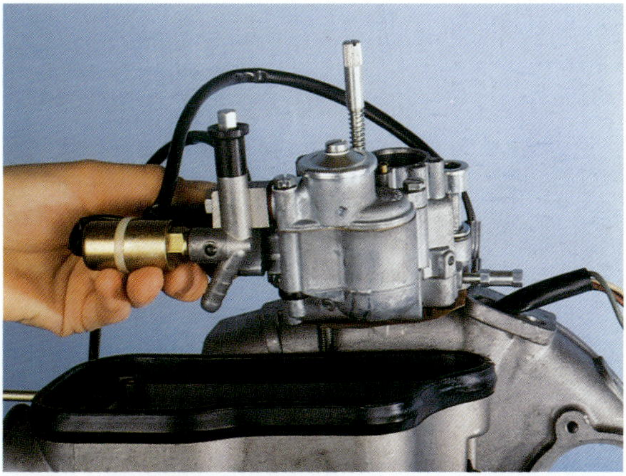

406

Abb. 406
Vergaser der Cosa mit elektrischem Benzinhahn und automatischem Choke von der Kupplungsseite her betrachtet; die Papierdichtungen müssen bei jedem Aus- und Einbau erneuert werden.

VESPA PX AB 1998 ALLE NEUEN MODELLE: SCHEIBENBREMSE, BREMSHYDRAULIK

Abb. 407
Die Vespa PX ist der letzte Klassik-Motorroller von Piaggio. 2001 waren noch zwei Modelle lieferbar (neben 17 Automatik-Typen) : PX 125 FL DT in schwarz, silber platino und rot saturno für 5.395 DM, PX 200 FL DT in schwarz und silber platino für 5.995 DM. Im Bild eine PX 125 von 1999.

1992 stellte Piaggio zum ersten Mal einen Motorroller mit Scheibenbremse am Vorderrad vor - den Quartz. 1993 folgten weitere Modelle mit stufenloser Riemenautomatik und Scheibenbremse vorn: SKR 125 und 150. 1995 bekamen dann Sfera 50 Zweitakt und Sfera 125 Viertakt die hydraulisch betätigte Scheibenbremsanlage.
Unter den klassischen Rollern war die von 1987 bis 1995 produzierte Cosa lange Zeit der einzige Typ mit hydraulischer Bremsanlage. Allerdings wirkte das System lediglich auf konventionelle Trommelbremsen (s. Seiten 148- 158). Bei der legendären Vespa zögerte Piaggio bis Ende der 90er Jahre. Doch 1998 war es so weit: Bei allen PX-Modellen von 125 bis 200 Kubik wurde die altmodische, schlecht dosierbare und in der Wirkung unbefriedigende Trommelbremse durch eine moderne Scheibenbremse ersetzt, die im Aufbau weitgehend identisch mit der Anlage war, die in den Automatik-Typen Quartz und SKR 125 verwendet wurde. Einziger Unterschied: Bei den Automatikrollern ist die Bremsanlage links an der Radführung befestigt, bei der Vespa PX auf der rechten Seite.
Übertragen wird die Bremskraft wie bei Motorrädern über einen Hauptbremszylinder mit Hebel am Lenker, Bremsschlauch, Bremszange und gelochte Bremsscheibe. Beim Fahren mit den modernisierten Vespa-Typen zeigen sich klar die Vorteile von Scheibenbremsen: bessere und gleichmäßigere Verzögerung, geringere Bedienkräfte, mehr Sicherheit, einfachere Wartung.
Wir wiederholen auch in diesem Kapitel unseren ***Sicherheitshinweis:*** *Vom Funktionieren der Bremsanlage hängt die Verkehrssicherheit des*

407

Fahrzeugs ab. Wer nicht über die nötigen handwerklichen Fähigkeiten verfügt, sollte Arbeiten am Bremssystem der Fachwerkstatt überlassen. In jedem Fall ist äußerste Sorgfalt geboten. Unsere Hinweise haben nur Informationscharakter, eine Haftung lehnen wir grundsätzlich ab.

Aufbau / Funktion der Scheibenbremsanlage - Vespa PX 125 - 200: Das System entspricht normalem Motorrad-Standard. Der Handhebel wirkt direkt auf den Kolben des am Lenker festgeschraubten Hauptbremszylinders; der Bremsflüssigkeitsbehälter ist oben aufgesetzt. Der Druck wird über die in einen Gummi-Bremsschlauch stehende Bremsflüssigkeit zur Festsattel-Bremszange weitergeleitet und preßt dort über zwei Kolben die mit aufgeklebten Belägen ausgerüsteten Bremsplaketten gegen die rotierende Scheibe.

Bremsbeläge prüfen, Vorbereitung Ausbau: Die Bremsbeläge müssen regelmäßig auf Abnutzung kontrolliert werden. Die Verschleißgrenze ist erreicht, wenn die Beläge nur noch 1,5 mm dick sind. **Achtung:** Nicht die Trägerplatte mitmessen, nur die aufgeklebten Reibbeläge prüfen! Zum Ausbau der Plaketten müssen zunächst das Vorderrad und die Bremszange ausgebaut werden.

Vorderrad aus- und einbauen: Hier läßt die alte Vespa grüßen: Das Rad ist mit fünf Muttern an der Radnabe befestigt, die Felge ist geteilt, was den Reifenwechsel ungemein erleichtert. Zum Radausbau zunächst mit einem Schraubendreher den großen Plastikring von der Felge hebeln (nicht bei allen Modellen vorhanden); Klinge zwischen Felge und Ring ansetzen. Anschließend Rad blockieren und mit einem Steckschlüssel SW 13 die fünf Radmuttern lösen. **Wiedereinbau:** Muttern ringsum handfest, dann kreuzweise mit Drehmoment Nm 20 + 25 anziehen.

Bremszange vom Träger nehmen: Die beiden Innensechskantschrauben SW 6 lösen, mit denen die Bremszange am Radträger befestigt ist; Bremsschlauch nicht abschrauben. Nach dem Lösen läßt man die Zange einfach an der Bremsleitung herunterhängen. **Achtung:** Bremshebel bei ausgebauter Zange nicht betätigen; die Kolben würden dabei ausgepreßt.

Abb. 408
Seit 1998 sind alle PX-Varianten mit hydraulischer Scheibenbremse am Vorderrad ausgerüstet. Die von den Automatiktypen SKR und Quartz übernommene Anlage ist im Vergleich zu diesen Modellen seitenverkehrt an der Vorderradführung befestigt. Optisch paßt die Scheibenbremse hervorragend zum vertrauten Vespa-Styling.

408

409

410

411

Abb. 409
Wie bei den älteren Modellen wird auch das Vorderrad der Scheibenbrems-PX von einer gezogenen Kurzschwinge geführt. Ein spezieller Bremsträger nimmt die Bremszange auf.

Abb. 410
Die geteilte Felge mit der Fünffachverschraubung wurde freundlicherweise beibehalten. Sie erleichtert den Reifenwechse sehr.

Abb. 411
Bei der Bremszange handelt es sich um einen Festsattel mit zwei Kolben. Die beiden Hälften sind vierfach miteinander verschraubt.

Bremsbeläge Ausbau: Schutzabdeckung (soweit vorhanden) abnehmen, Sicherungssplint entfernen, Sicherungsbolzen austreiben, Druckfeder abnehmen und Bremsbeläge aus dem Schacht ziehen.

Bremsbeläge, Bremszange Einbau: Vor dem Einbau der Plaketten Bremskolben von Hand oder mit einem Holz zurückdrücken; keine scharfkantigen Gegenstände verwenden. Schacht - falls nötig - mit Spiritus, denaturiertem Alkohol oder Spezial-Bremsenreiniger (Industriebedarfshandel) reinigen.
Sicherheitshinweis: Auf keinen Fall ölhaltige Reinigungmittel, Diesel, Petroleum etc. oder Benzin verwenden! Diese Flüssigkeiten zersetzen die Gummiteile der Bremsanlage, was ein späteres Bremsversagen zur Folge haben kann.
Prüfen, ob die Gummimanschetten an den Kolben trocken und damit dicht sind. Bei Dichtungsdefekten muß die Bremszange überholt werden (s. weiter unten). Neue Plaketten einsetzen, Druckfeder, Bolzen und Sicherungssplint anbringen.
Achtung: kontrollieren, ob der Tachowellenmitnehmer korrekt montiert ist und nicht am Rad schleift. Tachowelle, falls gelöst, sorgfältig einsetzen und befestigen. Bremssattel anschrauben und Schrauben in zwei Stufen mit mit Drehmoment 20 + 25 Nm anziehen. Rad aufsetzen und Muttern ebenfalls mit Drehmoment 20 + 25 Nm anziehen. Vor dem Losfahren Bremshebel mehrmals betätigen, damit sich die Beläge der Scheibe anpassen können.

Bremsscheibe, Radnabe, Radlager, Lager Bremsträger allgemein: Der Ausbau der Radnabe ist erforderlich, wenn die Bremsscheibe abgenommen werden soll. Bei allen Modellen sitzen die beiden Radlager in der Nabe; sie ermöglichen die

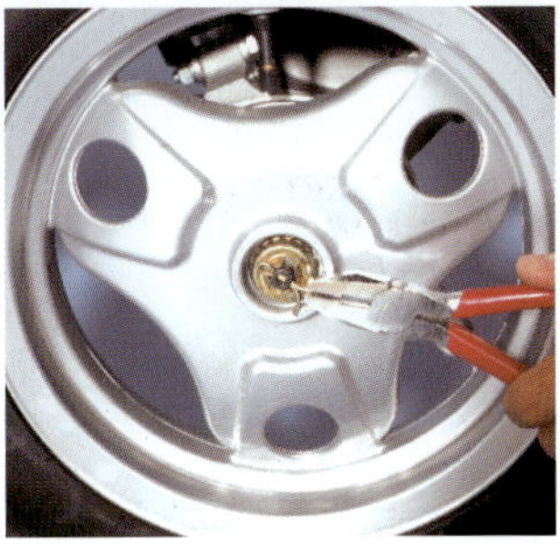

412

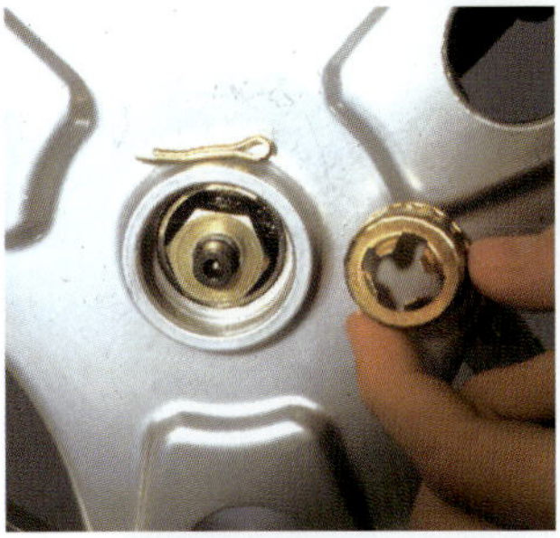

413

Drehung des Rades auf der Achse. Im Bremszangenträger sitzen zwei weitere Lager; sie gleichen die kurzen Drehbewegungen aus, die von der Schwinge mit der fest eingepreßten Achse induziert werden. Die Lager müssen ausgewechselt werden, wenn Spiel vorhanden ist oder Laufgeräusche auftreten. Am besten Lager paarweise austauschen.

Radnabe mit Bremsscheibe, Aus- und Einbau: Zunächst Vorderrad und Bremszange demontieren wie beschrieben. Klemmplatte der Tachowelle abnehmen (Schraube SW 8) und Welle abziehen. Dann die Radnabe mit Bremsscheibe ausbauen; die Scheibe ist an der Nabe befestigt und kommt mit frei. Schutzkappe vom Achsstummel ziehen, Splint aufbiegen, Sicherungskappe abnehmen und Zentralmutter mit einer Stecknuß SW 22 lösen. Radnabe mit Bremsscheibe abziehen.
Einbau: Nabe mit Scheibe aufsetzen, Mutter aufsetzen und mit Nm 35 - 40 anziehen. Sicherungskappe aufsetzen und mit Splint sichern.

415

Splintenden so biegen, daß kein Spiel zwischen Sicherungskappe und Achsstummel bleibt.

Bremsscheibe Aus-, Einbau, Kontrolle - alle Modelle: Nach dem Ausbau der Radnabe kann die Bremsscheibe abgenommen werden; sie ist mit fünf Inbusschrauben SW 4 befestigt. Schrauben ausdrehen, Scheibe abnehmen und prüfen. Die Scheibe darf an den Rändern nicht übermäßig eingelaufen sein und keine starken Riefen haben. Schlägt oder vibriert die Bremse spürbar, Scheibe mit einer Meßuhr auf Seitenschlag und Verzug prüfen lassen. Der Seitenschlag darf nicht größer als 0,1 mm sein. Bei starker Riefenbildung oder übermä-

Abb. 412 - 415 v.l.n.r und unten: Radnabenausbau (am Beispiel Sfera 50/1): Kappe abhebeln, Splint aufbiegen und entfernen, Sicherungskappe abheben, Zentralmutter mit Stecknuß SW 22 lösen; unten alle Elemente.

Abb. 416 Bremsscheibenverschleiß im Querschnitt: a = noch abdrehbar, b = problematische Riefen, c = keilförmige Abnutzung, damit Schrott (Quelle: Ate)

Abb. 417 Querschnitt Radnabe, Bremsscheibenbefestigung: 1 = Kugellager, 2 = Nadellager, 3 = Rad u. Nabe, 4 = Radbolzen, 5 = Bolzen, 6 =Bremsscheibe

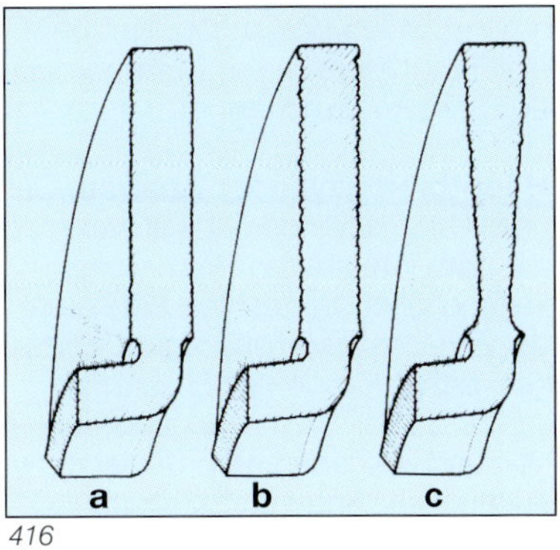

416

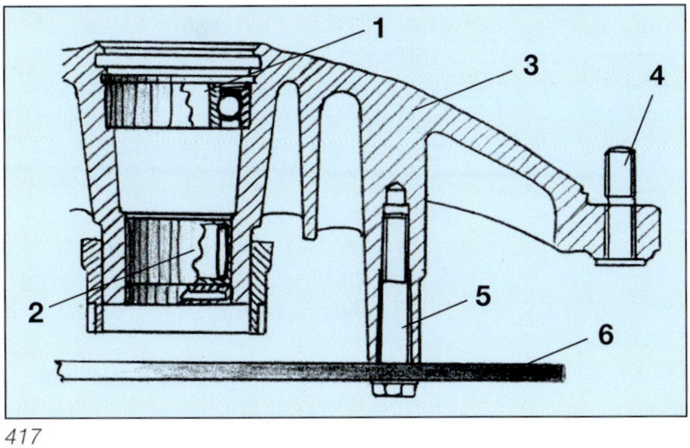

417

418

Abb. 418
Auch die Scheiben-brems-PX verfügt über die gewohnte Drehgriffschaltung.

419

Abb. 419
Die wesentlichen Schalter sind am rechten Griff zusammengefaßt. Neu: der Bremsflüssigkeitsbehälter.

420

Abb. 420
Solide ausgeführt und wartungsfreundlich: Hauptbremszylinder mit Bremsflüssigkeitsbehälter, Leichtmetall-Handhebel und abgedichtetem Bremslichtschalter.

ßiger Abnutzung Scheibe erneuern.
Einbau: Bremsscheibe mit Alkohol oder Spiritus (niemals mit Diesel oder ölhaltigen Mitteln) sorgfältig von Öl- und Bremsflüssigkeits-Rückständen reinigen und dann so einbauen, daß der eingeprägte Laufrichtungspfeil auf der Federbeinseite liegt. Schraubengewinde mit Schraubensicherung LOCTITE 242 bestreichen, Schrauben einsetzen und dann mit 5 - 6,5 Nm anziehen.

Radlager Aus- und Einbau: Vorderrad, Bremszange, Radnabe und Bremsscheibe ausbauen wie oben beschrieben. Zum Ausbau der beiden äußeren Lager Radnabe in Schraubstock spannen. Das kleinere Nadellager und das größere Kugellager werden mit einem Spezial-Abzieher ausgebaut (u.U. in Fachwerkstatt ausleihen). Vor der Montage neuer Lager die Räume zwischen den Lagern mit Spezialfett Fiat Jota 3 F.S. fetten.
Eingebaut werden die Lager mit exakt passenden Schlagdornen (u.U. Fachwerkstatt aufsuchen).

Bremszangenträger mit Lagern, Aus- und Einbau: Zuerst Bremszange, Radnabe und Bremsscheibe abnehmen wie oben beschrieben. Den Bremszangenträger vom Federbein abschrauben; er ist mit zwei Innensechskantschrauben SW 6 und zugehörigen Muttern befestigt. Zuletzt den Seegering ausbauen, der den Träger auf dem Achsstummel festhält.
In den Bremszangenträger sind zwei **Nadellager** eingesetzt; sie lassen sich einfach mit einem genau passenden Schlagdorn aus- und eintreiben. Beim Einbau die Lager nicht verkanten. Vor der Montage die Umgebungsbereiche der Lagersitze und den Raum dazwischen mit Spezialfett Fiat Zeta 2 fetten.
Einbau der Einheit: Träger auf den Achsstummel schieben und mit Seegering sichern. Träger wieder am Federbein befestigen, Bolzen einführen, Muttern mit Drehmoment 20 - 27 Nm anziehen.

Hauptbremszylinder Ausbau: Der Hauptbremszylinder sitzt zusammen mit dem integrierten Bremsflüssigkeitsbehälter am rechten Lenkerende. Zunächst Bremsflüssigkeit ablassen. Schutzkappe des Entlüftungsventils an der Bremszange entfernen und transparenten Schlauch aufstecken. Anderes Schlauchende in ein Gefäß halten. Entlüftungsventil mit einem Gabelschlüssel SW 8 öffnen und Bremshebel solange betätigen, bis keine Flüssigkeit mehr ausströmt. **Bremsschlauch** vom Hauptbremszylinder abschließen. Klemmschale (u.U. auch Bremshebel) lösen und Hauptbremszylinder vom Lenker nehmen. Bei Undichtigkeiten und Beschädigungen Zylinder komplett austauschen

Hauptbremszylinder Revision: Das **Zerlegen** und **Überholen** ist aus Sicherheitsgründen normalerweise Werkstattsache. Die einzelnen Schritte: Sprengring am Druckbolzen lösen, Staubschutzmanschette und Kolben mit Dichtmanschette entnehmen. Kolben und Zylinderlaufbahn dürfen keine Korrosion oder Riefen zeigen. Eintrittsloch, Entlüftungsbohrung und Abflußöffnung dürfen nicht verstopft sein; mit Preßluft durchblasen. Defekte Dichtringe und geschwollene Gummiteile ersetzen (Reparatursatz, falls erhältlich). Alle Teile vor dem Zusammenbau reinigen. **Achtung:** Dazu nur Spiritus oder denaturierten Alkohol, niemals Benzin oder Petroleum verwenden. Alle Fett-, Diesel- oder Ölspuren sorgfältig beseitigen. Gummiteile dürfen nicht länger als 20 Sekunden in Alkohol liegen und müssen nach der Reinigung getrocknet werden.
Zusammenbau in umgekehrter Reihenfolge. Dichtungsringe in frische Bremsflüssigkeit tauchen. Metallteile können dünn mit Bremszylinder-Spezialpaste bestrichen werden (Fachhandel, z.B. FIAT PFR1). Nach Komplettierung Funktion prüfen: Kolben in den Zylinder drücken und loslassen; er muß schnell zurückgleiten.

Hauptbremszylinder Einbau: Bei der Montage die Drehmomente für die Verbindungsschrauben beachten: nur 8 - 12 Nm, das ist praktisch "handfest". Fabrikneue Bremsflüssigkeit DOT 4 in den Behälter füllen, System unter Druck setzen und entlüften wie weiter unten beschrieben. Prüfen, ob alle Verbindungen hundertprozentig dicht sind.
Achtung: Bei allen Arbeiten darauf achten, daß keine Bremsflüssigkeit auf lackierte Teile tropft; es können Schäden entstehen. Spuren von Bremsflüssigkeit auf der Bremsscheibe mit Spiritus entfernen. Mit Bremsflüssigkeit benetzte Beläge müssen ausgetauscht werden, da die Bremswirkung sonst empfindlich herabgesetzt würde.

Bremszange Zerlegung, Revision - alle Modelle: Zunächst Zange abnehmen und Bremsbeläge ausbauen wie vorn beschrieben. Dann Bremsflüssigkeit ablassen wie im Abschnitt "Hauptbremszylinder" gezeigt. Bremszange ausbauen und

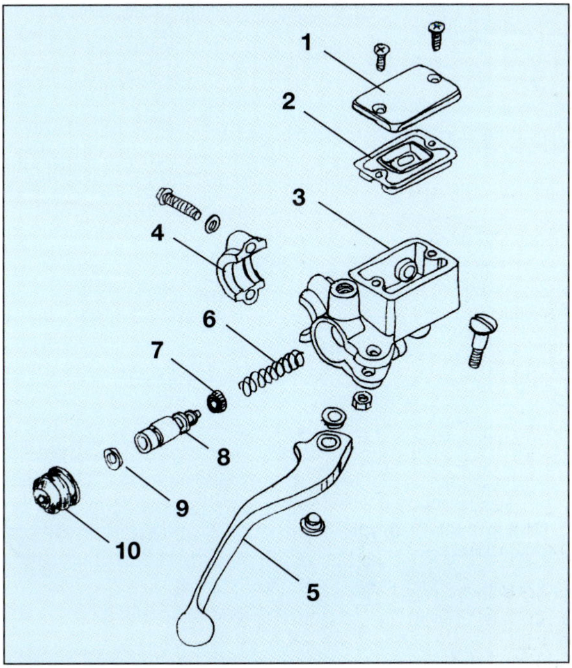

421

Abb. 421 Betätigungselemente der PX-Scheibenbremse: 1 = Deckel Behälter, 2 = Membrane, 3 = Flüssigkeitsbehälter, 4 = Klemmschale, 5 = Bremshebel, 6 = Feder, 7 = Dichtung, 8 = Kolben, 9 = Staubschutzring, 10 = Gummibalg

Bremsschlauch abnehmen. Zum Zerlegen vier Innensechskantschrauben lösen (zwei SW 6, zwei SW 5). Die beiden Hälften der Zange ablegen. Nun die Innenteile herausnehmen; dazu - falls nötig - Preßluft in die äußeren Bohrungen für die Bremsflüssigkeit schicken; nicht mit hohem Druck arbeiten, sonst fliegen die Einzelteile durch die Gegend. Hand oder Lappen schützend davorhalten. Jede Hälfte enthält einen Staubschutzring, eine Dichtmanschette und einen Leichtmetallkolben. Außerdem gibt es einen zentralen O-Dichtring (s. Graphik). Kolbenlaufbahnen prüfen; falls Kratzer oder Korrosion festgestellt werden, muß die Zange komplett ausgetauscht werden.

Achtung: Die inneren Einzelteile müssen laut Piaggio nach jedem Zerlegen der Zange erneuert werden, auch wenn keine Beschädigungen festzustellen sind. Für Reinigung und Zusammenbau gelten ansonsten die gleichen Grundsätze und Sicherheitshinweise wie in den Abschnitten "Hauptbremszylinder" weiter oben. Zusammen- und

Einbau: Alle Teile in Alkohol oder Spiritus reinigen wie beschrieben; Spuren von Fett und Öl sorgfältig entfernen. Gummiteile kurz in Bremsflüssigkeit tauchen, u.U. dünn mit Bremszylinder-Paste bestreichen (z.B. FIAT PFR1). Genauen Sitz aller Einzelteile prüfen. Anschließend Funktion prüfen: Kolben in die Zange drücken und loslassen; er muß schnell zurückgleiten. Hälften der Zange zusammenfügen und fest verschrauben. Bremszange am Träger befestigen (Drehmoment 20 - 25 Nm), Bremsschlauch anschließen (Drehmoment 15 - 25 Nm), Bremsbeläge einsetzen, Anlage befüllen und entlüften wie weiter unten beschrieben.

Bremsanlage entlüften: Nach allen Arbeiten an der Bremsanlage muß das System entlüftet werden (und gefüllt, falls vorher entlernt). Entlüftet werden muß auch, wenn die Bremse sich schwammig anfühlt und erst nach mehrmaligem Betätigen des Hebels richtig Wirkung zeigt. Zunächst stets prüfen, ob die Anlage dicht ist. Entweicht beim Entlüften ständig weiter Luft durch den Entlüftungsschlauch, müssen

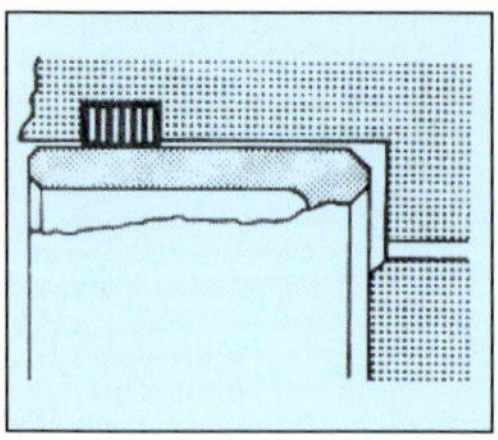

422

Abb. 422 Kolben des Bremssattels in Lösestellung: Gummidichtring (oben) entspannt.

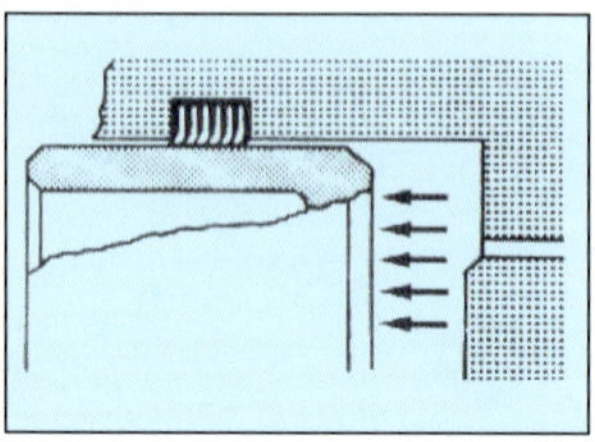

423

Abb. 423 Bremskolben unter Druck: Dichtring seitlich verspannt; zieht Kolben beim Lösen der Bremse zurück.

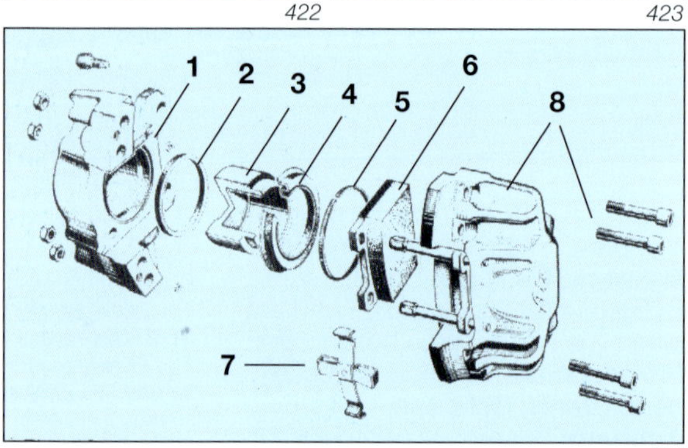

424

Abb. 424 Elemente einer Ate-Zweizylinder-Festsattelhälfte: 1 = Zangenhälfte, 2 = Dichtring, 3 = Kolben, 4 = Staubschutzring, 5 = Sicherung,6 = Bremsplakette, 7 = Spreizfeder, 8 = ganze 2. Hälfte m. Schrauben

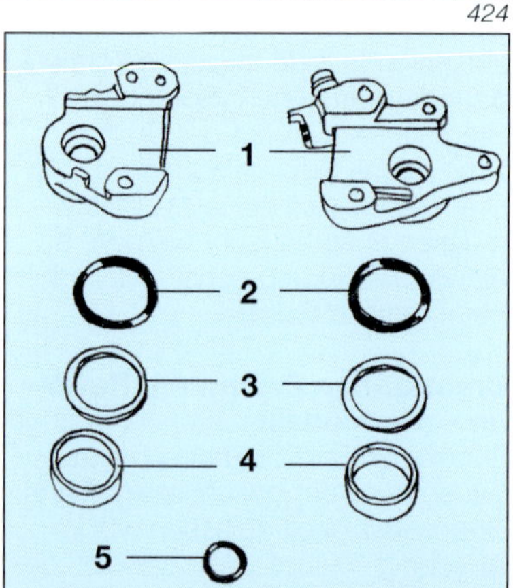

425

Abb. 425 Elemente einer Piaggio-Bremszange (schematisch): 1 = Zangenhälften, 2 = Staubschutzmanschetten, 3= Dichtringe, 4 = Kolben, 5 = Dichtung zwischen den Hälften

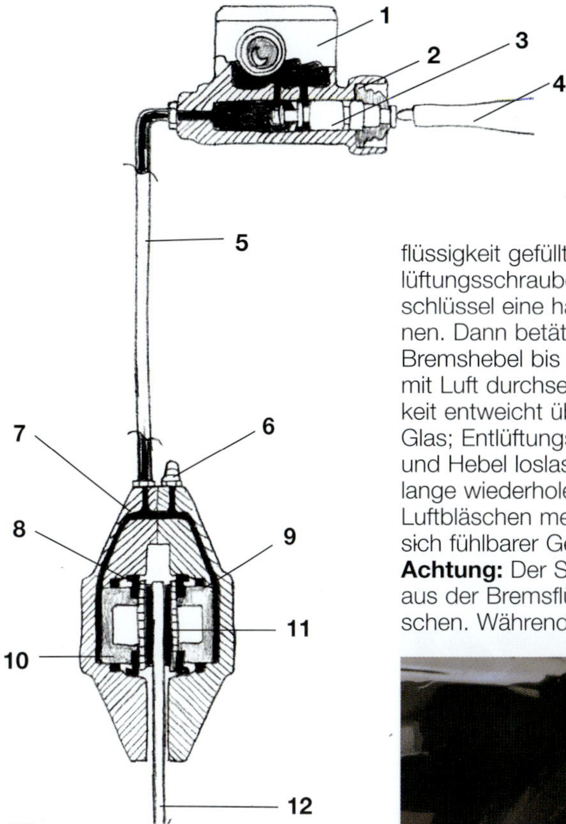

426

Abb. 426 Scheibenbremse Vespa PX: 1 = Flüssigkeitsbehälter, 2 = Hauptbremszylinder, 3 = Kolben, 4 = Bremshebel, 5 = Bremsschlauch, 6 = Entlüftungsschraube, 7 = Bremszange, 8 = Staubschutzmanschette, 9 = Dichtring, 10 = Kolben, 11 = Bremsbelag, 12 = Bremsscheibe

alle Verbindungen geprüft und gegebenenfalls nachgezogen werden. Zum Entlüften benötigt man eine Dose mit 500 cm^3 Bremsflüssigkeit **DOT 4**, einen durchsichtigen Plastikschlauch mit 3,0 mm Innendurchmesser, einen Gabelschlüssel SW 8, ein sauberes Haushaltsglas und einen Helfer. Zunächst Deckel des Bremsflüssigkeitsbehälters abnehmen. Dann ungefähr 100 cm^3 Bremsflüssigkeit in das Glas füllen. Fahrzeug auf einer ebenen Fläche aufbocken. Gummikappe von der **Entlüftungsschraube** der Bremszange abnehmen und den Plastikschlauch aufschieben; er muß luftdicht abschließen. Das andere Ende des Schlauchs in das mit Bremsflüssigkeit gefüllte Glas halten. Entlüftungsschraube mit dem Gabelschlüssel eine halbe Umdrehung öffnen. Dann betätigt der Helfer den Bremshebel bis zum Anschlag. Die mit Luft durchsetzte Bremsflüssigkeit entweicht über die Leitung ins Glas; Entlüftungsschraube schließen und Hebel loslassen. Vorgang so lange wiederholen, bis keine Luftbläschen mehr austreten und sich fühlbarer Gegendruck zeigt. **Achtung:** Der Schlauch darf nicht aus der Bremsflüssigkeit herausrutschen. Während des Entlüftens im-

Abb. 427 Das Entlüften einer hydraulischen Bremse ist bei allen Fahrzeugen gleich; im Bild: Bremse einer Vespa PX 125. Schlauch auf Entlüftungsventil stecken, anderes Ende in Glas mit Bremsflüssigkeit halten. Ventil lösen und Anlage entlüften wie im Text beschrieben. Nur Flüssigkeit DOT 4 verwenden.

427

Abb. 428 Gezogene Kurzschwinge mit Bremssattelträger, Bremszange und Federbein; die Plastikverkleidung wird mit einem Schraubendreher abgehebelt. Das Federbein ist unten mit zwei Inbusschrauben SW 6 befestigt.

428

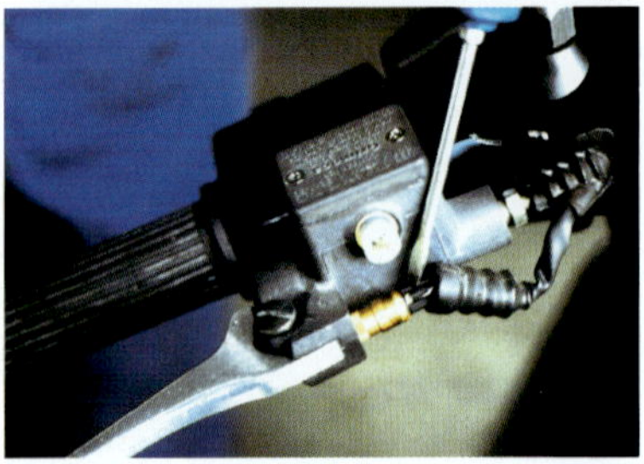

Abb. 429 Vordererer Bremslichtschalter der Vespa PX. Für Kontrolle und Ausbau Gummitülle zurückschieben.

429

mer so viel Bremsflüssigkeit nachfüllen, daß der Pegel im Vorratsbehäl-ter nicht unter "Min" sinkt. **Achtung:** Während des Vorgangs kann Flüs-sigkeit aus der Bohrung der Entlüf-tungsschraube treten und Brems-zange sowie Bremsscheibe verunreinigen; Elemente in diesem Fall sorgfältig mit Spiritus reinigen und trocknen. Tritt keine Luft mehr aus, Hebel am Anschlag halten und gleichzeitig Entlüftungsschraube schließen. Erst dann Hebel loslassen. Zum Abschluß Bremse mehrmals kräftig betätigen; es muß ein gleichmäßig deutlicher, unnachgiebiger Druckpunkt zu spüren sein.

Bremsflüssigkeit kontrollieren:
Der Bremsflüssigkeitspegel im Behälter am Lenker darf nie unter die Minimum-Marke sinken. Sinkt die Flüssigkeit unter die Minimal-Marke, kann beim Bremsen Luft angesaugt werden - die Bremswirkung läßt dramatisch nach, denn Luft läßt sich ja komprimieren; der Druck wird dann nicht mehr über die Flüssigkleit an die Bremszange geleitet. Die Kontrolle sollte einmal pro Monat durchgeführt werden. **Achtung:** Bei starkem Flüssigkeitsverlust nicht einfach nachfüllen, sondern die Ursache suchen. In Frage kommen undichte Schraubverbindungen, poröse oder beschädigte Bremsschläuche, undichte Manschetten an Haupt- und Radbrems-zylinder. Bei Bedarf nur frische Bremsflüssigkeit der Qualitätsklasse DOT 4 nachfüllen. **Achtung:** Werden andere Flüssigkeiten (Motoröl zum Beispiel) eingefüllt, lösen sich die Gummidichtungen der Bremsanlage auf, die Bremse fällt aus.

Bremsflüssigkeit nachfüllen:
Zum Nachfüllen von Bremsflüssigkeit Fahrzeug so aufbocken, daß es absolut gerade steht. Dann die beiden Deckelschrauben am Behälter lösen und Deckel mit Membrane und Dichtung abnehmen. Stets frische Bremsflüssigkeit DOT 4 aus zuvor versiegeltem Behälter verwenden. Beim Einfüllen darauf achten, daß keine Flüssigkeit auf lackierte Teile oder Teile aus Kunststoff tropft. Geht trotzdem etwas daneben, den betroffenen Bereich mit viel klarem Wasser abspülen. **Achtung:** Bremsflüssigkeit nimmt Wasser aus der Luft auf und verliert damit an Wirkung (sie ist "hygroskopisch"). Unter starker Belastung (Paßfahrten) kann dann die Bremse ausfallen ("Fading"). Unter normalen Fahrbedingungen sollte die Flüssig-

keit alle zwei Jahre ausgetauscht werden, bei härterem Einsatz öfter.

Bremsanlage prüfen, Bremsschlauch wechseln: Wenn trotz sorgfältigen Entlüftens immer wieder Luft ins System eindringt, müssen alle Anschlüsse und Komponenten der Bremsanlage überprüft werden. Bremsschläuche mit Rissen, Scheuerstellen, porösen Partien oder Aufquellungen sofort austauschen. Dazu zunächst Bremsanlage ganz entleeren und Bremsflüssigkeit auffangen.

Umwelttip: Gebrauchte Flüssigkeit nicht wegschütten, sondern zur Müllsammelstelle bringen; Bremsflüssigkeit ist giftig und darf nicht ins Grundwasser gelangen!

Den alten Bremsschlauch unten und oben abschrauben (Steck-/Ringschlüssel SW 13 oder 14). Kaskade von der Fahrzeugfront abnehmen wie auf Seite 116 gezeigt. Schlauch aus der Karosserie fädeln und dabei darauf achten, daß keine Flüssigkeit auf den Lack tropft. Beim **Wiedereinbau** stets neue Dichtringe verwenden. Hohlschrauben mit Drehmoment 15 - 25 Nm anziehen. Der Schlauch darf nirgends scheuern. Dann Anlage mit frischer Bremsflüssigkeit DOT 4 befüllen und entlüften wie oben beschrieben.

Achtung: Bremsschläuche aus Sicherheitsgründen grundsätzlich alle vier Jahre erneuern, auch wenn keine Schäden erkennbar sind.

Bremshebel Aus- und Einbau: Der Handhebel für die Vorderradbremse wirkt direkt auf den Hauptbremszylinder, ist aber nicht mit diesem verbunden. er läßt sich daher problemlos separat auswechseln. Dazu die Schlitzschraube, die als Lager dient, mit einem kräftigen Schraubendreher festhalten und von unten mit einem Ringschlüssel SW 10 die selbstsichernde Mutter

430

Abb. 430 Zum Ausbau des Bremsschlauchs muß die Kaskade abgenommen werden. Zunächst Piaggio-Emblem abhebeln, dann drei Kreuzschlitzschrauben ausdrehen. Der Schlauch ist mit einer Drahtspirale geschützt. er darf keine Knick- und/oder Scheuerstellen aufweisen.

lösen. Schraube herausziehen und Hebel abnehmen. Beim Einbau Mutter handfest anziehen.

Bremslichtschalter Kontrolle, Aus- und Einbau: Der vordere Bremslichtschalter sitzt unter einer Gummitülle unterhalb des Hauptbremszylinder. Tülle abziehen und prüfen, ob die beiden Kabelschuhe fest sitzen und keine Korrosion aufweisen. Zum Ausbau Kabel abziehen und Schalter mit einem Gabelschlüssel lösen. Beim Einbau Verschraubung handfest anziehen.

SCHALTPLAN (12 VOLT) FÜR VESPA PK-REIHE MIT SECHSPOL. GENERATOR, BATTERIE, REGLER, ELEKTRONISCHER ZÜNDUNG

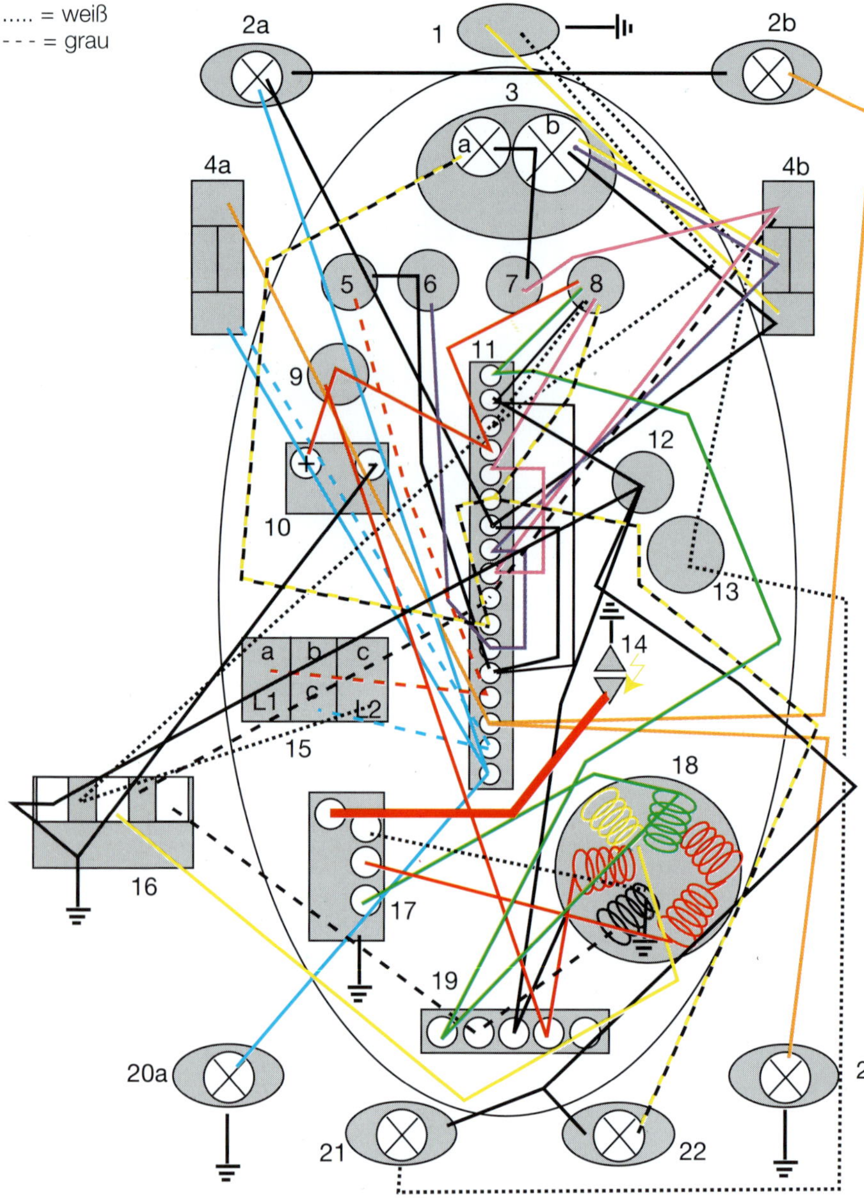

1 = Hupe, 2a/2b = Blinker links/rechts vorn (10/10W), 3a = Standlicht (5W), 3b = Abblend- und Fernlicht (25/25W), 4a = Blinkerumschalter, 4b = Umschalter Licht/Hupe, 5 = Blinkeranzeige (1,2W), 6 = Fernlichtanzeige (1,2W), 7 = Tachobeleuchtung (1,2W), 8 = Zündschloß, 9 = Sicherung, 10 = Batterie (12V/5,5Ah), 11 = Haupt-Klemmbrett, 12 = Verteiler Masse, 13 = Bremslichtschalter, 14 = Zündkerze, 15 = Blinkgeber, 16 = Spannungs-regler, 17 = Elektronikzentrale, 18 = Lichtmaschine (Schwungradmagnetzünnder), 19 = Klemmbrett Licht-maschine, 20a/20b = Blinker links/rechts hinten (10/10W), 21 = Bremslicht (10W), 22 = Schlußlicht (5W)

SCHALTPLAN (6 UND 12 VOLT) FÜR VESPA PK-REIHE MIT VIERPOLIGEM GENERATOR, BLINKERN, BREMSLICHT

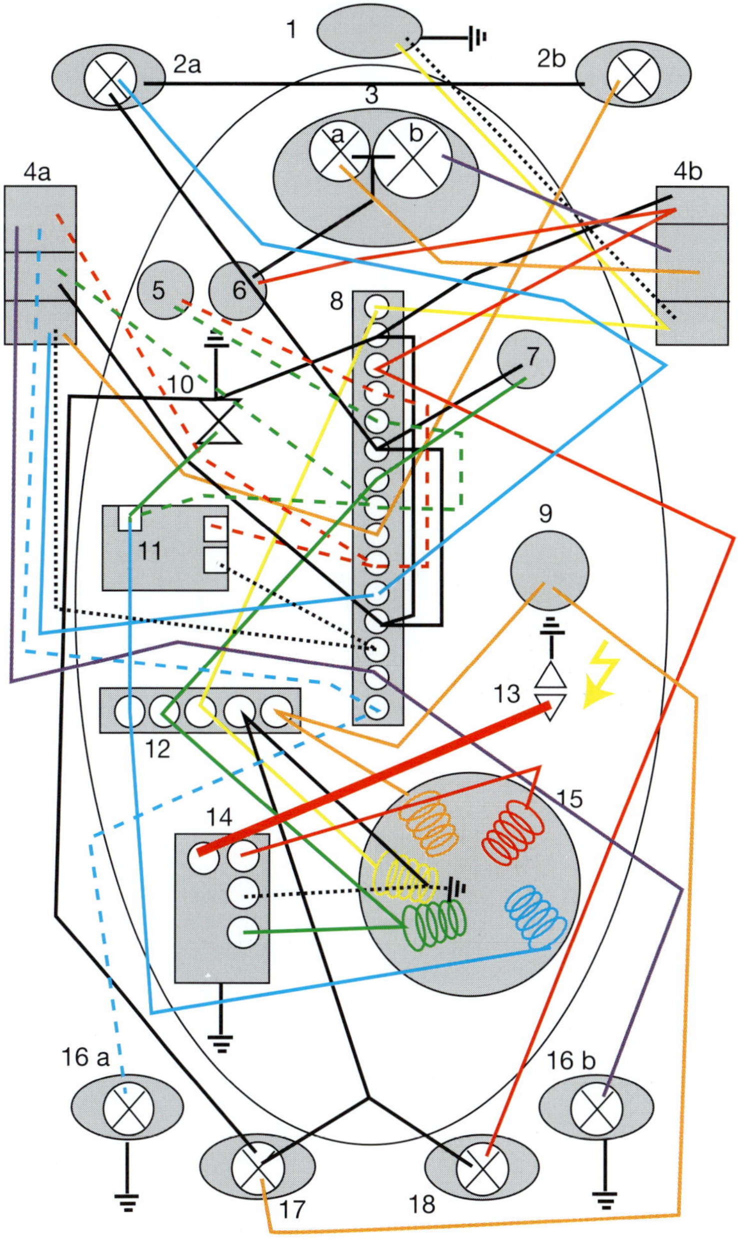

1 = Hupe, 2a/2b = Blinker links/rechts vorn (10/10W), 3a = Standlicht (5W), 3b = Abblend- und Fernlicht (25/25W), 4a = Blinkerumschalter, 4b = Umschalter Licht/Hupe, 5 = Blinkeranzeige (1,2W), 6 = Tachobeleuchtung (1,2W), 7 = Zündschloß, 8 = Haupt-Klemmbrett, 9 = Bremslichtschalter, 10 = Diode, 11 = Blinkgeber, 12 = Klemmbrett Lichtmaschine, 13 = Zündkerze, 14 = Elektronikzentrale, 15 = Lichtmaschine (Schwungradmagnetzünder), 16a/16b = Blinker links/rechts hinten (10/10W), 17 = Bremslicht (10W), 18 = Schlußlicht (5W)

SCHALTPLAN (12 VOLT) FÜR VESPA P 200 E MIT BLINKERN, ELEKTRONISCHER ZÜNDUNG

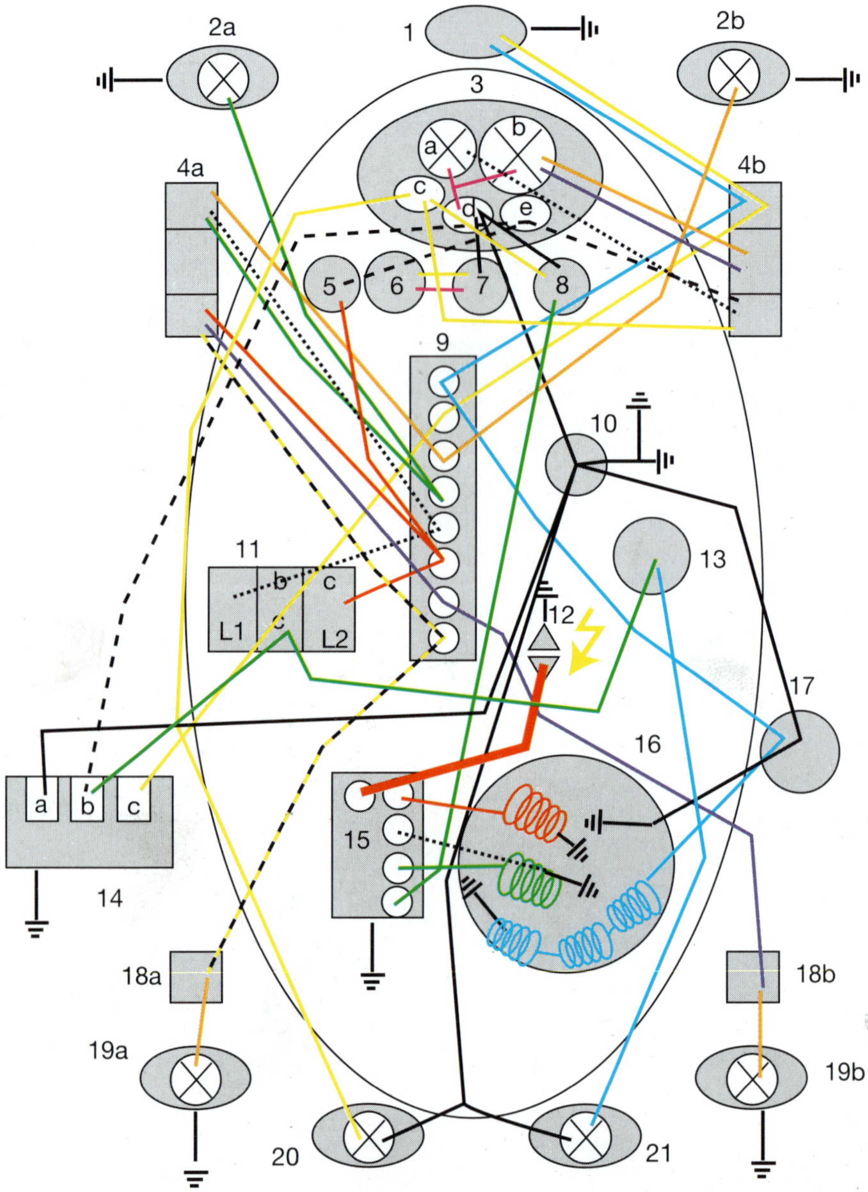

1 = Hupe, 2a/2b = Blinker links/rechts vorn (21/21W), 3a = Standlicht (5W), 3b = Abblend- und Fernlicht (25/25W), 3c,d,e = Steckverbinder, 4a = Blinkerumschalter, 4b = Umschalter Licht/Hupe, 5 = Blinkeranzeige (2W), 6 = Fernlichtanzeige (2W), 7 = Tachobeleuchtung (2W), 8 = Zündschloß, 9 = Haupt-Klemmbrett, 10 = Verteiler Masse, 11 = Blinkgeber, 12 = Zündkerze, 13 = Bremslichtschalter, 14 = Spannungsregler, 15 = Elektronikzentrale, 16 = Lichtmaschine (Schwungradmagnetzünder), 17 = Klemmbrett Lichtmaschine, 18a/18b = Steckverbinder, 19a/19b = Blinker links/rechts hinten (21/21W), 20 = Schlußlicht (5W), 21 = Bremslicht (10W)

SCHALTPLAN (12 VOLT) FÜR VESPA P 125 X, P 150 X MIT BLINKERN UND KONTAKTGESTEUERTER ZÜNDUNG

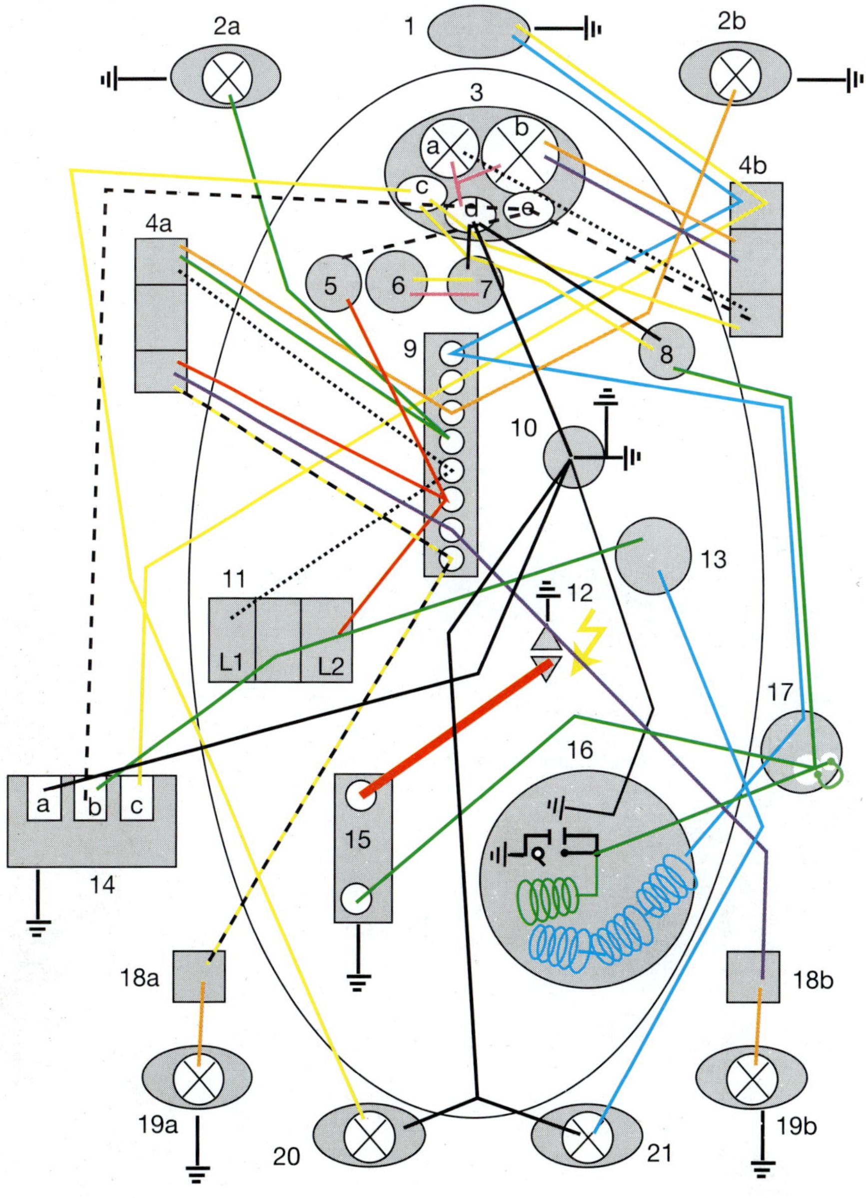

1 = Hupe, 2a/2b = Blinker links/rechts vorn (21/21W), 3a = Standlicht (5W), 3b = Abblend- und Fernlicht (25/25W), 3c,d,e = Steckverbinder, 4a = Blinkerumschalter, 4b = Umschalter Licht/Hupe, 5 = Blinkeranzeige (2W), 6 Fernlichtanzeige (2W), 7 = Tachobeleuchtung (3W), 8 = Zündschloß, 9 = Haupt-Klemmbrett, 10 = Verteiler Masse, 11 = Blinkgeber, 12 = Zündkerze, 13 = Bremslichtschalter, 14 = Spannungsregler, 15 = Zündspule, 16 = Lichtmaschine (Schwungradmagnetzünder), 17 = Klemmbrett Lichtmaschine, 18a/18b = Steckverbinder, 19a/19b = Blinker links/rechts hinten (21/21W), 20 = Schlußlicht (5W), 21 = Bremslicht (10W)

SCHALTPLAN (12 VOLT) FÜR COSA-200 E MIT ELEKTROSTARTER

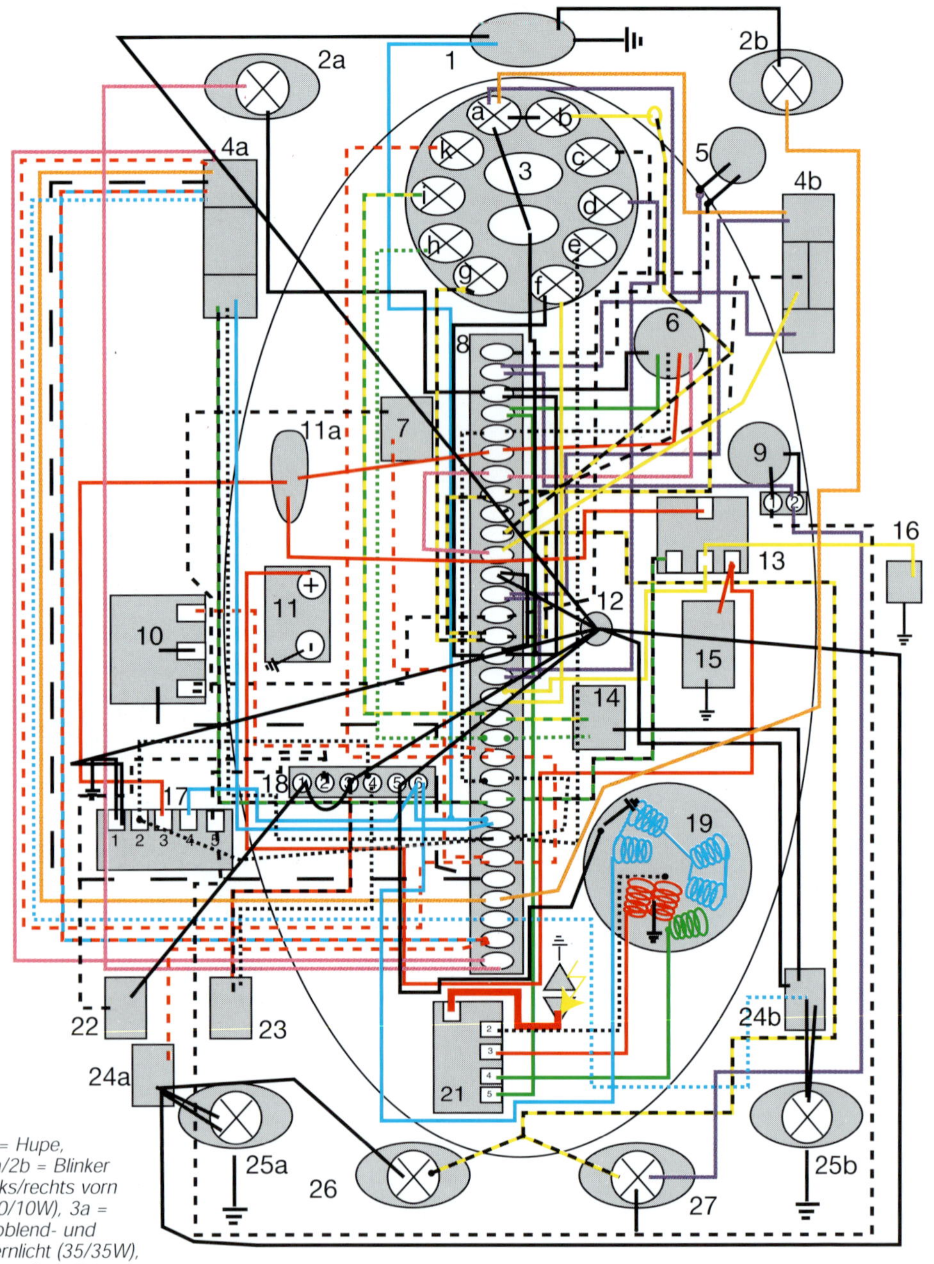

1 = Hupe, 2a/2b = Blinker links/rechts vorn (10/10W), 3a = Abblend- und Fernlicht (35/35W), 3b = Standlicht (5W), 3c,d,e,f,g,h,i,k = Kontroll- und Anzeigelampen für Abblendlicht, Fernlicht, Blinker, Bremsflüssigkeit, Leerlaufstellung, Benzinreserve, Ölreserve, Tachobeleuchtung (1,2W), 4a = Blinkerschalter, Hupknopf, Starterknopf, 4b = Lichtschalter, Lichthupe, 5 = Bremslichtschalter Vorderrad, 6 = Zündschloß, 7 Relais für akustische Blinkkontrolle, 8 = Haupt-Klemmbrett, 9 Bremslichtschalter Hinterrad, 10 = Blinkgeber, 11 = Batterie (12V/9Ah), 11 a = Sicherung 7,5 A, 12 Verteiler Masse, 13 = Magnetschalter E-Starter, 14 = Geber Benzinuhr, 15 = Anlasser, 16 = Sicherheitsschalter Anlasser, Leerlaufkontrolle, 17 = Spannungsregler, 18 = Klemmbrett Lichtmaschine, 19 = Lichtmaschine (Schwungradmagnetzünder), 20 = Zündkerze, 21 = Elektronikzentrale, 22 = Startautomatik, 23 = elektrischer Benzinhahn, 24a/24b = Steckverbinder, 25a/25b = Blinker links/rechts hinten (10/IOW), 26 = Schlußlicht, 27 = Bremslicht

DREHMOMENT-RICHTWERTE

Wie stark Schrauben und Muttern angezogen werden dürfen

Drehmoment Nm/Maximal-Wert:	PK	PX	Cosa
Motor, Getriebe			
Zylinderkopfmuttern	18	26	26
Zylinderfußmuttern	15	---	---
Vergaserbefestigung	20	20	20
Zündkerze	24	24	24
Auspuffkrümmer am Zylinder	10	80	80
Auspufftopf am Motor	53	53	53
Gehäusehälften, Muttern	15	15	15
Rotor auf Kurbelwelle, Mutter	50	65	65
Kupplungskorb, Mutter	45	45	45
Kupplungsdeckel, Schrauben	8	8	8
Vorgelegewelle, Mutter	35	35	35
Kickstarterbefestigung, Mutter	26	26	26
Anlasserbefestigung	15	15	15
Vorderradaufhängung, Bremsen			
Federbein-Befestigung oben	27	27	40
Federbein-Befestigung unten	27	27	27
Rad- und Felgenringmuttern	27	27	27
Radachse: Zentralmutter	80	90	90
Bremsankerplatte, Schrauben	22	24	24
Bremshebelbefestigung	10	10	10
Bremszylinderbefestigung	---	---	10
Hinterradaufhängung			
Hinterrad-Zentralmutter	110	110	100
Federbein am Motor	25	25	25
Motorgehäuse an Schwinge	52	75	75
Lenkung			
Lenkerbefestigung	44	44	44
Nutmutter oberes Steuerkopflager	60	70	70
Nach Erreichen des Anzugdrehmomentes Nutmutter wieder um 80 bis 90 Grad zurückdrehen			
Konter-Nutmutter Steuerkopflager	40	60	60

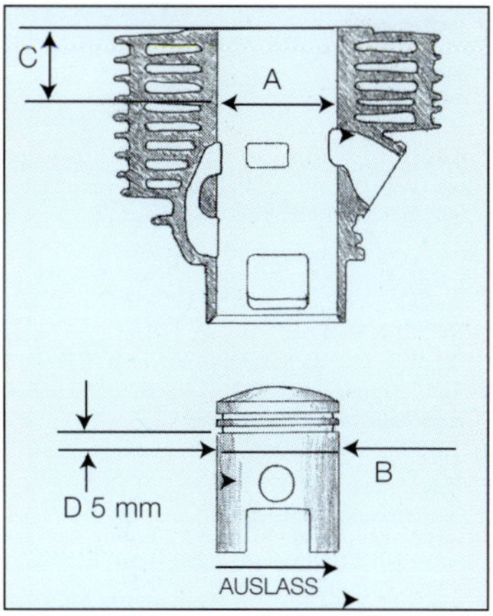

431

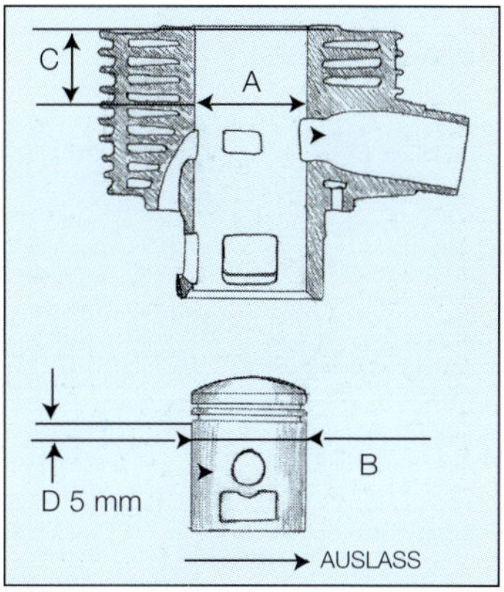

432

Abb. 431, 432
Maßzeichnungen für die Kolben- und Zylindervermessung der PK-Motoren; A = Zylinder-, B = Kolbendurchmesser, nähere Angaben siehe nebenstehende Tabelle; C und D bestimmen, wo die Meßuhren genau angesetzt werden müssen.
Abb. 431 (oben) bezieht sich auf die PK-Motoren; Abstand C beträgt 20 mm bei PK 50 und 50 S, 30 mm bei PK 80, 80 S und 125, 25 mm bei PK 125 S 25; Abstand D = 5 mm.
Abb. 432 (unten) bezihet sich auf PX- und Cosa-Modelle; Abstand C beträgt 25 mm bei PX 80, 125 und 150, 30 mm bei PX 200/E/GS; Abstand D = 5 mm.

KOLBEN- UND ZYLINDERMASSE

Wichtige Werte fürs Auswechseln und Ausschleifen

Maße und Übermaße Zylinder, Kolben in mm

PK-Reihe	PK 50/S	PK 80/S	PK 125	PK 125S
Zylinder normal	A = 38,4	44,5	55,0	55,0
Zylinder 1. Übermaß	A = 38,6	44,7	55,2	55,2
Zylinder 2. Übermaß	A = 38,8	44,9	55,4	55,4
Zylinder 3. Übermaß	A = 39,0	45,1	55,6	55,6
Kolben normal	B = 38,3	44,33	54,85	54,795
Kolben 1. Übermaß	B = 38,5	44,53	55,05	54,995
Kolben 2. Übermaß	B = 38,7	44,73	55,25	55,195
Kolben 3. Übermaß	B = 38,9	44,93	55,45	55,395
PX-Reihe, Cosa	**80**	**125**	**150**	**200**
Zylinder normal	A = 46,0	52,5	57,8	66,5
Zylinder 1. Übermaß	A = 46,2	52,7	58,0	66,7
Zylinder 2. Übermaß	A = 46,4	52,9	58,2	66,9
Zylinder 3. Übermaß	A = 46,6	53,1	58,4	67,1
Kolben normal	B = 45,820	52,330	57,585	66,295
Kolben 1. Übermaß	B = 46,020	52,530	57,785	66,495
Kolben 2. Übermaß	B = 46,220	52,730	57,985	66,695
Kolben 3. Übermaß	B = 46,420	52,930	58,185	66,895

TECHNISCHE DATEN PK-MODELLE

Modelle 1985		PK 50/S	PK 80 S	PK 125 S
Motor				
Bauart		gebläsegekühlter Einzylinder-Zweitaktmotor		
Hubraum	(cm^3)	49	78	121
Bohrung x Hub	(mm)	38,4 x 43	44,5 x 51	55 x 51
Leistung	(kW)	2	4	5
bei Drehzahl	(min^{-1})	4800	6000	5500
Verdichtungsverhältnis		1:9,1	1:8,6	1:9,5
Schmierung		Normalbenzin mit Ölbeimischung im Verh. 1:50		
Gemischsteuerung		durch Drehschieber (Zufuhr über Kurbelwange)		
Vergaser (Dell'Orto)		SHB 16/10 F	SHBC 19/19 E	SHBC 19/19 E
Zündung		wartungsfreie, elektronische Zündanlage		
Lichtmaschine		Schwungradmagnetzünder		
Batterie	(V/Ah)	–	12/7	12/7
Starter		Kickstarter	Kick- und Elektrostarter	
Kraftübertragung, Getriebe				
Anzahl der Gänge		4	4	4
Primärantrieb		über schrägverzahnte Zahnräder auf Vorgelegewelle		
Sekundärantrieb		vom Getriebe direkt aufs Hinterrad		
Übersetzung Kurbelwelle/				
Hinterrad 1. Gang		26,68	16,61	14,74
2. Gang		17,74	11,05	9,80
3. Gang		12,78	7,96	7,06
4. Gang		9,62	5,99	5,31
Kupplung		Zweischeibenkupplung im Ölbad		
Schaltung		Drehgriff-Handschaltung		
Fahrwerk, Karosserie				
Fahrgestell		selbsttragende Stahlblechkarosserie Schalenbauweise		
Vorderradführung		Steuerrohr, gezogene Kurzschwinge, hydr. ged. Federbein		
Hinterradführung		Hinterachse m. Getr. verblockt, hydr. ged. Federbein		
Radstand	(mm)	1175	1175	1175
Gesamtlänge	(mm)	1675	1675	1675
Gesamtbreite	(mm)	700	700	700
Gesamthöhe	(mm)	1070	1070	1070
Sitzhöhe	(mm)	810	810	810
Bodenfreiheit	(mm)	190	190	190
Bremse vorn		von Hand über Seilzug betätigte Trommelbremse		
Bremse hinten		mit dem Fuß über Seilzug betätigte Trommelbremse		
Leergewicht vollgetankt	(kg)	86	89	91
zuläss. Gesamtgewicht	(kg)	270	270	270
Bereifung v/h		3.00–10	3.00–10 Reinf.	3.00–10 Reinf.
Normverbrauch	DIN l/100 km	2,9	2,9	3,0
Aktionsradius	(ca. km)	200	200	200
max. Steigfähigkeit	1 Pers.	24%	28%	35%
Höchstgeschwindigk.	(km/h)	40	76	85
Füllmengen, Luftdruck				
Tankinhalt, dav. Reserve/Liter		6,2/1,2	6,2/1,2	6,2/1,2
Öltankinhalt (2T)	Liter	–	–	–
Getriebe (SAE 30 od. 40)	cm^3	250	250	250
Reifendruck vorne	(bar)	1,25	1,25	1,50
– hinten solo	(bar)	1,60	1,75	1,75
– hinten m. Sozius (bar)		2,90	3,00	3,00
Beleuchtung				
Abblend-/Fernlicht		6 V, 15/15 W	12 V, 25/25 W	12 V, 25/25 W
Schlußlicht		6 V, 5 W	12 V, 5 W	12 V, 5 W
Bremslicht		–	12 V, 10 W	12 V, 10 W
Blinklicht		–	12 V, 10 W	12 V, 10 W
Tacho- u. Kontrollampen		6 V, 1 W	12 V, 1,2 W	12 V, 1,2 W
Einstelldaten				
Leerlaufdrehzahl/min^{-1}		800	800	800
Zündkerzen-Elektrodenabst.	mm	0,6	0,6	0,6
Spiel Gaszug	(mm)	1,0	1,0	1,0
Spiel Kupplungszug	(mm)	2,0	2,0	2,0
Spiel Hint.-Bremse/Pedal	(mm)	25	25	25
Spiel Vord.-Bremse/Hebel	(mm)	8	8	8
Verschleißgrenze Reifen	(mm)	2,0	2,0	2,0
Verschleißgr. Bremsbeläge	mm	1,5	1,5	1,5
Vorzündung ° vor OT		19° +/–2°	19° +/–2°	19° +/–2°

TECHNISCHE DATEN PX- MODELLE

PX 80 E	PX 125 E	PX 150 E	PX 200 E
gebläsegekühlter Einzylinder-Zweitaktmotor			
79	123	149	198
46 x 48	52,5 x 57	57,8 x 57	66,5 x 57
5	6	7	7
6000	6000	6000	5000
1:9,5	1:8,5	1:8,2	1:8,8
Getrenntschmierung durch Drehschieber (Zufuhr über Kurbelwange)			
SI 20/20 D	SI 20/20 D	SI 20/20 D	SI 24/24 E
wartungsfreie, elektronische Zündanlage Schwungradmagnetzünder			
12/7	12/7	12/7	12/7
Kick- und Elektrostarter			
4	4	4	4
über schrägverzahnte Zahnräder auf Vorgelegewelle vom Getriebe direkt aufs Hinterrad			
20,06	16,43	15,38	13,42
13,36	10,99	10,46	9,13
8,95	7,60	7,24	6,32
6,95	5,83	5,39	4,71
Zweischeibenkupplung im Ölbad			
Drehgriff-Handschaltung			
selbsttragende Stahlblechkarosserie in Schalenbauweise			
Steuerrohr mit gezogener Kurzschwinge, hydraul. ged. Federbein			
Hinterachse mit Getriebe verblockt, hydraul. ged. Federbein			
1235	1235	1235	1235
1760	1760	1760	1760
695	695	695	695
1110	1110	1110	1110
820	820	820	820
170	170	170	170
von Hand über Seilzug betätigte Trommelbremse *			
mit dem Fuß über Seilzug betätigte Trommelbremse			
104	105	105	109
290	290	290	290
3.50–10	3.50–10	3.50–10	3.50–10
2,9	3,0	3,5	4,0
270	270	230	200
32%	40%	40%	42%
77	89	90	100
8,0/2,1	8,0/2,1	8,0/2,1	8,0/2,1
1,5	1,5	1,5	1,5
250	250	250	250
1,20	1,20	1,20	1,20
1,75	1,75	1,75	1,75
2,50	2,50	2,50	2,50
12 V, 25/25 W	12 V, 25/25 W	12 V, 25/25 W	12 V, 25/25 W 1)
12 V, 5 W	12 V, 5 W	12 V, 5 W	12 V, 5 W
12 V, 10 W	12 V, 10 W	12 V, 10 W	12 V, 10 W
12 V, 21 W	12 V, 21 W	12 V, 21 W	12 V, 21 W
12 V, 1,2 W	12 V, 1,2 W	12 V, 1,2 W	12 V, 1,2 W
1) = Lusso-Modelle: 12 V, 35/35 W			
800	800	800	800
0,6	0,6	0,6	0,6
1,0	1,0	1,0	1,0
2,0	2,0	2,0	2,0
25	25	25	25
8	8	8	8
2,0	2,0	2,0	2,0
1,5	1,5	1,5	1,5
21° +/− 1°	21° +/− 1°	21° +/− 1°	23° +/− 1°

* alle Modelle ab 1998: über Hand betätigte, hydraulische Scheibenbremse

TECHNISCHE DATEN COSA-MODELLE

Modelle 1993		Cosa 125	Cosa 150	Cosa 200
Motor				
Bauart		gebläsegekühlter Einzylinder-Zweitaktmotor		
Hubraum	(cm^3)	123	149	198
Bohrung x Hub	(mm)	52,5x57	57,8x57	66,5x57
Leistung	(kW)	6,6	7,0	7,3/8,8
bei Drehzahl	(min^{-1})	6000	5500	5000/6000
Verdichtungsverhältnis		9,2:1	9,2:1	9,3:1
Schmierung		Getrenntschm., vollsynthet. Zweitaktöl		
Gemischsteuerung		durch Drehschieber (Zufuhr über Kurbelwange)		
Vergaser (Dell'Orto)		SI 20/20 H	SI 20/20 H	SI 24/24 H
Zündung		wartungsfreie, elektronische Zündanlage		
Lichtmaschine		Schwungrad-Magnetzünder 110 Watt		
Batterie	(V/Ah)	12/9	12/9	12/9
Starter		Kick- und Elektrostarter		
Kraftübertragung, Getriebe				
Anzahl der Gänge		4	4	4
Primärantrieb		über schrägverzahnte Zahnräder auf Vorgelegewelle		
Sekundärantrieb		vom Getriebe direkt aufs Hinterrad		
Übersetzung Kurbelwelle/				
Hinterrad 1. Gang		16,4	15,4	15,4
2. Gang		11,0	10,5	10,5
3. Gang		7,6	7,2	7,2
4. Gang		5,8	5,4	5,4
Kupplung		Zweischeibenkupplung im Ölbad		
Schaltung		Drehgriff-Handschaltung		
Fahrwerk, Karosserie				
Fahrgestell		selbsttragende Stahlblechkarosserie, Schalenbauweise		
Vorderradführung		Steuerrohr, gezogene Kurzschwinge, hydr. ged. Federbein		
Hinterradführung		Hinterachse mit Getriebe verblockt, hydr. ged. Federbein		
Radstand	(mm)	1270	1270	1270
Gesamtlänge	(mm)	1800	1800	1800
Gesamtbreite	(mm)	835	835	835
Gesamthöhe	(mm)	1210	1210	1210
Sitzhöhe	(mm)	815	815	815
Bodenfreiheit	(mm)	150	150	150
Bremse vorn		hydraul. Trommelbr.; Integral + Seilzug		
Bremse hinten		hydraul. Trommelbr.; Integral		
Leergewicht vollgetankt	(kg)	111	111	130
zuläss. Gesamtgewicht	(kg)	310	310	310
Bereifung v/h		100/90x10	100/90x10	100/90x10
Normverbrauch DIN	(l/100 km)	3,5	3,7	3,8/4,0
Aktionsradius	(ca. km)	220	210	200/190
Beschleunigung 0-80 km/h	(s)	k.A.	k.A.	20,9/14,0
Höchstgeschwindigkeit	(km/h)	80	82	98/100
Füllmengen, Luftdruck				
Tankinhalt, dav. Reserve	(Liter)	7,7/1,5	7,7/1,5	7,7/1,5
Öltankinhalt (2T)	(Liter)	1,3	1,3	1,3
Getriebeöl (SAE 30 oder 40)	(cm^3)	250	250	250
Reifendruck vorne	(bar)	1,5	1,5	1,5
- hinten solo	(bar)	2,0	2,0	2,0
- hinten mit Sozius	(bar)	2,5	2,5	2,5
Beleuchtung				
Abblend-/Fernlicht		12V,35/35W	12V,35/35W	12V,35/35W
Schlußlicht		12V,5W	12V,5W	12V,5W
Bremslicht		12V,21W	12V,21W	12V,21W
Blinklicht		12V,10W	12V,10W	12V,10W
Tacho- und Kontrollampen		12V,1,2W	12V,1,2W	12V,1,2W
Einstelldaten				
Leerlaufdrehzahl/min^{-1}		800	800	800
Zündkerzen-Elektrodenabstand	(mm)	0,6	0,6	0,6
Spiel Gaszug	(mm)	1,0	1,0	1,0
Spiel Kupplungszug	(mm)	2,0	2,0	2,0
Spiel Hinterradbremse Pedal	(mm)	25,0	25,0	25,0
Spiel Vorderradbremse Hebel	(mm)	8,0	8,0	8,0
Verschleißgrenze Reifen	(mm)	2,0	2,0	2,0
Verschleißgrenze Bremsbeläge	(mm)	1,5	1,5	1,5
Zündprüfung Stroboskop b. Drehzahl		2500-3000	2500-3000	2500-3000

FEHLERSUCHE VESPA: WIE MAN DIE URSACHEN VON STÖRUNGEN FINDET UND MÄNGEL SCHNELL BEHEBT

MOTOR: STARTPROBLEME

häufigste Ursache: **Benzinmangel,** daher zuerst prüfen, ob **Benzinhahn geöffnet (PK, PX)** und ob **Benzin im Tank** ist; bei ausreichender Treibstoffmenge **Durchlauf prüfen;** dazu Motorhaube abnehmen, Kickstarter oder Anlasser bei geschlossenem Gasgriff betätigen und kontrollieren, ob Benzin durch die Zulaufleitung strömt.
Düsen oder Benzinhahn verstopft; ausbauen, mit Lösungsmittel reinigen und mit Druckluft trocknen.
elektrischer Benzinhahn defekt (Cosa); prüfen, ausbauen, u.U. austauschen
Luftfilter verschmutzt; reinigen oder austauschen.
automatischer Choke defekt (Cosa): elektrische Zuleitungen, Durchfluß und mechanische Leichtgängigkeit prüfen.
Motor abgesoffen: Vollgas geben und Anlasser oder Kickstarter betätigen; notfalls Zündkerze ausbauen, reinigen, Elektrodenabstand prüfen und korrigieren; notfalls Kerze ersetzen; vor dem Wiedereinbau den Motor mit Anlasser oder Kickstarter einige Male durchdrehen, um das Gemisch aus dem Zylinder zu drücken; **Achtung:** War der Tank ganz leer, den Gasgriff nach dem Auffüllen in Leerlaufstellung lassen, um beim Anlassen hohen Unterdruck am Kraftstoffventil zu erzeugen.
Anlasser dreht nicht oder dreht nur schwach: Batterie entladen; ersetzen oder nachladen; Batteriekabel und Anlasseranschlüsse auf festen Sitz und Korrosion überprüfen.
Zündanlage defekt: Zuleitungen zum Zündschloß und Zündanlage bis hin zu Kerzenstecker und Zündkabel kontrollieren; bei schwacher Batterie Kickstarter benutzen; Batterie lädt sich beim Fahren wieder auf.
Kickstarter springt nicht zurück: Deckel ausbauen und Feder fetten.

MOTOR: SCHLECHTE LEISTUNG

Düsen oder Benzinhahn verstopft oder verschmutzt; ausbauen, mit Lösungsmittel reinigen und mit Druckluft trocknen.
Auspuff undicht oder verstopft; prüfen, ob Anschlüsse dicht sind; bei Verkrustung Austausch des Schalldämpfers.
Luftfilter verschmutzt oder defekt; reinigen bzw. ersetzen.
Choke bleibt hängen; Leichtgängigkeit prüfen bzw. herstellen.
starke Verkrustung von Brennraum und Zylinderkanälen; Zylinderkopf und Zylinder ausbauen und entkrusten; Kolbenboden ebenfalls reinigen.
Kupplung rutscht - Modelle mit Schaltgetriebe: Reibscheiben abgenutzt; Kupplung nachstellen so weit wie noch möglich oder Scheiben wechseln.
Kupplung rutscht - PK-Modelle mit stufenlosem Keilriemenantrieb: Backen der Fliehkraftkupplung prüfen und notfalls austauschen; Riemenscheiben gleiten schlecht; Teile ausbauen, prüfen, beschädigte Elemente ersetzen; Keilriemen abgenutzt; ausbauen und ersetzen.
Kraftübertragung schlecht - PK-Modelle mit hydraulischer Getriebeautomatik: Wandler defekt, kein oder zu wenig Öl im Getriebe, Hydraulikelemente defekt oder verstopft.

MOTOR: ABSTERBEN IM LEERLAUF

Leerlaufdüse verschmutzt; ausbauen, mit Lösungsmittel reinigen und mit Druckluft durchblasen.
Choke schließt sich nicht; Freigängigkeit prüfen und wiederherstellen (auch bei Automatik-Choke Cosa).
Modelle mit Schaltgetriebe: Dichtung zwischen Vergaser und Drehschiebereinlaß defekt; Vergaser ausbauen, Dichtung erneuern
Automatikmodelle: Membranventil schließt nicht; überprüfen, notfalls ersetzen.

MOTOR: ABSTERBEN BEI VOLLGAS

Hauptdüse verschmutzt, Gemisch zu mager; Düse ausbauen, mit Lösungsmittel reinigen und Druckluft durchblasen.
Vergaser verschmutzt; ausbauen, zerlegen, mit Lösungsmittel reinigen und Druckluft durchblasen.
Wasser im Vergaser; Ursache suchen, notfalls gesamtes Kraftstoffsystem entleeren und trocknen; hat der Motor bereits Wasser angesaugt, muß das Triebwerk komplett zerlegt, gereinigt und überprüft werden (Kontrol-

le durch Herausschrauben der Zündkerze);
Achtung: Motorschaden droht!
Zündkerze defekt; prüfen, reinigen, einstellen oder ersetzen.
Ölzufuhr und Gemischzusammensetzung nicht in Ordnung; prüfen und einstellen; **sofort Ölstand im Vorratstank prüfen - Achtung: Motorschaden droht bei Ölmangel!**

MOTOR: AUSSETZER BEIM BESCHLEUNIGEN ODER AM BERG
Luftfilter verschmutzt; reinigen oder ersetzen.
Zündkerze defekt; prüfen, reinigen, einstellen oder ersetzen; Wärmewert und Elektrodenabstand müssen unbedingt stimmen (s.a. technische Daten).
Ölzufuhr und Gemischzusammensetzung prüfen - siehe oben.
starke Verkrustung von Kanälen, Brennraum und Kolben; ausbauen und reinigen.

MOTOR: VERBRAUCH ZU HOCH
Luftfilter verstopft oder verschmutzt; reinigen oder ersetzen.
automatischer Choke defekt (Cosa); prüfen und notfalls austauschen - siehe oben.
hoher Verschleiß an Kolben und Zylinder; Motor überholen

MOTOR, GETRIEBE: METALLISCHE GERÄUSCHE, KLAPPERN
Kolben und Zylinder ausgeschlagen, Kolbenbolzenlager und/oder Pleuellager verschlissen, Kurbelwellenlager verschlissen oder defekt; Getriebezahnräder beschädigt, Lager Vorgelege oder Antriebswelle defekt, kein oder zu wenig Öl im Getriebe.

TROMMELBREMSEN: SCHLECHTE WIRKUNG
Bowdenzüge falsch eingestellt oder schwergängig; Spiel an Bremshebeln sowie Radbremsen prüfen und korrigieren; schwergängige Züge ölen oder ersetzen.
Bremsbeläge abgenutzt; prüfen und gegebenenfalls ersetzen.
Bremsbeläge am Hinterrad verölt: in jedem Fall ersetzen; Undichtigkeit im Antriebsbereich beseitigen.
Bremstrommeln abgenutzt; bei unzulässigem Verschleiß oder starker Riefenbildung Trommeln austauschen. Ausdrehen nur bedingt möglich.

HYDRAULIK-BREMSANLAGE COSA, HYDRAULIK-SCHEIBENBREMSE VESPA PX - SCHLECHTE WIRKUNG
Bremsbeläge abgenutzt: prüfen/ersetzen.
Bremsanlage undicht oder defekt: Luft im System, zu wenig oder überalterte Bremsflüss., undichte Bremsleit. oder Bremszange/Radbremszylinder, abgenutzte oder korrodierte Bremskolben u/oder Bremszylinder.
Brems-Blockieren nach Loslassen des Hebels, Überhitzung der Bremsen: Hauptbremszylinder (HBZ) und/oder Bremszange/Radbremszylinder defekt - ausbauen und ersetzen; Ausgleichslöcher HBZ verstopft - reinigen; Gummiteile aufgebläht oder verklebt - alle Gummiteile sowie Bremsflüssigkeit ersetzen, Anlage entlüften.
Federnde Wirkung: Flüssigkeitsverlust oder Druckstange HBZ gebrochen - Anlage prüfen und instandsetzen.
Zu langer Bremshebelweg: Luft im System, Bremsflüssigkeit unter Minimum im Behälter, Dichtungen im HBZ defekt - Anlage prüfen, instandsetzen, entlüften.

LENKUNG SCHWERGÄNGIG
Lager zu stramm eingestellt: Anzugsmoment obere Nutmutter prüfen/korrigieren.

Kugellager verschlissen oder mangels Schmierung korrodiert; Rillen und Rollspuren schränken die Freigängigkeit ein, angegriffene Lager daher komplett ersetzen.

VORDERRADAUFHÄNGUNG: POLTERGERÄUSCHE
Steuerrohrlager mit zu großem Spiel; d. Anziehen der oberen Nutmutter korrigieren.
Stoßdämpfer defekt; Federbein wechseln.
Vorderradaufhängung locker; Befestigung Federbein an Nabe + Steuerrohr, Radnabe an Kurzschwinge, Rad an Bremstrommel oder Nabe prüfen, mit Nm festziehen.
Rad- oder Schwingenlager defekt; prüfen und gegebenenfalls austauschen.
leichte Klappergeräusche; etwas Fett zw. Stoßdämpfer und ob. Dämpferabdeckung.

STICHWORTVERZEICHNIS

433

*Abb. 433
In markantem Hell-Dunkel-Kontrast präsentiert sich diese Vespa PX aus den frühen 80er Jahren. Alle hellen Teile, darunter auch die bequeme Stufensitzbank, waren als Original-Piaggio-Sonderzubehör lieferbar. Geräumig: das auf dem Heckträger montierte Topcase.*

434

Abb. 434 Das ab Werk mitgelieferte Bordwerkzeug der Vespa ist dürftig und nur für einfachste Arbeiten ausreichend. Wer auf große Fahrt geht, sollte sich sein eigenes Werkzeugset zusammenstellen (s. S. 25).